高职高专面向就业导向实践教程系列

SQL Server 2014 数据库应用实践教程

主　编　胡　洋　胡成伟　苏　琳
副主编　温苑花　刘　杰　高　强
参　编　洪锐锋　路　玲　王伟雄　金　蓉

机械工业出版社

本书通过一个完整的“民航订票管理系统”案例，详细讲解了数据库的设计、分析和集成，SQL Server 2014 集成开发环境，数据库、数据表等基本概念，T-SQL 语言查询功能，以及如何利用索引、视图、函数、存储过程、触发器等管理数据库并提高操作性能。全书理论与实践相结合、相互渗透、逐步引导，工程案例贯穿整个教学体系，由浅入深、循序渐进，强调实践性，突出实用性。部分重点内容配有授课视频，读者可以直接扫描对应二维码（建议 Wi-Fi 环境下）进行播放。每章后面都配有实践训练和习题，另外配套有电子版实训指导与习题解答、模拟试卷，并提供全部例题、习题的源代码，可供读者进行实际项目的综合训练，提高实际操作能力。

本书可作为高职高专及应用型本科院校计算机专业数据库课程的教材，也适合作为具有一定 SQL Server 数据库编程基础、想迅速提高数据库应用程序实践开发技能的专业读者的自学参考书或培训教材。

为方便教学，本书配备电子课件等教学资源。凡选用本书作为教材的教师均可登录机械工业出版社教育服务网 www. cmpedu. com 免费下载。如有问题请致电 010－88379375 联系营销人员。

图书在版编目（CIP）数据

SQL Server 2014 数据库应用实践教程／胡洋，胡成伟，苏琳主编. —北京：机械工业出版社，2017. 9（2021. 8 重印）
高等职业教育“十三五”系列教材
ISBN 978－7－111－57538－2

Ⅰ. ①S… Ⅱ. ①胡… ②胡… ③苏… Ⅲ. ①关系数据库系统-高等职业教育-教材 Ⅳ. ①TP311. 138

中国版本图书馆 CIP 数据核字（2017）第 180191 号

机械工业出版社（北京市百万庄大街 22 号 邮政编码 100037）
策划编辑：刘子峰 责任编辑：刘子峰
责任校对：郑 婕 封面设计：陈 沛
责任印制：郜 敏
北京富资园科技发展有限公司印刷

2021 年 8 月第 1 版 · 第 2 次印刷
184mm × 260mm · 16. 75 印张 · 392 千字
3 001－4 000 册
标准书号：ISBN 978－7－111－57538－2
定价：49. 80 元

电话服务
客服电话：010－88361066
010－88379833
010－68326294

网络服务
机 工 官 网：www. cmpbook. com
机 工 官 博：weibo. com/cmp1952
金 书 网：www. golden-book. com
机工教育服务网：www. cmpedu. com

高职高专面向就业导向实践教程系列
编委会名单

序

“高职高专面向就业导向实践教程系列”是2013年广东省教育厅立项课题《面向大学生就业能力的实践教学质量评价体系研究与构建》的研究成果，自编写以来，得到了许多高等院校和职业技术学院领导的关心与厚爱，也获得了广大师生的支持和认可。在此，首先对所有关心、帮助过此套丛书编写的人表示深深的敬意。

所谓“就业导向”不只是一个简单的概念，而是包含了深刻的哲理。学习的目的，特别是对于未来想从事工程师职业的学生而言，不仅仅是学习某一门特定的学科知识，而是应该更进一步，获得如何利用这些知识去解决生产实际问题的能力，也就是动手能力。同时，实践教学的内容是面向就业导向的研究前提与基础，也是建设国家示范性高职院校的重点内容之一，是高职人才培养的方式与定位建设的重要内容，是提高教学质量的核心，也是教学改革的重点和难点。面向就业导向的实践教学主要内容是为了根据就业岗位中的实际需求，帮助学生了解并掌握岗位技能，解决岗位实际问题，而这种解决问题的能力只有从实践中才能获得。当然，单纯地实践也无法获得真正的能力，关键是如何从实践的经验和体会中归纳出共性的知识，建立起知识体系，然后再将这些知识重新应用到新的实践当中去。这也是我们在未来实际工作中所必须采取的学习和工作方法。因此，如何在大学阶段的学习中，掌握自我学习和提高的方法，是本系列教材编写的根本目的。

为了使高职院校建立一套完整的具有高等职业教育特色的就业导向实践教学体系，以培养出适合企业需要的紧缺的高技能人才，本课题研究组在吸取其他高职院校建设经验的同时，消化吸收国内外各类高职课程改革与建设成果，建设了一套符合高职教学理念、适合自身特点的实践教学课程体系。本系列教材，就是将这套研究理论有机地融入其中，并按照学生未来学习和工作的方法编写而成的。做到了这一点，才是真正实践了就业导向的哲学理念：实践、归纳、推理和再实践。

项目总策划　胡　洋

2017年5月于广州

出版说明

随着“互联网+”战略的逐步推进，大数据、云平台等互联网信息技术的迅猛发展，各类移动设备及其应用也呈现出快速和多样化的发展趋势，特别是移动通信设备信息传输速度的提升及其可视化、互动性等功能的增强，使人们不受时间和地域的限制，可随时随地搜集、获取和处理各种信息。新一代信息技术与经济社会各领域、各行业逐渐深度跨界融合，成为全球新一轮科技革命和产业变革的核心内容。

在“互联网+”的大背景下，信息化教学越来越受到重视，也得到了长足的发展，呈现出了微课、慕课、翻转课堂等基于网络信息技术的教学方式，推动了教育教学方式的改革，丰富和创新了教学手段，为提高教学质量和效率提供了很好的条件，顺应了信息技术在教育领域发展的趋势。

为贯彻落实《教育信息化十年发展规划（2011—2020年）》《教育部关于加快推进职业教育信息化发展的意见》等文件关于信息化教学的要求，机械工业出版社也在积极开发“互联网+”数纸融合创新型教材，将基于信息技术的数字化教学资源以嵌入二维码等形式融入纸质教材，丰富和扩展教材内容表现形式，实现线上线下教学内容深度融合，学习内容可以实现动静结合，教学环节能够更加生动活泼，进一步调动学生的学习积极性，提高教学质量和效率。

“互联网+”数纸融合创新型教材融入的数字化教学资源，可以是静态的图文资料，也可以是动态的仿真演示、动画视频资源，还可以是深入讲解知识点的综合型微课，真正意义上实现了教材的全方位、多维度立体化建设，学生可以通过手机等移动通信设备扫码获取课程相关学习资源，也为教师组织多种形式的教学活动提供了便利的条件。

“互联网+”数纸融合创新型教材的出版是在教育信息化发展的大趋势下，对教材形式创新的改革和尝试，希望这些教材的出版能够对课堂教学和课程改革、对提升人才培养质量以及创新教学模式起到积极的推动作用。同时，我们也欢迎更多的老师和行业企业专家与我们一起共同开发利用信息技术的“互联网+”创新型教材，为我国的教育信息化发展贡献一份力量。

机械工业出版社

前言

“数据库技术”是计算机软件技术、网络技术、物联网应用技术等专业的一门专业主干课程。通过本课程的学习，学生能够了解数据库设计的过程，掌握利用 SQL Server 数据库管理系统实施数据库、进行数据操纵与数据查询、编写数据库对象、维护和管理数据库等技能。随着当前数据库技术日新月异的发展以及数据库应用在日常生活中的不断普及，作为现代大学生，特别是计算机专业的学生，学习和掌握数据库技术是非常必要的。

本书以微软公司推出的网络数据库管理系统 SQL Server 2014 Enterprise 为平台，以一个完整的“民航订票管理系统”为具体应用案例贯穿整个教学体系，重在使读者快速、轻松地掌握如何使用 SQL Server 创建、管理数据库及数据库对象，掌握对数据库的各种操作。全书共 11 个项目，内容包括：数据库基础与环境搭建、订票管理的数据库设计、订票管理的数据库创建、订票管理的数据表创建、订票管理的数据查询设计、订票管理的数据库编程应用、订票管理的视图和索引设计、订票管理的存储过程设计、订票管理的触发器设计、订票管理的数据安全性管理以及订票管理的数据日常维护。

本书的编写紧扣面向就业导向的创新实践，采用四步闭环的步骤提高教学效果。

第一步：给出每个项目模块的学习目标和学习任务，为读者在学习之前明确学习要求。

第二步：导入数据库开发各环节的相关实践案例，通过实践使读者加强理解，融会贯通。

第三步：对每个项目模块的知识设置对应实践训练，加深读者对知识重点、难点的理解和掌握。

第四步：通过适当的课后作业与练习，巩固所学知识。

本书理论与实践相结合、相互渗透、逐步引导，工程案例贯穿整个教学体系，由浅入深、循序渐进，强调实践性，突出实用性。每章后面都配有实践训练和习题，另外配套有电子版实训指导与习题解答，并提供全部习题的源代码，可供学习者进行实际项目的综合训练，提高实际操作能力。

本书由胡洋、胡成伟、苏琳任主编，温苑花、刘杰、高强任副主编，参加编写的还有洪锐锋、路玲、王伟雄、金蓉。胡洋负责全书大纲的编写及统稿、审阅工作。

由于编者水平有限，书中难免存在错误和不足之处，敬请广大读者批评指正。

编　者

目　录

项目一　数据库基础与环境搭建

知识目标

理解和掌握数据库的基本概念和基本理论；了解 SQL Server 2014 数据库引擎、分析服务、报表服务和集成服务；了解 SQL Server Management Studio 工作界面中各种窗口的功能。

技能目标

学会安装 SQL Server 2014；熟悉 SQL Server 2014 的开发环境；掌握“查询编辑器”窗口的基本操作。

1.1　数据库的基本概念

授课视频 1-1

1.1.1　数据库

1. 数据

数据（Data）是描述事物的符号记录，包括常见的数字、文字、图形、声音等信息。在日常生活中，人们通常用语言来描述事物。在计算机中为了存储和处理这些事物，就要抽象出这些事物的特征，组成一条记录来描述。例如，在图书管理中对图书的描述：编号、作者、书名、出版社。

数据和语义是密不可分的，数据本身不能表达准确的事物，必须用语义来解释。

2. 数据库

数据库（Database，DB）可以直观地理解为存放数据的仓库。但严格来说，数据库是按一定的数据模型组织，长期存放在某种存储介质上的一组具有较小的数据冗余度和较高的数据独立性、安全性和完整性，并可为多个用户所共享的相关数据集合。通常这些数据是面向一个单位或部门的全局应用的。

在计算机中，数据库由很多数据文件及相关的辅助文件所组成，这些文件由一个称为数据库管理系统（DBMS）的软件进行统一管理和维护，详见 1.1.2 节。数据库中除了存储用户直接使用的数据外，还存储另一类“元数据”，它们是有关数据库的定义信息，如数据类型、模式结构、使用权限等。这些数据的集合称为数据字典（Data Dictionary，DD），它是数据库管理系统工作的依据，数据库管理系统通过 DD 对数据库中的数据进行管理和维护。

1.1.2　数据库管理系统

数据库管理系统（Database Management System，DBMS）是一个在特定操作系统支持下，帮助用户建立和管理数据库的系统软件，它能有效地组织、存储、获取和管理数据，接受和完成用户提出的访问数据的各种请求。DBMS 把用户程序的数据操作语句转换成对系统存储文件的操作；它又像一个向导，把用户对数据库的一次访问，从用户级带到概念级，再导向物理级。可以说，DBMS 是用户或应用程序与数据库间的接口。

1. DBMS 的主要功能

1）数据定义功能。DBMS 提供了数据定义语言（DDL），数据库设计人员通过它可以方便地对数据库中的相关内容进行定义。例如，对数据库、表、索引及数据完整性进行定义。

2）数据操纵功能。DBMS 提供了数据操纵语言（DML），用户通过它可以实现对数据库的基本操作。例如，对表中数据的查询、插入、删除和修改。

3）数据库运行控制功能（保护功能）。这是 DBMS 的核心部分，包括并发控制（即处理多个用户同时使用某些数据时可能产生的问题）、安全性检查、完整性约束条件的检查和执行、数据库的内部维护（如索引的自动维护）等。所有数据库的操作都要在这些控制程序的统一管理下进行，以保证数据的安全性、完整性以及多个用户对数据库的并发使用。

4）数据库的建立和维护功能。包括数据库初始数据的输入、转换功能，数据库的转储、恢复功能，数据库的重新组织功能和性能监视、分析功能等。这些功能通常是由一些实用程序完成的。它是数据库管理系统的一个重要组成部分。

2. DBMS 的组成

DBMS 主要由数据库描述语言及其编译程序、数据库操作语言及其翻译程序、数据库管理和控制例行程序三部分组成。数据库描述语言及其编译程序主要完成数据库数据的物理结构和逻辑结构的定义，数据库操作语言及其翻译程序完成数据库数据的检索和存储，而数据库管理和控制例行程序则完成数据的安全性控制、完整性控制、并发性控制、通信控制、数据存取、数据修改以及工作日志维护、数据库转储、数据库初始装入、数据库恢复、数据库重新组织等公用管理。

1.1.3 数据库系统

数据库系统（Database System，DBS）是指具有管理和控制数据库功能的计算机应用系统，主要包括计算机支持系统、数据库（DB）、数据库管理系统（DBMS）、建立在该数据库之上的应用程序集合及有关人员等，如图 1-1 所示。

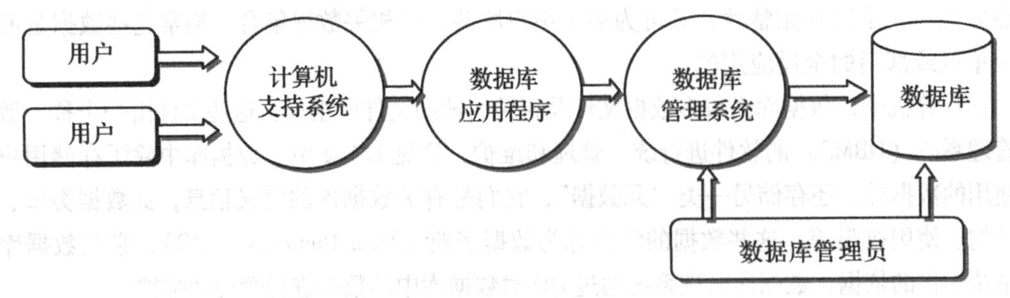

图 1-1　数据库系统

1）计算机支持系统：主要有硬件支持环境和软件支持系统（如 DBMS、操作系统及开发工具）。

2）数据库：按一定的数据模型组织，长期存放在外存上的一组可共享的相关数据集合。

3）数据库管理系统：一个管理数据库的软件，简称 DBMS，它是数据库系统的核心部件。

4）数据库应用程序：指满足某类用户要求的操纵和访问数据库的程序。

5）人员：包括数据库系统分析设计员、系统程序员、用户等。而数据库的用户通常又可分为两类：一类是批处理用户，也称为应用程序用户，这类用户使用程序设计语言编写的应用程序，对数据进行检索、插入、修改和删除等操作，并产生数据输出；另一类是联机用户，或称为终端用户，他们使用终端命令或查询语言直接对数据库进行操作，这类用户通常是数据库管理员或系统维护人员。

数据库系统的体系结构是数据库系统的一个总的框架，虽然实际的数据库系统种类各异，但它们基本上都具有三级模式的结构特征，即外模式（External Schema）、概念模式（Conceptual Schema）和内模式（Internal Schema）。这个三级结构有时也称为“数据抽象的三个级别”，在数据库系统中，不同的人员涉及不同的数据抽象级别，具有不同的数据视图（Data View），如图 1-2 所示。

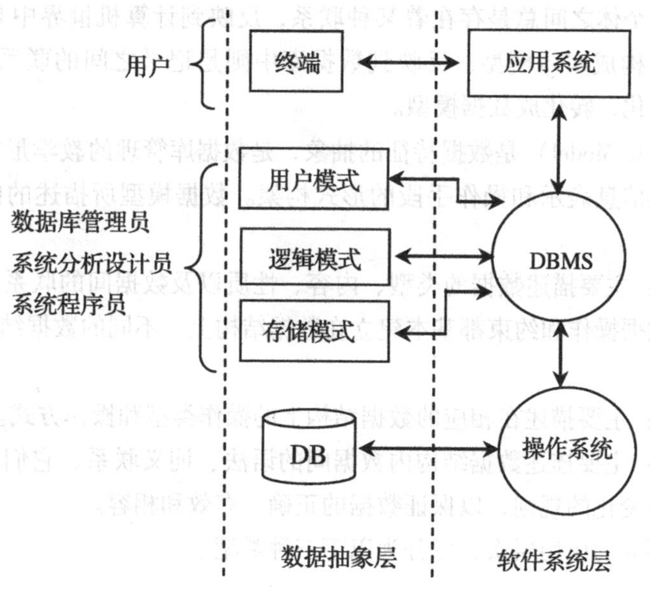

图 1-2　数据库人员涉及的数据抽象级别

1）外模式：又称用户模式，是数据库用户看到的数据视图。

2）概念模式：又称逻辑模式，简称模式，是数据库中全体数据的整体逻辑结构的描述，是所有用户的公共数据视图。

3）内模式：又称存储模式，是对数据库中数据的物理结构和存储方式的描述。

数据库系统的三级模式结构是对数据的三个抽象层次，它把数据的具体组织留给 DBMS 去管理，用户只要抽象地处理数据，而不必关心数据在计算机中的表示和存储，从而减轻了用户使用系统的负担。为了实现这三个抽象层次的联系和转换，数据库系统在这三级模式中提供了以下两级映象。

1）模式/内模式映象：用于定义概念模式和内模式间的对应关系。当内模式（即数据库的存储设备和存储方式）改变时，模式/内模式映象也要作相应的改变，以保证概念模式保持不变，从而使数据库达到物理数据独立性。

2）外模式/模式映象：用于定义外模式和概念模式间的对应关系。当概念模式改变（如增加数据项）时，外模式/模式的映象也要作相应的改变，以保证外模式保持不变，从而使数据库达到逻辑数据独立性。

正是由于数据库系统的三级结构间存在着两级映象功能，才使得数据库系统具有较高的数据独立性：逻辑数据独立性和物理数据独立性。

另外需要说明的是，上述数据库系统的三级模式结构是从数据库管理系统的角度来考察的，这是数据库系统内部的体系结构；如果从数据库最终用户的角度看，数据库系统的结构则可分为集中式结构、分布式结构和客户/服务器结构，这是数据库系统外部的体系结构。

1.2　数据模型和结构

1.2.1　数据模型的概念

授课视频 1-2

在现实生活中个体之间总是存在着某种联系，反映到计算机世界中是实体的联系，由此构成实体模型；反映到数据库中则是记录之间的联系，即将实体模型数据化，转化成数据模型。

数据模型（Data Model）是数据特征的抽象，是数据库管理的教学形式框架，也是数据库系统中用以提供信息表示和操作手段的形式构架。数据模型所描述的内容包括以下三个部分。

1）数据结构：主要描述数据的类型、内容、性质以及数据间的联系等。数据结构是数据模型的基础，数据操作和约束都基本建立在数据结构上，不同的数据结构具有不同的操作和约束。

2）数据操作：主要描述在相应的数据结构上的操作类型和操作方式。

3）数据约束：主要描述数据结构内数据间的语法、词义联系、它们之间的制约和依存关系以及数据动态变化的规则，以保证数据的正确、有效和相容。

数据模型按不同的应用层次，可分为以下三种类型。

1. 概念数据模型

概念数据模型（Conceptual Data Model）是面向数据库用户的现实世界的模型，主要用来描述现实世界的概念化结构，它使数据库的设计人员在设计的初始阶段摆脱计算机系统及DBMS的具体技术问题，集中精力分析数据以及数据之间的联系等。概念数据模型必须换成逻辑数据模型，才能在DBMS中实现。

概念数据模型用于信息世界的建模，一方面应该具有较强的语义表达能力，能够方便直接表达应用中的各种语义知识，另一方面还应该简单、清晰、易于用户理解。

在概念数据模型中最常用的是E-R模型、扩充的E-R模型、面向对象模型及谓词模型。

2. 逻辑数据模型

授课视频 1－3

逻辑数据模型（Logical Data Model）是用户从数据库所看到的模型，是具体的 DBMS 所支持的数据模型，如层次数据模型（Hierarchical Data Model）、网状数据模型（Network Data Model）、关系数据模型（Relational Data Model）等。此模型既要面向用户，又要面向系统，主要用于 DBMS 的实现。

（1）层次数据模型

层次数据模型是数据库系统中发展最早最成熟的一种模型，如图 1-3 所示。其特点是：有且仅有一个根节点，除了根节点之外每个节点有且仅有一个父节点，可以有多个子节点。

（2）网状数据模型

网状数据模型的数据结构是网状的，如图 1-4 所示。其特点是：允许存在一个以上的节点没有父节点，也可以有多个父节点。

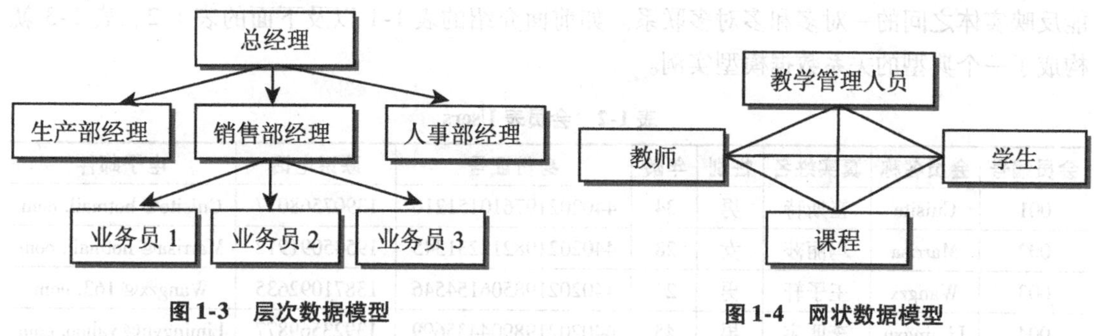

图 1-3 层次数据模型　　图 1-4 网状数据模型

（3）关系数据模型

关系数据模型就是用二维表格的逻辑结构来表示实体和实体的联系。关系数据库就是基于关系数据模型设计出来的若干张二维数据表的集合，每个关系就是一张表，它由行和列构成，见表 1-1。

表 1-1 航班表 Flight

航班号	航空公司名称	机型	出发城市	起飞机场	目的城市	降落机场	起飞时间	降落时间
ZH9673	深圳航空	738	成都	双流国际机场 T2	广州	新白云国际机场	07:55	10:20
3U8869	四川航空	320	厦门	高崎国际机场 T4	成都	双流国际机场 T2	17:40	20:20
CA4505	中国国航	321	南京	南京禄口国际机场 T2	成都	双流国际机场 T2	12:50	15:15
ZH4950	深圳航空	320	武汉	天河国际机场 T2	广州	新白云国际机场	16:50	18:50
CA1322	中国国航	772	广州	新白云国际机场	北京	首都国际机场 T3	13:30	16:45

1）关系：就是表。

2）记录：表中的行，也称为元组。

3）字段：关系表中的一列，也称为属性。

4）主键：表中一个或多个字段的集合，能够唯一的标识每一个记录，必须唯一。

5）外键：由一个或多个字段组成，它是另一个表中的主键，用来描述表和表之间的关系。一个表不一定有外键，而且外键也不是唯一的，允许有重复值，也可以是空值(NULL)。

关系数据库的相关知识将在项目二中详细介绍。

3. 物理数据模型

物理数据模型（Physical Data Model）是面向计算机物理表示的模型，描述了数据在储存介质上的组织结构。它不但与具体的 DBMS 有关，而且还与操作系统和硬件有关。每一种逻辑数据模型在实现时都有其对应的物理数据模型。DBMS 为了保证其独立性与可移植性，大部分物理数据模型的实现工作由系统自动完成，而设计者只设计索引、聚集等特殊结构。

1.2.2 关系数据模型简介

关系数据模型是以集合论中的关系（Relation）概念为基础发展起来的数据模型。它把记录集合定义为一张二维表，即关系。表的每一行是一条记录，表示一个实体；每一列是记录中的一个字段，表示实体的一个属性。关系数据模型既能反映实体之间的一对一联系，也能反映实体之间的一对多和多对多联系。如前面介绍的表 1-1 以及下面的表 1-2、表 1-3 就构成了一个典型的关系数据模型实例。

表 1-2　会员表 Users

会员编号	会员名称	真实姓名	性别	年龄	身份证号	联系电话	电子邮件
001	Cuisite	崔斯特	男	34	440202197610151216	13907568077	Cuisite@ hotmail. com
002	Marrisa	玛丽莎	女	28	440202198212231345	19545091912	Marrisa@ hotmail. com
003	Wangzx	王子轩	男	21	440202198506154546	13871092635	Wangzx@ 163. com
004	Limingyu	李明宇	男	45	440202198904435699	13923569877	Limingyu@ yahoo. com
005	Liufum	刘复明	男	35	440202198510181217	15968792586	Liufum@ 163. com

表 1-3　机票表 Ticket

机票编号	航班号	座位	舱位	登机口	会员编号	票价	状态（Sell or Back）
1000001	ZH9673	9F	X	A	001	1024	Sell
1000002	3U8869	2A	F	B	002	1824	Sell
1000003	CA4505	4C	C	A	003	2512	Sell
1000004	CA4505	4C	C	A	001	2512	Sell

由于会员可以购买多次航班的机票，在表 1-3 中，就出现了 001 号会员购买过多次不同航班的信息。

1.3 SQL Server 2014 开发环境

1.3.1 SQL Server 2014 功能简介

SQL Server 是 Microsoft 公司推出的适用于大型网络环境的数据库产品，一经推出，便得到广大用户的积极响应并迅速占领了 Windows NT 环境下的数据库领域，成为数据库市场上的一个重要产品。下面以 SQL Server 2014 为基础介绍该数据库管理系统的一些新功能。

首先，SQL Server 2014 增加了部署到核心数据库中的新内存功能，包括内存 OLTP，这是对市场上大多数综合内存数据库解决方案的现有内存数据仓库和 BI 功能的补充。此外，它还提供新的云功能，以简化数据库对云技术的采用并帮助用户开创新的混合方案。

1）内存 OLTP：显著提高数据库应用程序性能。该功能是随 SQL Server 2014 Engine 一起安装的，无须执行任何其他操作，不必重新编写数据库应用程序或更新硬件即可提高内存性能。SQL Server 2014 CTP2 版本的增强功能还包括 Alwayson 支持、增加的 T-SQL 外围应用以及能够将现有对象迁移到内存 OLTP 中。

2）内存可更新的 ColumnStore：为现有 ColumnStore 的数据仓库工作负载提供更高的压缩率、更丰富的查询支持和可更新性，提供更快的加载速度、更完善的查询性能、高并发性和更低的单位 TB 价格。

3）将内存扩展到 SSD：通过将 SSD 作为数据库缓冲池扩展，将固态存储无缝且透明地集成到 SQL Server 中，从而提高内存处理能力和减少磁盘 IO。

4）增强的高可用性：

①新 Alwayson 功能。可用性组现在支持多达 8 个辅助副本，即便发生了网络故障，也可以随时读取这些副本。故障转移群集实例现在支持 Windows 群集共享卷，从而提高了共享存储利用率和故障转移复原能力。

②改进了在线数据库操作。包括单个分区在线索引重建和管理表分区切换的锁定优先级，从而降低了维护停机影响。

5）加密备份：在内部部署和 Windows Azure 中提供备份加密支持。

6）IO 资源监管：资源池现在支持为每个卷配置最小和最大 IOPS，从而实现更全面的资源隔离控制。

7）混合方案：

①智能备份。管理和自动完成将 SQL Server 备份到 Windows Azure 存储（从内部部署和 Windows Azure 中）。

②添加 Azure 副本向导。轻松将 Windows Azure 中的副本添加到内部部署可用性组中。

③SQL XI（XStore 集成）。支持 Windows Azure 存储 Blob 上的 SQL Server 数据库文件（从内部部署和 Windows Azure 中）。

④部署向导。轻松将内部部署 SQL Server 数据库部署到 Windows Azure 中。

1.3.2　SQL Server 2014 的安装

1. SQL Server 2014 的版本

SQL Server 2014 提供了 3 个不同的版本：企业版（Enterprise）、商业智慧版（Business Intelligence）、标准版（Standard），各版本均有 64 位和 32 位两种选择，其主要区别见表 1-4。

表 1-4　SQL Server 2014 各版本特性

版　本	定　义
企业版	提供了全面的高端数据中心功能，性能极为卓越，虚拟化不受限制，还具有端到端的商业智能，可为关键任务工作负荷提供较高服务级别，支持最终用户访问深层数据

（续）

版 本	定 义
商业智慧版	提供了综合性平台，可支持组织构建和部署安全、具有可扩展且易于管理的 BI 解决方案。提供基于浏览器的数据浏览与可见性等卓越的数据集成功能，以及增强的集成管理功能
标准版	提供了基本数据管理和商业智能数据库，使部门和小型组织能够顺利运行其应用程序并支持将常用开发工具用于内部部署和云部署，有助于以最少的 IT 资源获得高效的数据库管理

2. SQL Server 2014 的安装

SQL Server 2014 支持的操作系统有 Windows Server 2008/2008 R2/2012/2012 R2，标准版还支持 Windows 7/8/10。

SQL Server 2014 的安装步骤如下：

1）双击安装包中的 setup. exe 文件，启动安装向导，如图 1-5 所示。

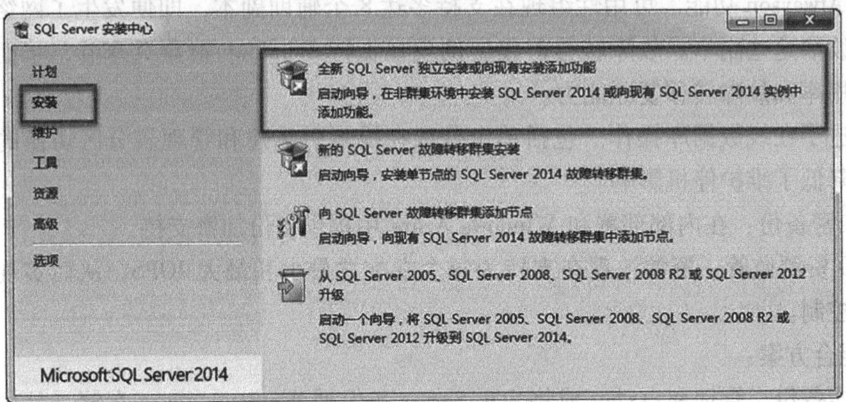

图 1-5 启动安装向导

2）输入产品密钥，单击“下一步”按钮，如图 1-6 所示。

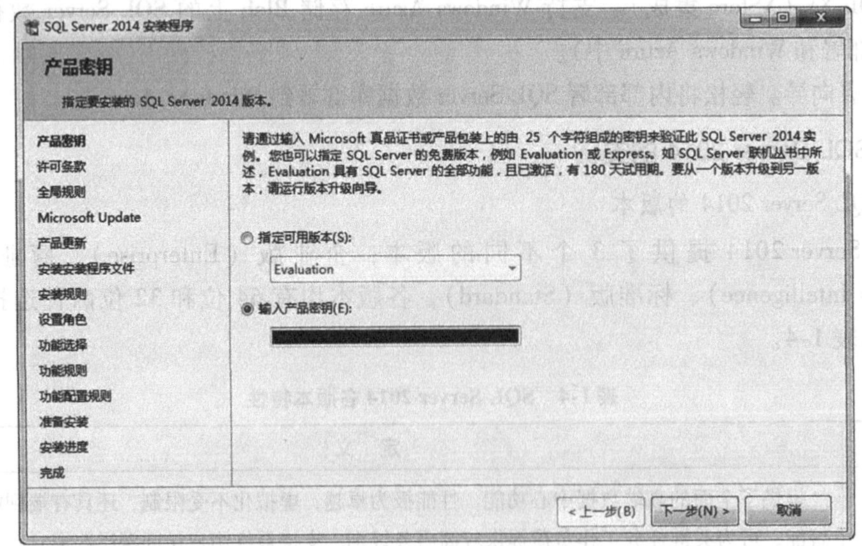

图 1-6 输入产品密钥

3）接受许可条款，单击“下一步”按钮，如图 1-7 所示。

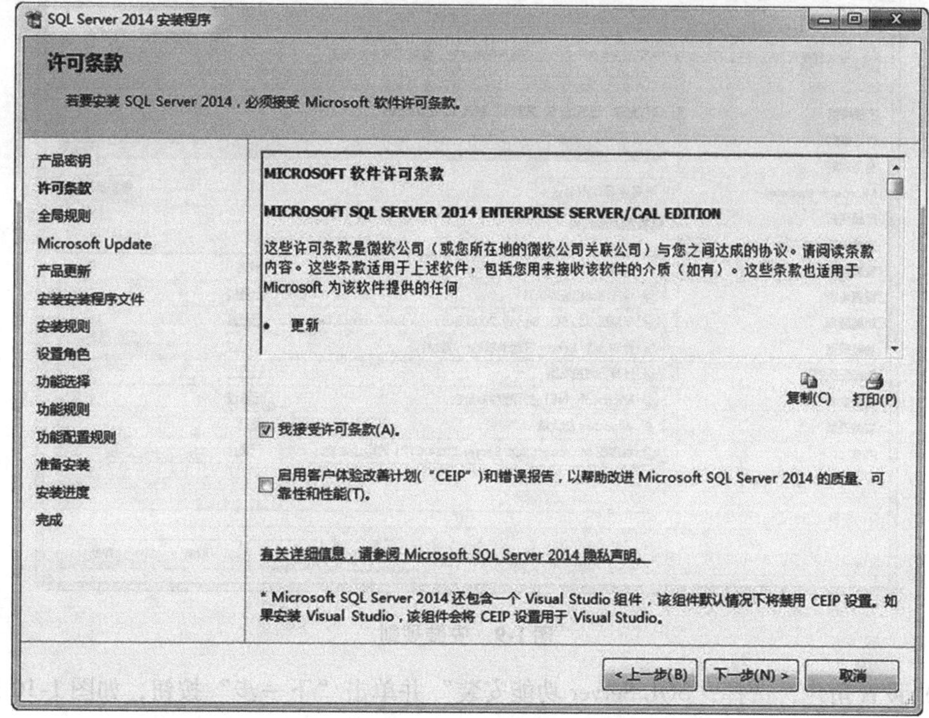

图 1-7　接受许可条款

4）检查重要更新，直接单击“下一步”按钮即可，如图 1－8 所示。

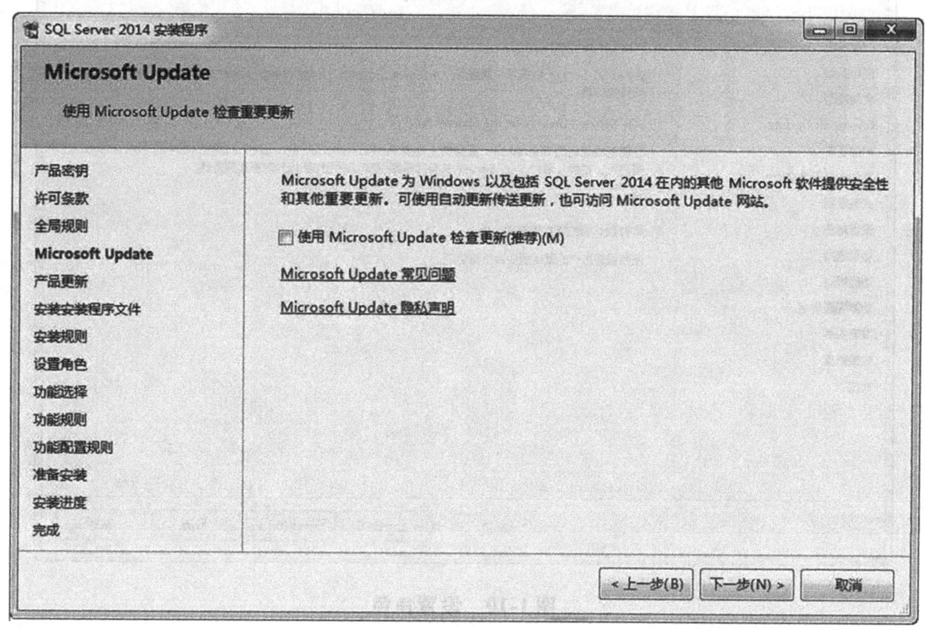

图 1-8　使用 Update 检查更新

5）系统提示安装规则，单击“下一步”按钮，如图 1-9 所示。

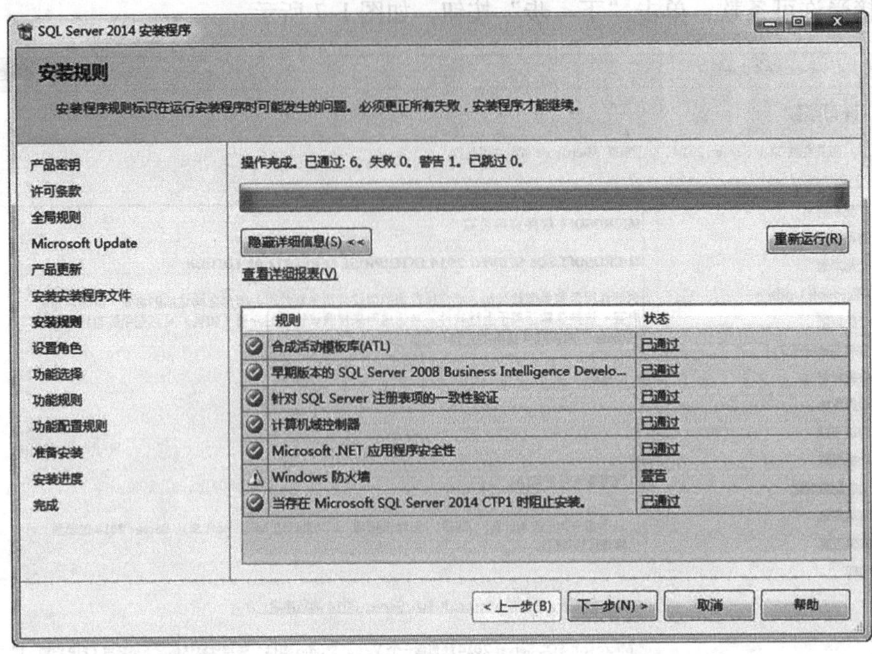

图 1-9　安装规则

6）设置角色，选择“SQL Server 功能安装”并单击“下一步”按钮，如图 1-10 所示。

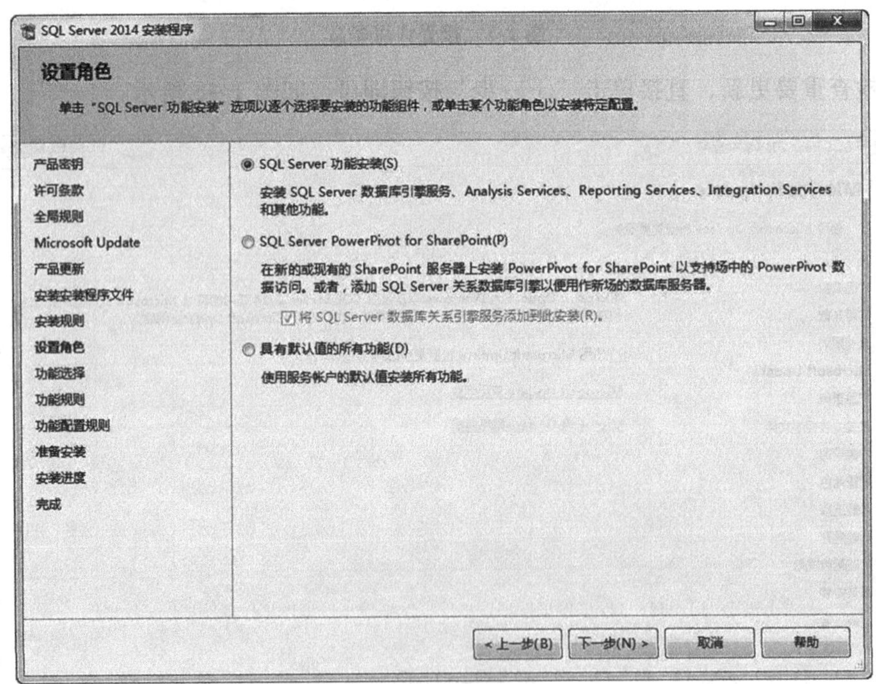

图 1-10　设置角色

7）功能选择，主要选择实例功能、连接功能、客户端功能等，右侧有功能说明。选择好后单击“下一步”按钮，如图 1-11 所示。

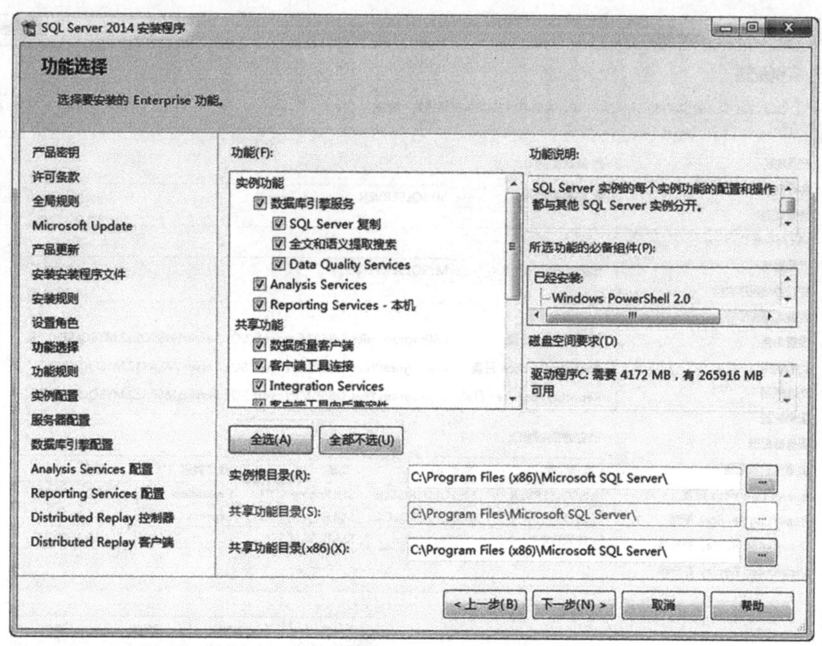

图 1-11　功能选择

8）系统提示功能规则，单击“下一步”按钮，如图 1-12 所示。注意如果没有装 Microsoft. NET Framework 3. 5 Service Pack1，则无法继续安装。

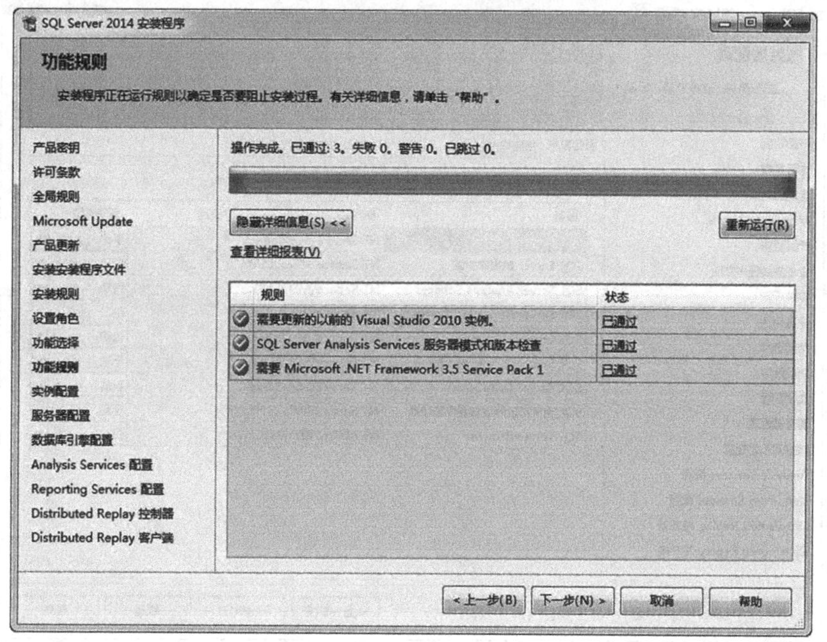

图 1-12　功能规则检查

9）实例配置。如果是第一次安装 SQL Server，选择“默认实例”即可；如果已经安装了早期版本的 SQL Server，则要重新命名一个实例，如图 1-13 所示。

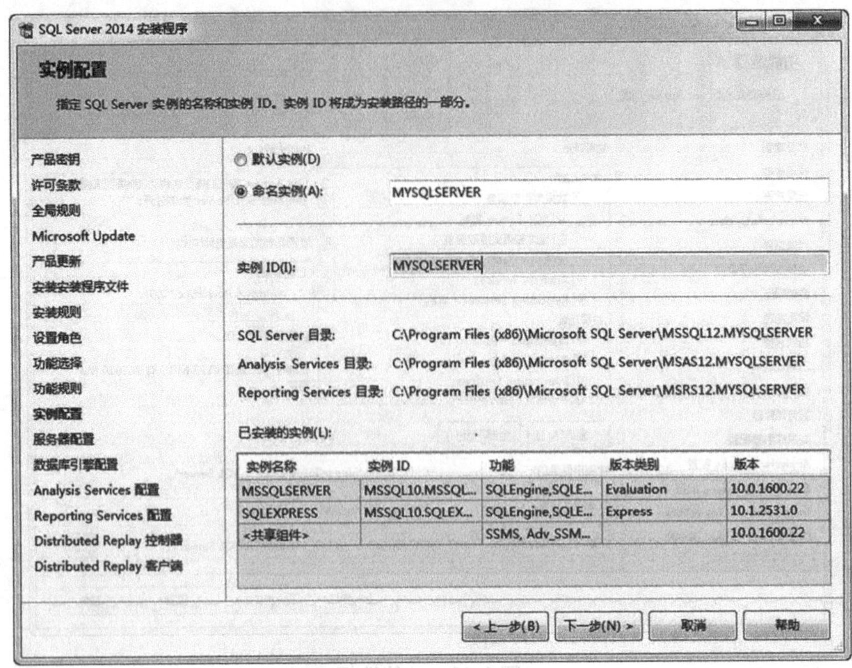

图 1-13　实例配置

10）服务器配置，按系统默认即可，单击“下一步”按钮，如图 1－14 所示。

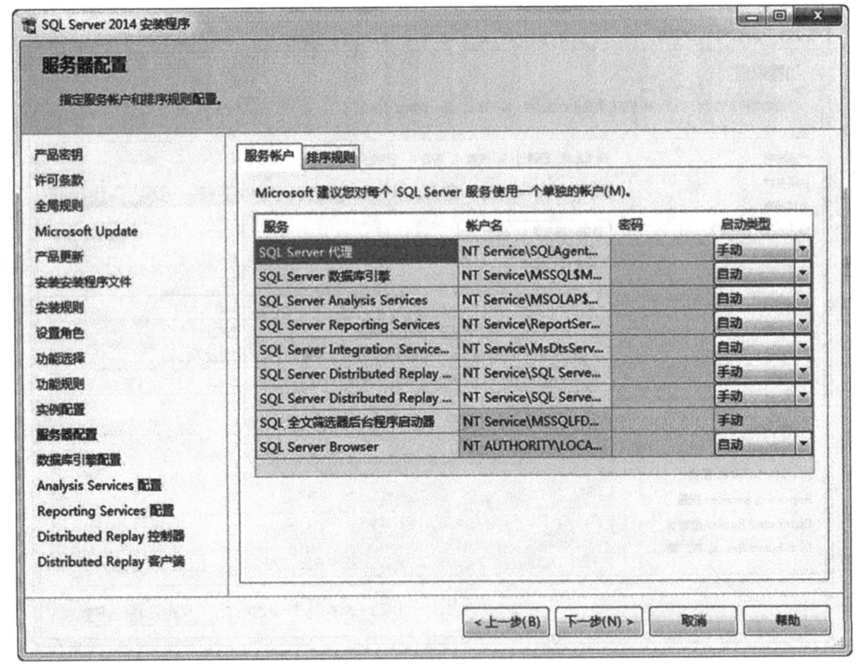

图 1-14　服务器配置

11）数据库引擎配置，建议用“混合模式”，输入系统管理员（sa）密码，并单击“添加当前用户”按钮，如图 1-15 所示。

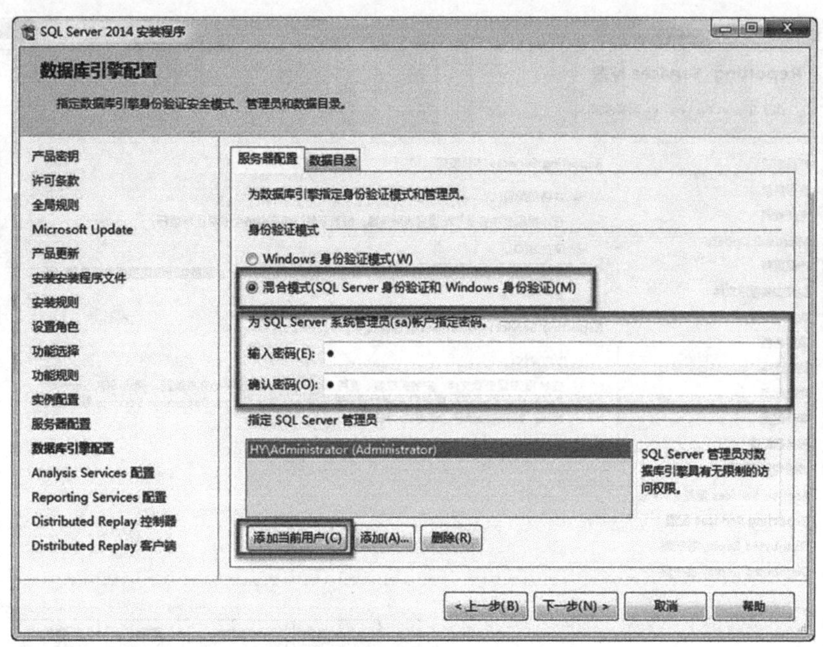

图 1-15　配置身份验证模式

12）Analysis Services 配置。按默认配置，单击“添加当前用户”按钮，如图 1-16 所示。注意如果在功能选择阶段没有勾选这项功能，则没有这一步骤。

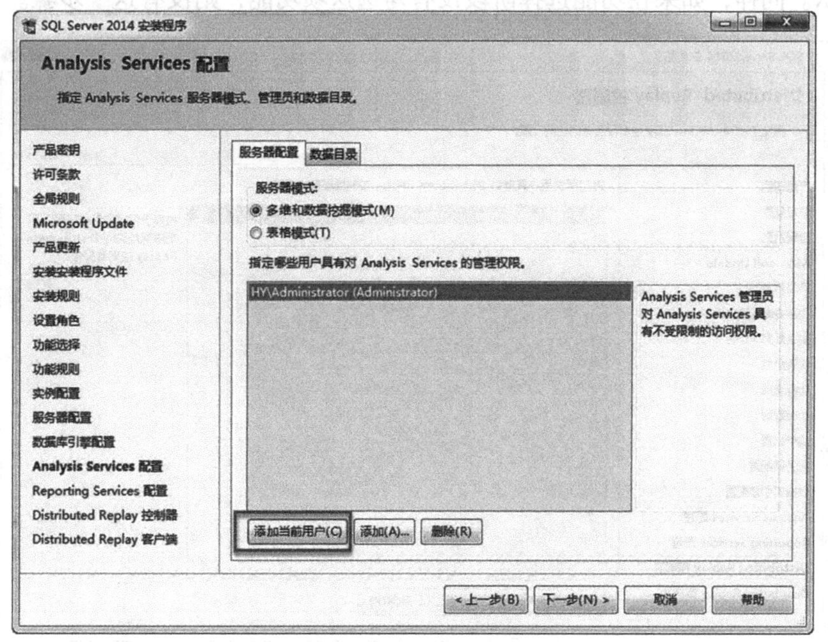

图 1-16　Analysis Services 配置

13）Reporting Services 配置。按默认配置即可，如图 1-17 所示。同样，如果在功能选择阶段没有勾选这项功能，则没有这一步骤。

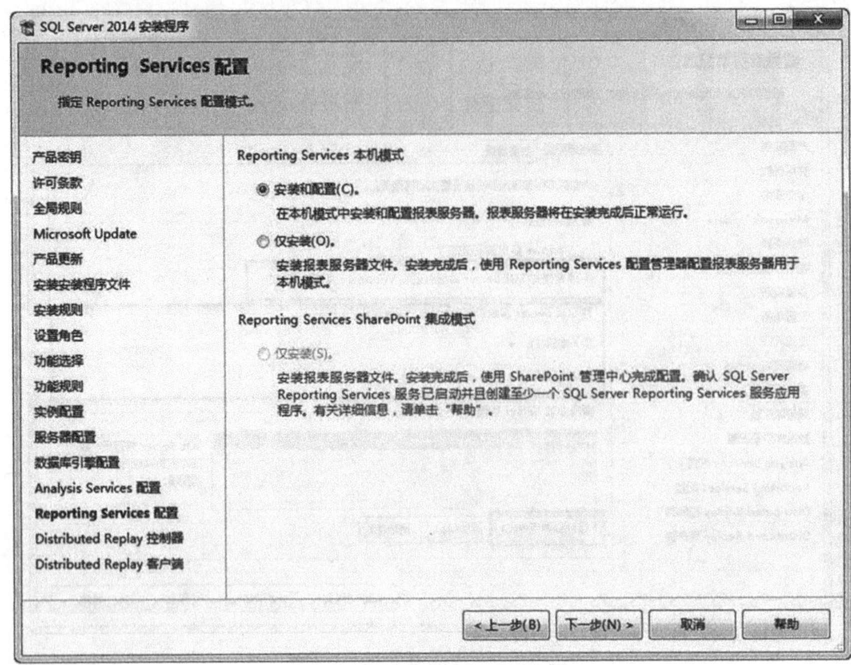

图 1-17　Reporting Services 配置

14）指定 Distributed Replay 控制器。按默认配置，单击“添加当前用户”按钮，如图 1-18所示。同样，如果在功能选择阶段没有勾选这项功能，则没有这一步骤。

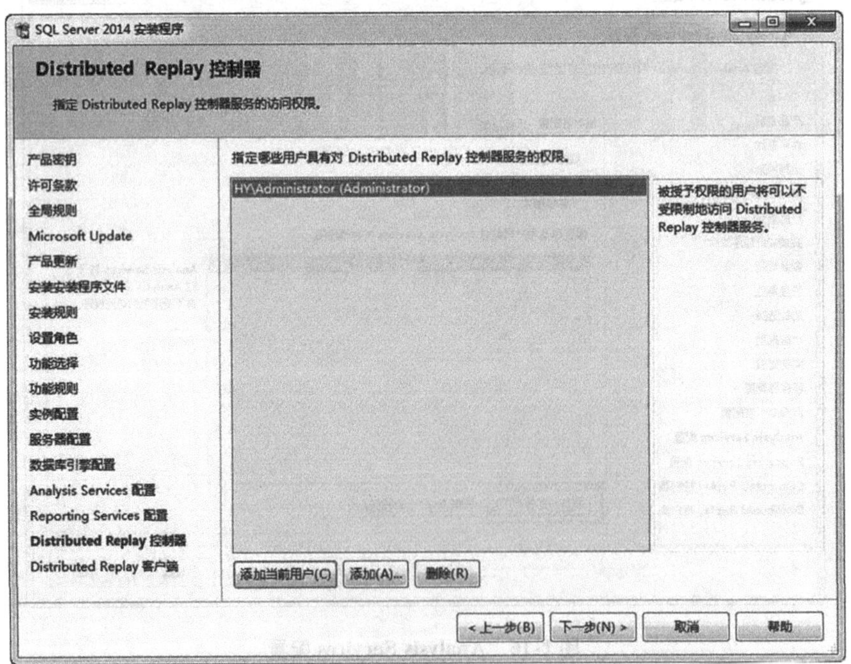

图 1-18　指导用户对 Distributed Replay 控制器服务的权限

15）配置 Distributed Replay 客户端，选择默认即可，如图 1-19 所示。

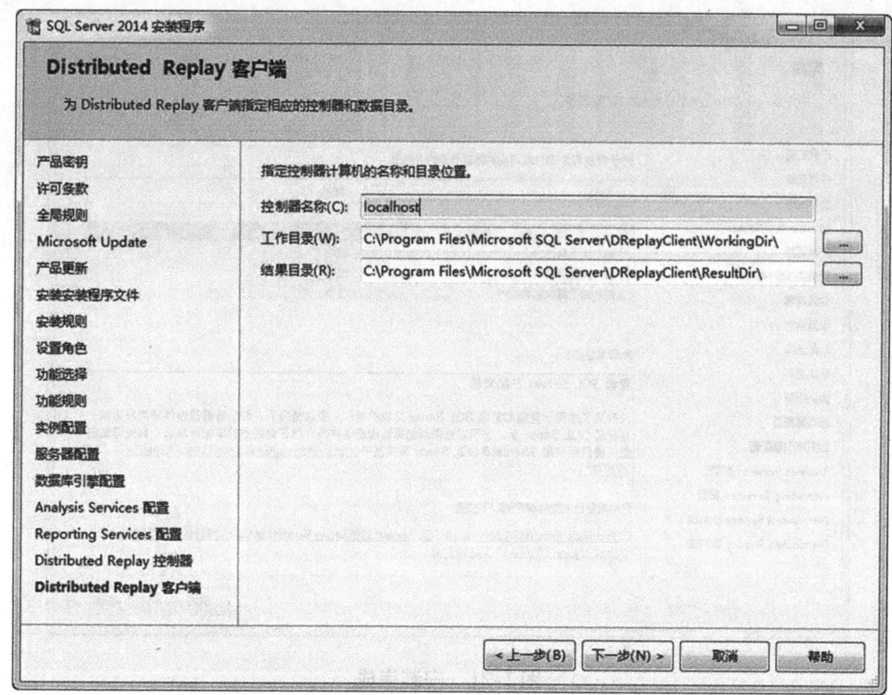

图 1-19　配置 Distributed Replay 客户端

16）准备安装，单击“安装”按钮，如图 1-20 所示。安装可能要半小时左右。

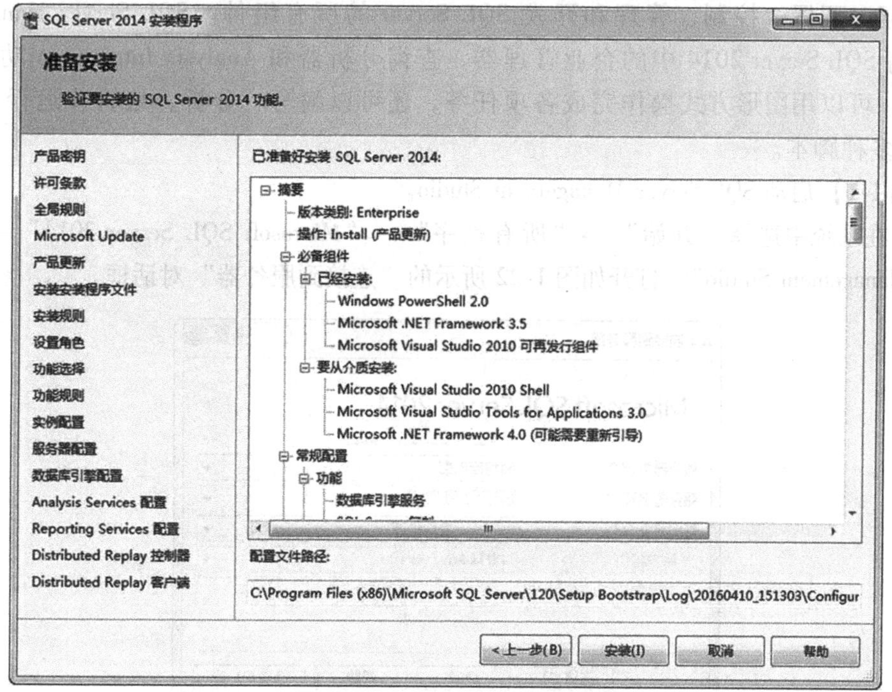

图 1-20　准备安装

17）SQL Server 2014 安装完成，如图 1-21 所示。

SQL Server 2014 安装程序

完成

SQL Server 2014 安装已成功完成 带产品更新。

产品密钥
许可条款
全局规则
Microsoft Update
产品更新
安装安装程序文件
安装规则
设置角色
功能选择
功能规则
实例配置
服务器配置
数据库引擎配置
Analysis Services 配置
Reporting Services 配置
Distributed Replay 控制器
Distributed Replay 客户端

关于安装程序操作或可能的随后步骤的信息(I):

功能	状态
管理工具 - 完整	成功
客户端工具连接	成功
客户端工具 SDK	成功
客户端工具向后兼容性	成功

详细信息(D):

查看 SQL Server 产品文档

只安装了您用于查看和管理 SQL Server 文档的组件。默认情况下，帮助查看器组件使用联机库。在安装 SQL Server 后，您可以使用帮助库管理器组件将文档下载到您的本地计算机。有关详细信息，请参阅使用 Microsoft SQL Server 联机丛书(<http://go.microsoft.com/fwlink/?LinkID=299578>)。

已将摘要日志文件保存到以下位置:

C:\Program Files (x86)\Microsoft SQL Server\120\Setup Bootstrap\Log\20160410 151303\Summary hy 20160410 151303.txt

关闭　帮助

图 1-21　安装完成

1.3.3 SQL Server Management Studio 简介

SQL Server Management Studio 是 SQL Server 2014 提供的一个可视化集成开发环境，用于访问、配置、控制、管理和开发 SQL Server 的所有组件。SQL Server Management Studio 将 SQL Server 2014 中的企业管理器、查询分析器和 Analysis Integration 功能整合在一起，可以用图形方式操作完成各项任务，还可以编写、分析、编辑和运行 T-SQL、XML 等多种脚本。

【例 1-1】启动 SQL Server Management Studio。

1）在系统中选择“开始”→“所有程序”→“Microsoft SQL Server 2014”→“SQL Server Management Studio”，打开如图 1-22 所示的“连接到服务器”对话框。

图 1-22　“连接到服务器”对话框

服务器类型：数据库引擎（表示当前是使用数据库服务器）。

服务器名称：本机的机器名。

身份验证：默认为 Windows 身份验证。

2）按照图 1-22 所示，依次选择服务器类型、服务器名称和身份验证方式，然后单击“连接”按钮。

3）连接成功后，打开 Microsoft SQL Server Management Studio 工作界面，如图 1-23 所示。

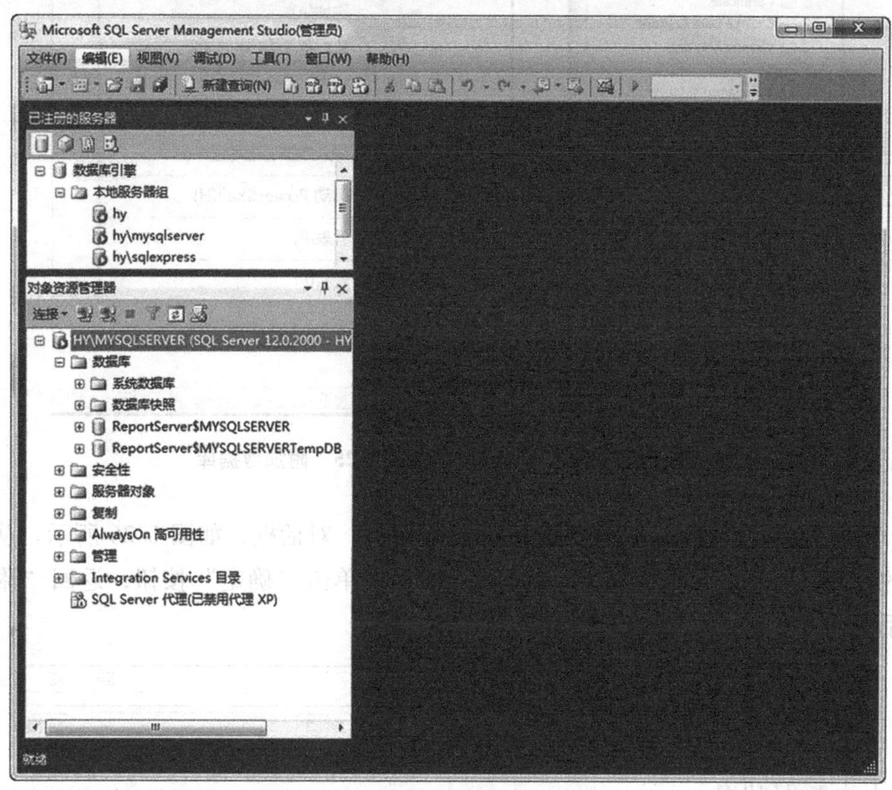

图 1-23　Microsoft SQL Server Management Studio 工作界面

“已注册的服务器”窗口中显示当前已注册服务器数据库引擎的名称信息。图 1-23 中显示 hy 数据库已成功启动。

“对象资源管理器”窗口中显示的是服务器中所有对象的树状目录结构图。利用该窗口可以完成以下操作：注册服务器，启动和停止服务器，配置服务器属性，创建数据库、数据表、视图、存储过程等数据库对象，生成 T-SQL Server 脚本，管理数据库对象权限，创建登录账户等。

SQL Server Management Studio 提供了大量脚本模板，其中包含了许多常用任务的 T-SQL 语句。可以在“模板浏览器”窗口中查看这些模板，如图 1-24 所示。

【例 1-2】 附加 minhang 数据库。

1）在“对象资源管理器”窗口中右击“数据库”项，在弹出的快捷菜单中选择“附加”命令，如图 1-25 所示，打开“附加数据库”对话框。

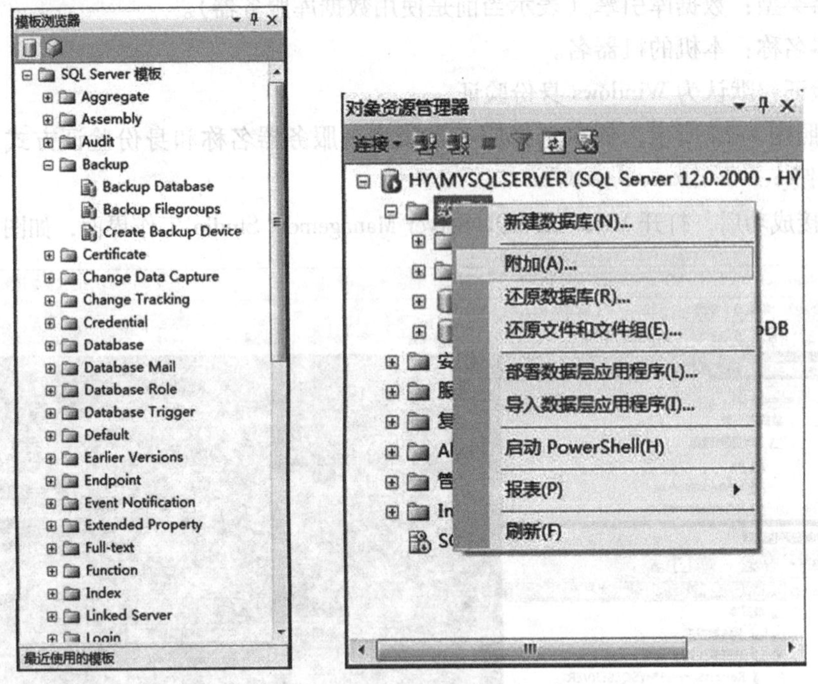

1-24　“模板浏览器”窗口　　　　图 1-25　附加数据库

2）单击“添加”按钮，打开“定位数据库文件”对话框，如图 1-26 所示。从中选择要附加的数据库的主要数据文件 minhang_data. mdf，单击“确定”按钮，返回“附加数据库”对话框。

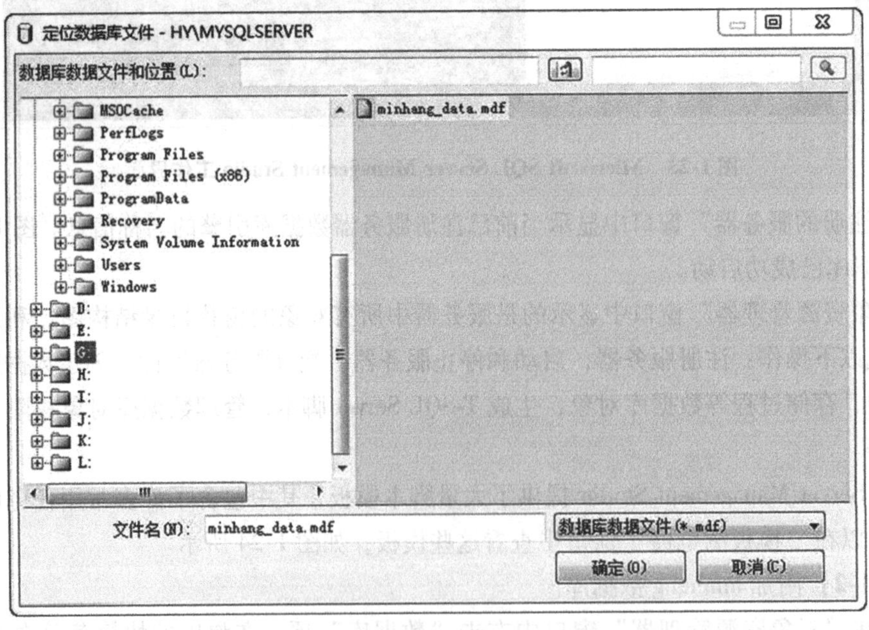

图 1-26　“定位数据库文件”对话框

3）单击“确定”按钮，即可把所选的 minhang 数据库加到当前 SQL Server 实例上。

【例 1-3】创建一个查询。

1）打开“查询编辑器”窗口。输入查询语句，单击工具栏中的“分析”按钮，分析该查询语句的语法，使其正确，如图 1-27 所示。

2）按 <F5>键，或者单击工具栏中的“执行”按钮，或者在菜单栏中选择“查询”→“执行”命令。

SQLQuery1.sql - H...ministrator (53))*

```
select * from users
```

100 %

结果　消息

	Uno	Uname	Upass	Tname	Usex	Uage	Utel	Umail	Uposid
1	1	Cuisite	12345678	崔斯特	男	34	13907568077	Cuisite@hotmail.com	440101198201022543
2	10	Lilei	2258746	李雷	男	53	18986526489	Lilei@yahoo.com	441019196301112561
3	11	Lihuiz	25025068	李慧珍	女	35	18986009530	Lihuiz@163.com	441121198101122563
4	12	Zhanggf	7145689	张国锋	男	39	18599655789	Zhanggf@126.com	441223197701132565
5	13	Ligui	86868699	李贵	男	37	13565485856	Ligui@tom.com	441325197901142567
6	14	Hanmm9	99988866	韩梅梅	女	25	18988665598	Hanmm9@126.com	441427199101152569
7	2	Marrisa	12345687	马丽莎	女	28	19545091912	Marrisa@hotmail.com	440203198801032545
8	3	Wangzx	12378945	王子轩	男	21	13871092635	Wangzx@163.com	440305199501042547
9	4	Limingyu	12354788	李明宇	男	45	13923569877	Limingyu@yahoo.com	440407197101052549
10	5	Liufum	59641384	刘复明	男	35	15968792586	Liufum@163.com	440509198101062551
11	6	Morexia	55922648	慕容筱筱	女	25	15988624952	Morexia@hotmail.com	440611199101072553
12	7	ZxMao	12357954	李向东	男	26	16986362289	ZxMao@163.com	440713199001082555
13	8	Zhangxy	98625478	张筱嫣	女	34	16695588826	Zhangxy@yahoo.com	440815198201092557
14	9	Liuguis	65599522	刘贵生	男	68	18895269744	Liuguis@126.com	440917194801102559

图 1-27　输入查询语句

SQL Server 2014 提供完整的文档和教程，用户只须安装相应的软件包即可。可以到 Microsoft 官方网站免费下载软件包。在 SQL Server 2014 的工作界面中，也可以按<F1>键打开帮助文档。

实践训练

【实践目的】

1. 了解安装 SQL Server 2014 的硬件和软件要求。
2. 掌握 SQL Server 2014 的安装方法。
3. 掌握对象资源管理器与查询编辑器的使用方法。
4. 了解数据库及数据库对象。

【实践内容】

1. 练习在本地计算机上安装 SQL Server 2014。
2. 练习启动、暂停、关闭 SQL Server 2014 某一服务器的操作。
3. 附加一个 minhang 数据库。
4. 在“查询编辑器”窗口中输入如下的语句，并逐句执行，观察查询结果。

```
USE minhang
GO
SELECT * FROM Users
GO
```

习题 1

一、判断题

1. 数据库技术是计算机数据处理与信息管理系统的核心。 （ ）
2. 数据是用于描述现实世界中具体事物或抽象概念的可存储的数字符号。 （ ）
3. 数据库是一个长期存储在计算机内的、有组织的、有共享的、统一管理的数据集合。 （ ）
4. 数据库管理系统是一个按数据结构来存储和管理数据的服务器管理系统。 （ ）
5. 关系数据库是建立在关系模型基础上的数据库。 （ ）

二、选择题

1. 数据（Data）是一些可存储并具有明确意义的（ ）。
   A. 符号 B. 图形 C. 文字 D. 数字
2. 数据库系统的重要特征是（ ）。
   A. 数据的独立性和动态性 B. 数据的静态性和独立性
   C. 数据的动态性和共享性 D. 数据的独立性和共享性

三、多项选择题

1. 与数据库技术密切相关的基本概念有（ ）。
   A. 数据 B. 数据库
   C. 数据库管理系统 D. 数据库系统
2. 数据库可分为（ ）。
   A. 关系型数据库 B. 网状数据库
   C. 层次数据库 D. 树形数据库
3. DBMS 提供数据操作语言（DML），为用户提供的操作有（ ）。
   A. 数据的追加 B. 数据的删除 C. 数据的更新 D. 数据的查询
4. DBMS 要分类组织、存储和管理各种数据，包括（ ）。
   A. 数据字典 B. 用户数据 C. 存取路径 D. 服务器

四、填空题

1. 数据库__________技术经历了人工管理阶段和文件管理阶段。
2. 文件系统不提供对任意部分数据的__________访问。
3. 关系数据库是建立在关系__________基础上的数据库。
4. 通过属性可以对一个__________进行描述。

项目二　订票管理的数据库设计

知识目标

掌握第一、第二、第三范式的定义，以及范式之间转换的原则和方法；了解数据库设计的基本步骤；掌握利用E-R图描述数据库的概念模型的方法；掌握E-R图向关系模型转换的方法。

技能目标

掌握范式分解的基本技能；学会设计数据库的基本方法；能按照用户要求设计简单的数据库。

数据库设计是数据库应用领域中的重要研究课题。数据库设计的任务是在给定的应用环境下，创建满足用户需求且性能良好的数据库模式并建立数据库及应用系统，使之能有效地存储和管理数据，满足客户的各种业务需求。

本章主要讨论关系规范化理论，以及如何在关系规范化理论的指导下进行数据库设计，包括需求分析、结构设计和数据库的实施。

2.1 关系数据库规范化理论简介

关系数据库规范化理论是数据库逻辑设计的理论依据，其内容主要包括三个方面：数据依赖、范式、模式设计方法。其中数据依赖起着核心作用，因为它是解决数据库的数据冗余和操作异常问题的关键所在。

2.1.1 函数依赖

1. 函数依赖的基本概念

授课视频 2-1

关系模式中的各属性之间相互依赖、相互制约的联系称为数据依赖。数据依赖一般分为函数依赖、多值依赖和连接依赖，其中函数依赖是最重要的数据依赖。

例如，省 = f（城市）：只要给出一个具体的城市值，就会有唯一一个省值和它对应，如“广州市”在“广东省”，这里“城市”是自变量X，“省”是因变量或函数值Y。

如果有关系模式R（A1，A2，…，An），X和Y为{A1，A2，…，An}的子集。对于关系R中的任意一个X值，都只有一个Y值与之对应，则称X函数决定Y，或Y函数依赖于X，记为X→Y。

例如，对会员关系模式：

Users（Uno，Uname，Upass，Uage），即会员（会员编号，会员姓名，会员密码，会员年龄）。有以下依赖关系：

Uno→Uname（读作：会员编号决定会员姓名），Uno→Upass，Uno→Uage

又如，对票务信息关系模式：

Business（Uno，Tno，Tpri，Iflag），即票务信息（会员编号，机票编号，发票金额，发票状态）。有以下依赖关系：

（Tno，Uno）→TPri，Iflag

2. 相关术语和符号

1）数据依赖：在计算机科学中，数据依赖是指一种当程序结构导致数据引用之前处理过的数据时的状态。其中最重要的是函数依赖和多值依赖。

2）非平凡函数依赖：当关系中属性集合 Y 不是属性集合 X 的子集时，存在函数依赖 X→Y，则称这种函数依赖为非平凡函数依赖。

3）平凡函数依赖：当关系中属性集合 Y 是属性集合 X 的子集时（Y⊆X），存在函数依赖 X→Y，即一组属性函数决定它的所有子集，这种函数依赖称为平凡函数依赖。

> **注意：** 若无特别声明，本书讨论的都是非平凡的函数依赖。

4）X 和 Y 间联系是 M:1 或 M:N，X→Y，则称 X 为决定因子。

5）X 和 Y 间联系是 1:1，则 X→Y，Y→X（相互依赖，可记作 X←→Y）。

6）完全函数依赖：设 X 和 Y 是关系 R 的两个属性集合，X' 是 X 的真子集，存在 X→Y，但对每一个 X' 都有 X'！→Y，则称 Y 完全函数依赖于 X，记作 $X \xrightarrow{P} Y$。

7）部分函数依赖：设 X，Y 是关系 R 的两个属性集合，存在 X→Y，若 X' 是 X 的真子集，存在 X'→Y，则称 Y 部分函数依赖于 X，记作 $X \xrightarrow{F} Y$。

8）传递函数依赖：设 X、Y、Z 是关系 R 中互不相同的属性集合，存在 X→Y（Y！→X）、Y→Z，则称 Z 传递函数依赖于 X，记作 $X \xrightarrow{传递} Z$。

授课视频 2－2

【例 2-1】 假定有以下关系模式：

Users（Uno，Uname，Upass，Uage），即会员（会员编号，会员姓名，会员密码，会员年龄），主键为（Uno）；

Business（Uno，Tno，Tpri），即票务信息（会员编号，机票编号，发票金额），主键为（Uno，Tno）。

则函数依赖关系如下：

Uno→Uname　　会员姓名函数依赖于会员编号。

（Uno，Tno）$\xrightarrow{F}$Uname　　会员姓名部分函数依赖于会员编号和机票编号。

（Uno，Tno）$\xrightarrow{P}$Tpri　　发票金额完全函数依赖于会员编号和机票编号，因为最终的发票金额由航班与会员等级共同决定，会员等级完全函数依赖于会员编号，不同会员的等级不同，打折程度不同，所以产生的发票金额不同。

【例 2-2】假设有如下关系模式：

授课视频 2－3

Ticket（Tno，Seat，Tflag，Fid，Airline），即机票信息（机票编号，座位号，机票状态，航班序号，航空公司），一个航班序号对应一个航空公司，主键为 Tno。则函数依赖关系如下：

$Tno \xrightarrow{P} Seat$　　座位号完全函数依赖于机票编号，机票能唯一确定一个座位。

$Tno \xrightarrow{P} Fid$　　航班序号完全函数依赖于机票编号，机票能唯一确定一个航班。

$Fid \xrightarrow{P} Airline$　　航空公司完全函数依赖于航班序号，一个航班序号能唯一确定一个航空公司。

$Tno \xrightarrow{传递} Airline$　　航空公司传递函数依赖于机票编号，机票传递的确定了一个航空公司。

3. 讨论函数依赖的原因

授课视频 2－4

例如，有以下关系模式：

Business（Uno，Uname，Fid，Tpri，Ano，Aname），即票务信息（会员编号，会员姓名，航班序号，票价，航空公司编号，航空公司名称），其关系模式见表 2-1。

表 2-1　Business 关系模式

Uno	Uname	Fid	Tpri	Ano	Aname
001	Cuisite	9673	1520	05	深圳航空
002	Marrisa	8869	1789	03	四川航空
003	Wangzx	4505	868	01	中国国航
004	Limingyu	4950	1558	05	深圳航空
005	Liufum	1322	2654	01	中国国航
001	Cuisite	3403	1253	02	南方航空
002	Marrisa	9673	1580	05	深圳航空
003	Wangzx	8869	2589	03	四川航空
001	Cuisite	1322	654	01	中国国航
002	Marrisa	3403	1853	02	南方航空
004	Limingyu	9673	1620	05	深圳航空
005	Liufum	8869	889	03	四川航空
001	Cuisite	1322	2754	01	中国国航

通过分析数据库的实际应用可以发现，如表 2-1 所设计的数据表存在如下问题：

1）数据冗余问题。在这个关系中，票务信息的航空公司编号、航空公司名称重复多遍存储，会员购买了多少张机票，会员的姓名、航空公司名称等信息就会重复多少遍。

2）数据更新问题。如果某个会员的多张机票均需要改签或退票，则航班公司信息也要跟着修改多遍，其会员信息同时也需要修改多遍，使修改变得烦琐。

3）数据插入问题。分析得知，该表的主键是（Uno，Fid），如果新开出一个航班，但还没有开始售票，则该航班就无法存在于数据表中。

4）数据删除问题。如果某个会员只购买了一张机票，由于某种原因，该会员又退票了，删除该机票信息的同时，会员编号、姓名等基本信息也被删除了。

以上的问题统称为操作异常。在本例中，出现操作异常是因为该关系模式没有设计好，即 User—Flight—Ticket 关系模式不是一个好的模式。如何改造这个关系模式并克服以上种种问题是关系规范化理论要解决的问题，也是讨论函数依赖的原因。

解决以上问题的方法就是模式分解，即把一个关系模式分解成两个或多个关系模式，在分解的过程中消除那些“不良”的函数依赖，从而获得良好的关系模式。

2.1.2 关系规范化

1. 相关概念

在介绍关系规范化的相关知识之前，先介绍几个关系模型中的重要概念。例如，有以下关系模式：

会员（会员编号，会员名称，密码，真实姓名，性别，电话，E-mail，身份证号，里程，等级）

1）候选键：若关系中的某一属性组的值能唯一标识一个元组，而其任何真子集都不能再标识，则称该属性组为候选键。例如：会员编号，身份证号。

2）主键：用户选做元组标识的一个候选键。注意，一个实体集中只能有一个主键，但可以有多个候选键。例如：会员编号。

3）外键：若关系中的属性或属性组不是本关系的主键，其值是引用另一个关系的主键，则称为外键。

4）主属性：包含在任一候选键中的属性称主属性。例如：会员编号，身份证号。

5）非主属性：不包含在主键中的属性称为非主属性，即它是相对于主属性来定义的。例如：会员名称，密码，真实姓名，性别，电话，E-mail，里程，等级。

2. 范式

关系数据库中的关系要满足一定的要求，满足不同程度的要求称为不同的范式。

目前关系数据库有 6 种范式：第一范式（1NF）、第二范式（2NF）、第三范式（3NF）、Boyce-Codd 范式（BCNF）、第四范式（4NF）和第五范式（5NF）。其中，满足最低要求的范式是第一范式（1NF）。在第一范式的基础上进一步满足更多要求的称为第二范式（2NF），其余范式以此类推。一般说来，数据库只需要满足第三范式（3NF）就行了。

（1）第一范式（1NF）

在任何一个关系数据库中，1NF 是对关系模式的基本要求，不满足 1NF 的数据库就不是关系数据库。

授课视频 2－5

所谓 1NF 是指数据库表的每一列都是不可分割的基本数据项，同一列中不能有多个值，即实体中的某个属性不能有多个值或者不能有重复的属性。如果出现重复的属性，就可能需要定义一个新的实体，由重复的属性构成，而新实体与原实体之间为一对多关系。在 1NF 中表的每一行只包含一个实例的信息。

简而言之，1NF 就是无重复的列，每一列都是不可分割的基本数据项。例如：

联系电话
020－56523842　13565484586
021－45515748　13852378576
027－53811697　13952497478

→

联系电话	手机
020－56523842	13565484586
021－45515748	13852378576
027－53811697	13952497478

(2) 第二范式 (2NF)

定义：如果 R（U，F）∈1NF，并且 R 中的每个非主属性都完全函数依赖于主键，则R（U，F）∈2NF。

授课视频 2－6

2NF 是在 1NF 的基础上建立起来的，即满足 2NF 必须先满足 1NF。2NF 要求数据表中的每个实例或行必须可以被唯一地区分。为实现区分通常需要为表加上一个列，以存储各个实例的唯一标识。这个唯一属性列就是主键。

2NF 要求实体的属性完全依赖于主键。所谓完全依赖是指不能存在仅依赖主键一部分的属性。如果存在，那么这个属性和主键的这一部分应该分离出来形成一个新的实体，新实体与原实体之间是一对多的关系。

简而言之，2NF 就是非主属性非部分依赖于主键。例如，对于如下关系模式：

票务信息（会员编号，会员名称，密码，真实姓名，性别，电话，航班号，出发城市，目的城市，起飞时间，降落时间，起飞机场，降落机场，价格，航空公司编号，航空公司名称）

因为一位会员可以购买多张航班机票，一架航班也可以向多位会员售票，会员编号无法确定航班号，而航班号也无法确定哪一位会员，所以票务信息不是 2NF。

分解办法如下：用组成主键的属性集合的每一个子集作为主键构成一个关系模式；将依赖于这些主键的属性放置到相应的关系模式中；最后去掉只由主键的子集构成的关系模式。

分解示例：对于票务信息，首先分解为如下形式的 3 个关系。

会员（会员编号，会员名称……）

航班（航班号，出发城市，目的城市……）

票务信息（会员编号，航班号，价格……）

将依赖于这些主键的属性放置到相应的关系中：

会员（会员编号，会员名称，密码，真实姓名，性别，电话）

航班（航班号，出发城市，目的城市，起飞时间，降落时间，起飞机场，降落机场，航空公司编号，航空公司名称）

票务信息（会员编号，航班号，价格）

(3) 第三范式 (3NF)

授课视频 2－7

定义：如果 R（U，F）∈2NF，并且所有非主属性都不传递依赖于主键，则 R（U，F）∈3NF。

即在 2NF 的基础上，数据表中如果不存在非主键对任一候选键的传递函数依赖，则符合 3NF。所谓传递函数依赖，指的是如果存在 A→B→C 的决定关系，则 C 传递函数依赖于

A。因此，满足 3NF 的关系模式表应该不存在如下依赖关系：主键→非主键 X→非主键 Y。

简而言之，3NF 就是消除传递函数依赖关系。例如，对于如下关系模式：

航班（航班序号，航班号，出发城市，起飞时间，起飞机场，航空公司编号，航空公司名称，联系人姓名，联系电话）

因为航班序号→航班号，航班序号→航空公司编号，航空公司编号→航空公司名称，航班序号$\xrightarrow{传递}$航空公司名称，所以不是 3NF。

分解过程：对于不是候选键的每个决定因子，从关系模式中删去依赖于它的所有属性；新建一个关系模式，其中包含在原关系模式中所有依赖于该决定因子的属性；将决定因子作为新关系模式的主键。

航班分解后的关系模式为：

航班（航班序号，航班号，出发城市，起飞时间，起飞机场）

航空公司（航空公司编号，航空公司名称，联系人姓名，联系电话）

分析航班和航空公司的关系模式：航空公司→航班。

航班（航班序号，航班号，出发城市，起飞时间，起飞机场，航空公司编号）

航空公司（航空公司编号，航空公司名称，联系人姓名，联系电话）

因此航班关系模式是 3NF，航空公司关系模式也是 3NF。航班序号是航班的主键，航空公司编号是航空公司的主键；航空公司编号为引用航班关系模式的外键。

2.2　关系数据库的设计

2.2.1　数据库设计概述

数据库设计是指对于一个给定的应用环境，提供一个确定最优数据模型与处理模式的逻辑设计，以及一个确定数据库存储结构与存取方法的物理设计，建立起既能反映现实世界信息和信息联系，满足用户数据要求和加工要求，又能被某个数据库管理系统所接受，同时能实现系统目标并有效存取数据的数据库。由于目前大多是在关系型数据库管理系统下进行数据库系统的开发，所以数据库设计的基本任务实为根据一个单位或部门的信息需求、功能需求和数据库支持环境（包括硬件、操作系统和 DBMS），设计出数据模式（包括用户模式、逻辑模式和存储模式）以及相应的应用程序，前者称为数据库的结构设计，后者称为数据库的行为设计。

人们经过探索提出了各种数据库设计方法。如根据对信息需求和功能需求侧重点的不同，可将数据库设计分为两种不同的方法：面向过程的设计方法和面向数据的设计方法，前者以功能需求为主，后者以信息需求为主。如根据设计思想和手段的不同，可将数据库设计分为 3 种不同的方法：规范设计法、计算机辅助设计法和自动化设计法。规范设计法是目前比较完整和权威的一种设计法，它运用软件工程的思想和方法，提出了各种设计准则和规程。而其中基于 E-R 模型的设计方法、基于 3NF 的设计方法、基于抽象语法规范的设计方法等，则是在数据库设计的不同阶段上支持实现的具体技术和方法，是常用的规范设计法。

按规范设计方法，数据库设计包括需求分析、概念设计、逻辑设计、物理设计、数据库实施及运行维护 6 个阶段。其中需求分析阶段又称为系统分析阶段，它是整个数据库设计过程的基础，要收集数据库所有用户的信息需求和处理要求，并加以分析和规格化，最后需要提交数据字典、数据流程图以及系统功能划分等设计文档。概念设计、逻辑设计、物理设计又统称为系统设计阶段，它是数据库逻辑结构和物理结构的设计阶段。而数据库实施阶段则是原始数据装入和应用程序设计的阶段，它也是系统开发的最后一个阶段。下面主要介绍系统设计的3个阶段。

2.2.2　概念设计

概念设计是将用户的信息需求进行综合和抽象，产生一个反映客观现实的不依赖于具体计算机系统的概念数据模型，即概念模式。目前概念设计阶段描述数据库概念模型的最主要方法是E-R模型。

E-R模型是直接从现实世界中抽象出实体类型及实体间联系，然后用E-R图来表示的一种方法。在E-R图中有以下4个基本成分。

1）矩形框：表示实体类型，即现实世界的人或物，通常是某类数据的集合，其范围可大可小，如会员、航班、航空公司等。

2）菱形框：表示联系类型，即实体间的联系，如航班“属于”航空公司、会员“购买”机票等，都代表实体之间的联系。

3）椭圆形框：表示实体类型和联系类型的属性。如会员有会员编号、姓名、性别、身份证等属性，航班有航班号、起飞城市、降落城市、起飞时间、降落时间等属性。除了实体具有属性外，联系也可以有属性，如会员“购买”机票的出票日期、发票金额等属性。

4）直线：联系类型与其涉及的实体类型之间以直线连接，并在直线端部标上联系的种类（1:1、1:N、M:N）。如会员与机票之间为1:N联系，航班与会员之间为M:N联系。

利用E-R模型进行数据库的概念设计，可以分成三步进行：首先确定应用系统中所包含的实体类型和联系类型，并把实体类型和联系类型组合成局部E-R图；然后将各局部E-R图综合为系统的全局E-R图；最后对全局E-R图进行优化改进，消除数据冗余，得到最终的E-R模型，即概念模式。

授课视频2-8

【例2-3】某航空公司有若干次航班，每日每架航班会分配一个仅限当日使用的航班号（类似火车的班次），并同时确定出发城市、起飞时间、起飞机场和目的城市、降落时间、机型、登机口、航班状态、隶属的航空公司等信息。每个航空公司的信息包括航空公司编号、航空公司名称、公司地址。每个航空公司都会委派一位专门的联系人负责与机场保持联系，并告知联系电话、职位等信息。每位欲乘坐飞机的旅客必须注册为航空公司的会员，其填写的内容包含会员编号、会员名称、密码、真实姓名、性别、联系电话、E-mail、身份证号、注册时间等信息，后期，航空公司会为根据会员乘坐的里程来确定会员的等级。每次航班会在售票前确定每个舱位的具体情况，其中包括舱位类型（一般包括头等舱、商务舱、经济舱等）、舱位数量、舱位定价、折扣。会员可以根据自己的需要选择相应的舱位及座位，同时生成机票，机票信息包括座位号、机票的状态。在会员预订机票后，系统后台会生成一个票务信息，为财务后期数据管理使用，票务信息包括预订日期、出票日期、改签日期、退票日期、发票金额、发票编号、发票状态、发票单位、乘客姓名、身份证号。这里需要注意的是，每个会员可以同时购买一个或多个航班的若干个座位，而且乘坐人可以不是会员本人；当会员出现改签、退票情况，该机票还可以转售给其他会员。

在联系中应反映出航班与航空公司的关系、会员与航班的关系、航班与舱位座次的关系。试为该数据库管理设计一个 E-R 模型。步骤如下：

1）确定实体类型。本例有 6 个实体类型：航班、会员、航空公司、航空公司联系人、机票、舱位定价。

2）确定联系类型。会员与机票之间是 M:N 联系，取名为“票务”；航空公司与航班之间是 1:N 联系，取名为“属于”；航班与舱位定价之间是 1:N 联系，取名为“定价”；航空公司与航空公司联系人之间假定为专人联系，即 1:1 联系，取名为“属于”；航班与机票之间是 1:N 联系，取名为“出票”。

3）将实体类型和联系类型组合成 E-R 图，并确定实体类型和联系类型的属性及其主键，如图 2-1 所示。

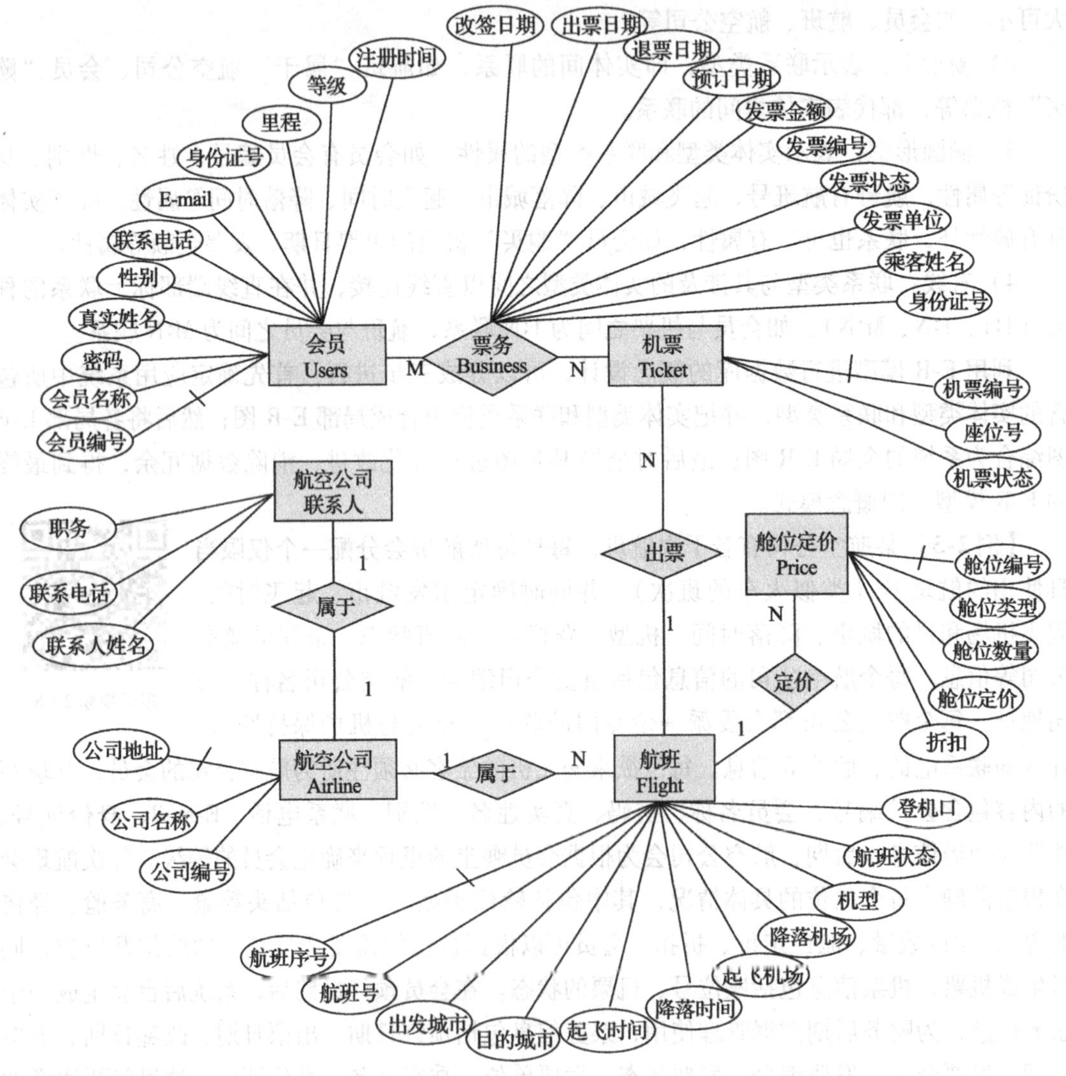

图 2-1 民航机票系统 E-R 图

2.2.3 逻辑设计

概念设计的结果是得到一个独立于任何一种数据模型（如层次、网状或关系）、与DBMS无关的概念模式，而逻辑设计的任务是把概念设计阶段设计好的概念结构转换为与具体机器上的DBMS所支持的数据模型相符合的逻辑结构的过程，即进行数据库的模式设计。对于关系型数据库管理系统，要将概念设计的E-R模型转换为一组关系模式，也就是将E-R图中的所有实体类型和联系类型都用关系来表示。

通常，逻辑结构设计包括初步设计和优化设计两个步骤。所谓初步设计，就是按照E-R图向数据模型转换的规则将已经建立的概念结构转换为DBMS所支持的数据模型。所谓优化设计，就是从提高系统效率出发，对结构进行修改、调整和改良。

1. E-R图向关系模式的转换

这一步要解决的问题是如何将实体类型和实体之间的联系类型转换为关系模式，以及如何确定这些关系模式的属性和主键。

(1) 实体类型向关系模式的转换

转换方法：将每个实体类型转换成一个与之同名的关系模式，实体的属性即为关系模式的属性，实体标识符即为关系模式的键。

例如，图2-1的E-R模型中有6个实体，可分别转换成以下6个关系模式：

会员（会员编号，会员名称，密码，真实姓名，性别，联系电话，E-mail，身份证号，里程，等级，注册时间）

机票（机票编号，座位号，机票状态）

航班（航班序号，航班号，出发城市，目的城市，起飞时间，降落时间，起飞机场，降落机场，机型，航班状态，登机口）

舱位定价（舱位编号，舱位类型，舱位数量，舱位定价，折扣）

航空公司（航空公司编号，航空公司名称，公司地址）

航空公司联系人（联系人姓名，联系电话，职务）

其中，下划线表示关系模式的主键。

(2) 联系类型向关系模式的转换

对于联系类型，则要视1:1、1:N、M:N这3种不同的情况做不同的处理。

1）若实体间的联系是1:1的，可以在两个实体类型转换成的两个关系模式中任意一个关系模式的属性中加入另一个关系模式的键和联系类型的属性。

【例2-4】 根据分析得知，一个航空公司一般指定一位专门联系人，所以它们之间存在1:1联系，则可修改“航空公司”关系模式如下：

航空公司（航空公司编号，航空公司名称，联系人姓名，联系电话，职务）

2）若实体间的联系是1:N的，则在N端实体类型转换成的关系模式中加入1端实体类型转换成的关系模式的键和联系类型的属性。

【例2-5】 根据分析得知，一个航空公司可以有多个航班，所以它们之间存在1:N联系，则可修改“航班”关系模式如下：

航班（航班序号，航班号，出发城市，目的城市，起飞时间，降落时间，起飞机场，降落机场，机型，航班状态，登机口，航空公司编号）

【例 2-6】 根据分析得知，一个航班存在对多个舱位进行不同的定价，所以它们之间存在 1:N 联系，为了编排座位号，需要增加舱位的行、列数量，则可修改“舱位”关系模式如下：

舱位定价（舱位编号，舱位类型，行数量，列数量，舱位定价，折扣，航班号）

3）若实体间的联系是 M:N 的，则将联系类型也转换成关系模式，其属性为两端实体类型的主键加上联系类型的属性，而主键为两端实体类型的主健的组合。

【例 2-7】 例如，一位会员可能购买同一航班的多张机票，而一张机票由于会员的特殊原因（如发生退票或改签处理），也会再次向其他会员销售，因此它们之间存在 M:N 联系，则其联系类型的关系模式为：

会员（会员编号，会员名称，密码，真实姓名，性别，联系电话，E-mail，身份证号，里程，等级，注册日期）

机票（机票编号，座位号，机票状态）

票务（会员编号，机票编号，改签日期，出票日期，退票日期，预订日期，发票金额，发票编号，发票状态，发票单位，乘客姓名，身份证号）

2. 关系模式的优化

初步逻辑设计完成后，应对所得到的逻辑结构进行优化。优化的目标就是尽可能减小系统在单位时间内所访问的逻辑记录个数。一种最常用、最重要的优化方法，就是对记录进行垂直分割（即关系模式中的关系分解）。规范化理论和关系分解方法为进行垂直分割提供了指导原则。

虽然在概念设计阶段已经把关系规范化的某些思想用作构造实体类型和联系类型的标准，但在逻辑设计阶段，仍然要使用关系规范化理论来设计模式和评价模式。这里可先应用规范化理论对由 E-R 模型产生的关系模式进行初步优化，以减少乃至消除模式中存在的各种异常，改善完整性、一致性和存储效率。规范化过程分为两步：确定规范级别和实施规范化处理。前者主要按照数据依赖的种类和实际应用的需要来确定，由于在实际环境中大量存在的是函数依赖，所以 3NF 或 BCNF 是适当的标准。后者则可利用模式分解算法将不符合规范级别的关系模式规范化，使关系数据库中的每个关系都能满足一定的规范，从而形成合适的数据库模式。

关系模式的规范化不是目的而是手段，数据库设计的目的是最终满足应用需求。因此，为了进一步提高数据库应用系统的性能，还应该对规范化后产生的关系模式进行评价、改进，经过反复多次的尝试和比较，最后得到优化的关系模式。

2.2.4 物理设计

逻辑设计的结果实际就是确定了数据库所包含的表、字段及其之间的联系，而数据库的物理设计是对一个给定的逻辑数据模型选取一个最适合应用环境的物理结构的过程。所谓数据库的物理结构主要指数据库在物理设备上的存储结构和存取方法，它完全依赖于给定的计算机系统。

物理设计也分为两步：第一步确定数据库的物理结构，第二步对物理结构进行评价。

数据库物理结构的确定是在数据库管理系统的基础上实现的，即确定了数据库的各关系模式，并确定了所使用的数据库管理系统后，接下来才能进行数据存储、访问方式的设计，再进行完整性和安全性的设计，并最终在数据库管理系统上创建数据库。具体地说，数据库物理结构设计的主要内容包括以下两点：

1）确定数据的存储记录结构，如记录的组成、各数据字段的名称、类型和长度。此外还要确定索引，为建立表的关联准备条件。

2）确定数据的存放位置及存取路径的选择和调整。

为此，设计人员必须了解以下几方面的问题：

1）全面了解给定的 DBMS 的功能。

2）了解应用环境。

3）了解外存设备的特性。

确定了数据库的物理结构后，还要对物理结构进行评价，评价的重点是时间和空间效率。如果评价结果满足原设计要求则转向系统实施阶段，否则，就要重新设计或修改物理结构，有时甚至要返回逻辑设计阶段修改数据模型。

对数据库的物理设计初步评价完成后，就可以创建数据库了。设计人员运用 DBMS 提供的数据定义语言将逻辑设计和物理设计的结果严格地描述出来，成为 DBMS 可接受的源代码。经过调试产生目标模式，然后组织数据入库。这部分内容将在后面的章节中详细介绍。

2.3　数据库分析与设计示例

下面通过一个具体的实例来说明数据库应用系统的设计过程，使读者对数据库及其应用开发有一个更真切的理解。

2.3.1　需求说明

航空公司为方便旅客，需开发一个机票预订管理系统。在订票时，首先注册为航空公司的会员，输入会员信息，包括会员名称、密码、真实姓名、性别、联系电话、E-mail、身份证号，再通过航空公司网站给出的航班信息，包括航班号、出发城市、目的城市、起飞时间、降落时间、起飞机场、降落机场、机型、舱位、价格等选择预订机票。会员经过查询航空公司内的航班数据后，预订航班机票，打印出取票通知。会员在飞机起飞前凭订单取票，系统打印出机票给会员。如果出现一些特殊的原因，会员可以持有效证件去飞机场办理改签、退票手续，并记录相关时间。航空公司有专门的联系人负责航班的管理及事务处理，当航班制定好后，要根据机型、航班飞行距离制定相应的舱位类型、舱位座位数量、对应的价格及折扣。当会员购买机票并付款后，系统打印出发票，信息包括发票号、发票金额、发票单位、地址、乘客姓名、身份证号信息。

要求系统能有效、快速、安全、可靠无误地完成上述操作，并要求客户端的界面要简单明了、易于操作，服务器程序利于维护。

经过综合分析，确定了机票预订管理系统主要包括以下功能：

1）航班信息管理功能。制定航班信息，确定航班号，制定航班飞行的相关信息，与出发机场沟通确定登机口，实时更新航班的信息，包括航班号、出发城市、目的城市、起飞时间、降落时间、起飞机场、降落机场、机型、航班状态、登机口，及添加、修改、删除和查询功能。

2）舱位票价管理功能。航班确定后，根据飞机机型明确载客量，为每种舱位制定票价，生成机票信息，包括舱位类型、舱位数量、舱位定价、折扣等。

3）订票信息管理功能。舱位票价确定后，航空公司开始销售机票，给出机票信息，包括机票编号、舱位、座位号、价格、机票状态，其中机票状态主要表示为已售、未售、预订、改签、退票等。每位会员可以为自己和其他人购买多张机票。

4）航空公司信息管理功能。对航空公司的信息管理，包括航空公司编号、航空公司名称、联系人姓名、联系电话、职务。

5）会员信息管理功能。航空公司规定，购票者自动成为公司会员，能对会员的信息进行添加、修改、删除和查询，如会员名称、密码、真实姓名、性别、电话、E-mail、身份证号、里程、等级。每位乘客可以根据乘坐的航班累计里程和积分，里程和积分可以兑换机票或礼物。

6）改退票信息管理功能。对于一些特殊的情况，允许乘客对改退票的申请，包括订单号、会员姓名、身份证、电话号码、费用、时间等进行管理。

2.3.2　数据库结构设计

1. 概念结构设计

概念结构设计是根据需求分析的结果产生概念结构设计的E-R模型。由于本实例的系统比较简单，因此采用自顶向下的设计方法，关键是首先要确定系统的核心活动。所谓核心活动，就是系统中的其他活动都要围绕这个活动展开或与此活动密切相关。确定了核心活动之后，系统就有了可扩展的余地。

对于机票预订系统，其核心活动是航班，会员与机票之间是通过会员购买机票发生联系的，航班与机票之间是通过发售机票发生联系的。

1）订单信息管理：可以通过输入订单号进行查询、修改、删除、添加航班号、出发城市、目的城市、起飞时间、降落时间、姓名、性别、工作单位、身份证号、联系电话、订票时间。

2）会员信息管理：会员可以添加、查询、修改自己添加的一些基本信息，如会员名称、密码、联系电话、E-mail等，一旦注册成功，只可以查看真实姓名、身份证号、性别。系统自动修改里程、等级信息。

3）航班信息管理：可以通过输入航班号进行查询、修改、删除、添加航班号、出发城市、目的城市、起飞时间、降落时间、起飞机场、降落机场、机型、登机口、航班状态（包括正点、延误、停飞等）。

4）机票信息管理：可以通过输入航班号和座位号进行添加、修改、删除和查询航班号、座位号、出发城市、目的城市、起飞时间、降落时间。

5）改退票信息管理：会员根据情况，提出改退票申请，管理员核实后，可以通过订单号查询乘客姓名、联系电话、身份证号，确认后办理相关改退票手续。

6）舱位定价管理：航空公司根据航班的飞行距离、起飞时间、客流量等信息为航班的每一种舱位制定票价、折扣等信息，进行查询、修改、删除、添加操作。

7）机票管理：当舱位定价制定后，应该自动产生机票的相关信息，并可以了解机票状态，包括未售、预订、改签、退订、已售等状态。

至此，本系统包含的实体有以下几个。

1）会员：用于描述会员的基本信息，用会员编号标识。

2）航空公司：用于描述航空公司的基本信息，由航空公司编号标识。

3）航空公司联系人：用于描述联系人的基本信息，一个公司指导专人联系，由航空公司编号标识。

4）航班：用于描述航班的基本信息，用航班序号标识。

5）舱位定价：用于描述舱位的基本信息，用舱位编号标识。

6）机票：用于描述机票的基本信息，用机票编号标识。

一名会员可以购买多张机票，而一张机票在会员退票或改签后可以再出售给其他会员乘客，因此，会员和机票之间是M:N联系；一架航班可以出售多张机票，而每一张机票只对应一架航班，因此，航班和机票之间是1:N联系；一个航空公司可以对应多架航班，每一架航班只对应一个航空公司，因此航空公司和航班之间是1:N联系；一架航班对于多个舱位，每一个舱位只对应一架航班，因此航班和舱位之间也是1:N联系。其基本E-R图如图2-2所示。

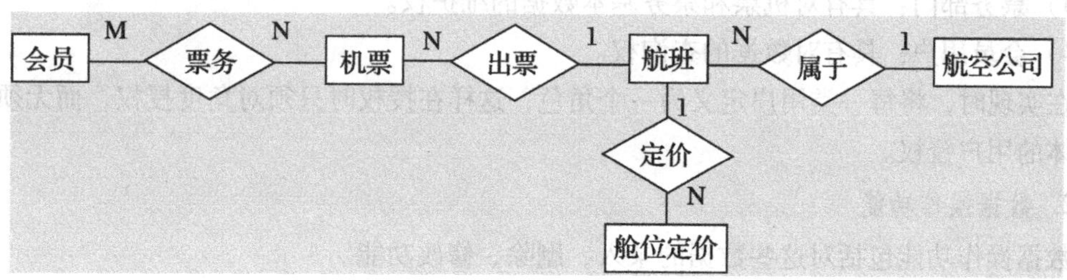

图2-2　民航机票系统的基本E-R图

如果实体的属性比较多，则在构建E-R模型时不一定把所有的属性都标识在E-R模型上，可以另外用文字说明，这样也使得E-R模型简明清晰，便于分析。

2. 逻辑结构设计

有了基本E-R模式之后，下一步就可以进行逻辑结构设计了，也就是设计关系模式。设计关系模式主要是从E-R模式出发，根据转换规则将其直接转换为关系模式。根据数据库设计中介绍的转换规则，这个E-R模型转换出的关系模式如下，其中主键用下划线标识。

航空公司（Airline）（<u>航空公司编号</u>、航空公司名称、联系人姓名、联系电话，职务）

航班（Flight）（<u>航班序号</u>、航班号、出发城市、目的城市、起飞时间、降落时间、起飞机场、降落机场、机型、航班状态、登机口、航空公司编号）

舱位定价（Price）（<u>舱位编号</u>、舱位类型、行数量、列数量、舱位定价、折扣、航班号）

会员（Users）（会员编号、会员名称、密码、真实姓名、性别、联系电话、E-mail、身份证号、里程、等级、注册日期）

机票（Ticket）（机票编号、座位号、机票状态）

票务（Business）（会员编号、机票编号、改签日期、出票日期、退票日期、预订日期、发票金额、发票编号、发票状态、发票单位、乘客姓名、身份证号）

在将E-R图转换为关系模式之后，首先需要分析各关系模式是否符合3NF的要求，如果不符合，则需要将其分解为符合3NF要求。

经过分析发现，“航空公司”“航班”“舱位定价”“会员”“机票”和“票务”这6个关系模式中，都不存在部分依赖和传递依赖关系，因此都属于3NF。

2.3.3 数据库行为设计

对于数据库应用系统来说，最常用的功能是安全控制功能，数据的增、删、改、查功能，以及生成报表的功能。本系统也应该包含这些基本的功能。

1. 安全控制

任何数据库应用系统都需要安全控制功能，本实例中的民航机票管理系统也不例外。假设将系统的用户分为如下几类。

1）系统管理员：有全部的权限。

2）航空公司：具有对航班基本数据、舱位定价数据的维护权。

3）票务部门：具有对机票和票务基本数据的维护权。

4）会员用户：具有对数据的查询权。

在实现时，将每一类用户定义为一个角色，这样在授权时只须对角度授权，而无须对每个具体的用户授权。

2. 数据操作功能

数据操作功能包括对这些数据的录入、删除、修改功能。

（1）数据录入

包括对上一节中关系模式转化而来的6张数据表进行数据的录入，只有具有相应权限的用户才能录入相应表中的数据。

（2）数据删除

包括对这6张表数据的删除，只有具有相应权限的用户才能删除相应表中的数据。数据的删除要注意表之间的关联关系，比如当某个会员退票时，在修改机票表Ticket中的数据之前，应先修改该会员在票务表Business中的信息，然后再修改在机票表中的状态，以保证不违反参照完整性约束。另外，在实际执行修改或删除操作之前应该提醒用户是否真的要修改或删除数据，以免发生误操作。

（3）数据修改

当某些数据发生变化或某些数据录入不正确时，应该允许用户对数据库中的数据进行修改。修改数据的操作一般是先根据一定条件查询出要修改的记录，然后再对其中的某些记录进行修改，修改完成后再写回到数据库中。同数据的录入与删除一样，只有具有相应权限的用户才能修改相应数据表中的数据。

(4) 数据查询

在数据库应用系统中，数据查询是最常用的功能。数据查询应根据用户提出的查询条件进行，在设计系统时应首先征询用户的查询需求，然后根据这些查询需求整理出系统应具有的查询功能。一般允许所有使用数据库的用户都具有查询数据的权限。本系统提出的查询要求主要有：

1）根据会员编号查询会员的基本信息。

2）根据航班序号查询航班的基本信息。

3）根据目的城市、起飞时间查询航班的基本信息。

4）根据会员编号查询发票信息。

5）根据机票编号查询机票销售情况，包括预订、改签、退票、未售等。

6）根据机票编号查询机票上座情况。

7）根据会员编号查询会员等级、里程积分情况等。

实践训练

【实践目的】

1. 掌握数据库规划的基本方法。

2. 掌握数据库需求分析、概念结构设计、逻辑结构设计和物理结构设计等重要步骤。

【实践内容】

为某公司设计一个销售管理数据库（绘制出E-R图）。在该公司中有若干部门，信息包括部门名称、部门主管、部门说明；每个部门多个员工，信息包括员工工号、员工姓名、性别、出生日期、聘任日期、工资和所在部门；销售商品表包括商品信名称、商品单价、库存量、销售量；每次商品下销售订单，会有一张销售订单表，其信息包括销售订单号、商品编号、商品名称、数量、订货日期、哪一位员工负责签订以及客户名称；在商品库存不足时需要采购，这时会有一张采购单，信息包括采购订单号、采购的商品编号、商品名称、数量、订货日期、哪一位员工负责签订以及供应商名称；为建立良好的客户关系，公司建立了客户联系簿，信息包括客户公司名称、客户联系人、客户联系电话、客户地址、客户 E-mail；为保障供货渠道的畅通，公司建立了供应商联系簿，信息包括供应商名称、供应商联系人、供应商联系电话、供应商地址、供应商 E-mail。

习 题 2

一、选择题

1. 关系规范化中的删除操作异常是指（　　），插入操作异常是指（　　）。

　A. 不该删除的数据被删除　　B. 不该插入的数据被插入

　C. 应该删除的数据未被删除　　D. 应该插入的数据未被插入

2. 设计性能较优的关系模式称为规范化，规范化主要的理论依据是（　　）。

　A. 关系规范化理论　　B. 关系运算理论　　C 系代数理论　　D. 数理逻辑

3. 根据关系数据库规范化理论，关系数据库中的关系要满足1NF。下面“部门”关系中，因（　　）属性而使它不满足1NF。

部门（部门号，部门名称，部门成员，部门总经理）

A. 部门总经理　　B. 部门成员　　C. 部门名称　　D. 部门号

4. 消除了部分函数依赖的1NF的关系模式必定是（　　）。

A. 1NF　　B. 2NF　　C. 3NF　　D. 4NF

5. 若关系R的候选键都是由单属性构成的，则R的最高范式必定是（　　）。

A. 1NF　　B. 2NF　　C. 3NF　　D. 无法确定

6. 在关系模式R（A，B，C，D）中，有函数依赖集F＝{B→C，C→D，D→A}，则R能达到（　　）。

A. 1NF　　B. 2NF　　C. 3NF　　D. 以上三者都不行

7. 设有关系W（工号，姓名，工种，定额），将其规范化到3NF的结果是（　　）。

A. W1（工号，姓名）　W2（工种，定额）

B. W1（工号，工种，定额）　W2（工号，姓名）

C. W1（工号，姓名，工种）　W2（工种，定额）

D. 以上都不对

8. 有关系模式学生（学号，课程号，名次），若每名学生的每门课程都有一定的名次，且每门课程的每一名次只有一名学生，则以下叙述中错误的是（　　）。

A. （学号，课程号）和（课程号，名次）都可以作为候选键

B. 只有（学号，课程号）能作为候选键

C. 关系模式属于第3NF

D. 关系模式属于BCNF

9. 关系模式STJ（S#，T，J#）中，存在函数依赖：（S#，J#）→T，（S#，T）→J#，T→J#，则（　　）。

A. 关系STJ满足1NF，但不满足2NF

B. 关系STJ满足2NF，但不满足3NF

C. 关系STJ满足3NF，但不满足BCNF

D. 关系STJ满足BCNF，但不满足4NF

10. 能够消除多值依赖引起的冗余的是（　　）。

A. 2NF　　B. 3NF　　C. 4NF　　D. BCNF

二、填空题

1. 实体是__________“事件”或“物体”。

2. 弱实体集的属性__________。

3. 在一个实体集中，唯一标识一个实体的属性集合称为__________。

4. 在多个候选键当中，由数据库设计人员选定其中一个作为实体集的__________。

5. 实体—联系模型采用__________方法描述实体与实体之间的联系。

6. 实体所具有的某一特性称为__________。

7. 每个属性都有一个可取值的集合，称为该属性的__________。

8. 简单属性是指__________的属性。

三、规范化操作题

1. 表2-2给出一数据集，请判断它是否可直接作为关系数据库中的关系，若不行，则改造成为尽可能好的并能作为关系数据库中关系的形式，同时说明进行这种改造的理由。

表2-2　课程表

系名	课程名	教师名
计算机系	DB	李军，刘强
机械系	CAD	金山，宋海
造船系	CAM	王华
自控系	CTY	张红，曾键

2. 设有一教学管理数据库，其属性为：学号（S#），课程号（C#），成绩（G），任课教师（TN），教师所在的系（D）。这些数据有下列语义：

学号和课程号分别与其代表的学生和课程一一对应；

一个学生所修的每门课程都有一个成绩；

每门课程只有一位任课教师，但每位教师可以有多门课程；

教师中没有重名，每个教师只属于一个系。

1）试根据上述语义确定函数依赖集。

2）如果用上面所有属性组成一个关系模式，那么该关系模式为何模式？并举例说明在进行增、删操作时的异常现象。

3）分解为具有依赖保持和无损连接的3NF。

3. 表2-3给出的关系R为第几范式？是否存在操作异常？若存在，则将其分解为高一级范式。分解完成的高级范式中是否可以避免分解前关系中存在的操作异常？

表2-3　关系R

工程号	材料号	数量	开工日期	完工日期	价格
P1	11	4	9805	9902	250
P1	12	6	9805	9902	300
P1	13	15	9805	9902	180
P2	11	6	9811	9912	250
P2	14	18	9811	9912	350

项目三　订票管理的数据库创建

知识目标

了解数据库文件的存储结构；掌握创建数据库的多种方法；掌握修改、删除、管理和维护数据库的方法；了解数据库的属性。

技能目标

会根据需求创建数据库；会对数据库进行修改操作；会根据实际需要配置和管理数据库。

3.1　数据库的种类

（1）系统数据库

1）master 数据库：SQL Server 系统最重要的数据库，记录所有系统级信息。

2）model 数据库：用户创建新数据库的模板。

3）msdb 数据库：代理服务器数据库，为报警、任务调度和记录操作员的操作提供存储空间。

4）tempdb 数据库：保存所有的临时表、临时数据和临时创建的存储过程等临时对象的工作空间。

（2）示例数据库

1）AdventureWorks 数据库。

2）AdventureWorksDW 数据库。

（3）用户自定义数据库

用户自定义数据库即用户自行创建的数据库。

3.2　数据库的存储结构

数据库的存储结构分为逻辑存储结构和物理存储结构两种。逻辑存储结构指的是数据库由哪些性质的信息所组成。SQL Server 的数据库由表、视图、存储过程等各种不同的数据库对象组成。物理存储结构讨论的是数据库文件在磁盘上如何存储的问题。SQL Server 数据库在磁盘上是以文件为单位存储的。

3.2.1　数据库文件

SQL Server 2014 数据库中的所有数据和对象（如表、存储过程、触发器和视图）都存储在数据库文件中，如图 3-1 所示。数据库文件分为以下 3 种类型：

1）主要数据文件。每个数据库都有且只能有一个主要数据文件，它包含数据库的启动信息，并用于存储数据。主要数据文件的扩展名为 .mdf。

2）次要数据文件。每个数据库都可以有一个或多个次要数据文件，也可以没有次要数据文件。次要数据文件的扩展名为 .ndf。

3）事务日志文件。每个数据库都必须至少有一个事务日志文件，这些文件记录了 SQL Server 所有的事务和由这些事务引起的数据库的变化信息，以用于恢复数据库。事务日志文件的扩展名为 .ldf。

日志文件是维护数据完整性的重要工具。如果由于某种不可预料的原因使得数据库系统崩溃，但仍然保留有完整的日志文件，那么数据库管理员就可以通过日志文件完成数据库的恢复与重建。另外，在执行数据库修改操作的时候，SQL Server 总是遵守“先写日志再进行数据库修改”的原则。

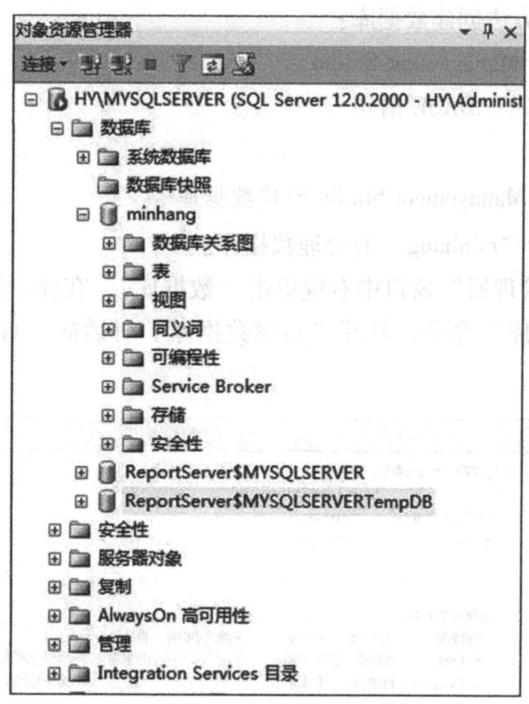

图 3-1　数据库的逻辑组成

3.2.2　文件组

为了更好地实现数据库文件的组织，可以把各个数据库文件组成一个组，对它们整体进行管理。通过设置文件组，可以有效地提高数据库的读写速度。例如，有 3 个数据文件分别存放在 3 个不同的物理驱动器上，如将这 3 个文件组成一个文件组，则在创建表时，可以指定将表创建在该组上，从而使该表的数据分布在 3 个盘上。这样，当对该表执行查询操作时，就可以并行操作，极大地提高了查询效率。SQL Server 2014 的文件组有以下 3 种类型。

1）主文件组：包含主要数据文件和所有没有被包含在其他文件组里的文件。SQL Server 数据库的系统表都被包含在主文件组里。

2）用户定义文件组：包含所有在使用 CREATE DATABASE 或 ALTER DATABASE 语句时使用 FILEGROUP 关键字来进行约束的文件。

3）默认文件组：包含所有在创建时没有指定文件组的表、索引，以及 text、ntext、image 数据类型的数据。

在创建数据库文件组时，需要遵循以下原则：

1）一个文件或文件组只能被一个数据库使用。

2）一个文件只能属于一个文件组。

3）数据和事务日志不能共存于同一个文件或文件组上。

4）日志文件不能属于文件组。

3.3 创建民航订票管理数据库

可以使用以下 3 种方法创建数据库：

1）使用 SQL Server Management Studio。

2）使用 CREATE DATABASE 语句。

3）使用模板。

1. 使用 SQL Server Management Studio 创建数据库

【例 3-1】创建名为“minhang”的管理数据库。

1）在“对象资源管理器”窗口中右键单击“数据库”，在弹出的快捷菜单中选择“新建数据库”命令，打开“新建数据库”对话框，如图 3-2 所示。

授课视频 3－1

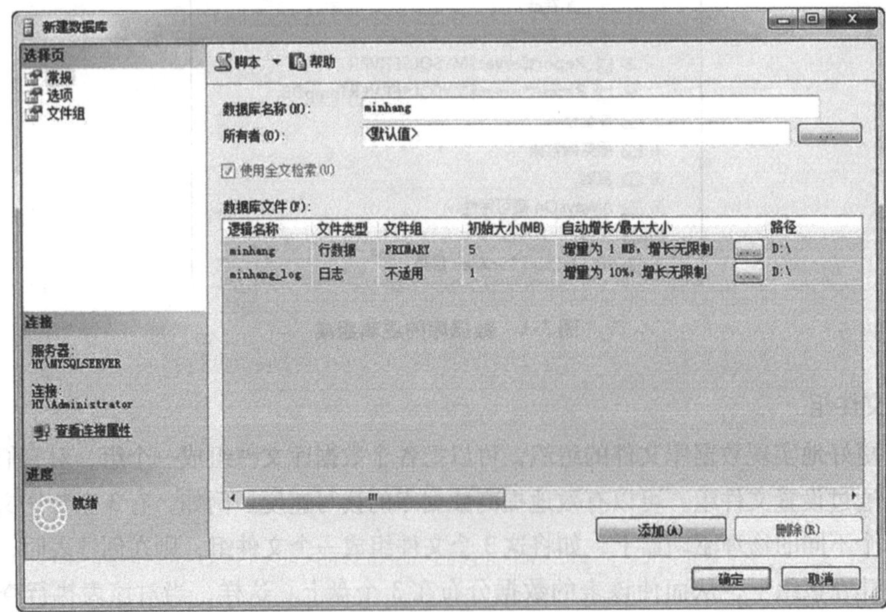

图 3-2 “新建数据库”对话框

2）在“数据库名称”文本框中输入数据库名“minhang”，再单击“确定”按钮。

3）返回“对象资源管理器”窗口中，可以看到创建好的 minhang 数据库，如图 3-3 所示。

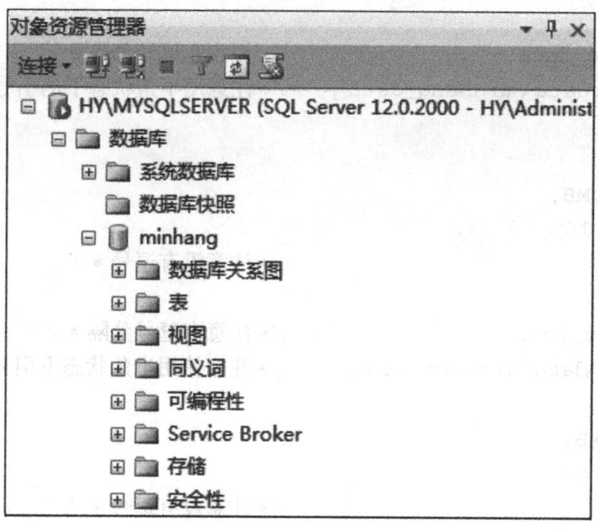

图 3-3 minhang 数据库

2. 使用 CREATE DATABASE 语句创建数据库

语句格式如下：

```
CREATE DATABASE DATABASE_name
[ON [PRIMARY] [ <filespec> [, …n]
[, <filegroup>[, …n] ]]
[LOG ON { <filespec>[, …n]}] ]
[ COLLATE collation_name ][ WITH <external_access_option> ]]
```

其中各参数说明如下。

```
1) <filespec> :: =
( NAME = logical_file_name,
  FILENAME = 'os_file_name'
  [,SIZE = size]
  [,MAXSIZE = { max_size | UNLIMITED } ]
  [,FILEGROWTH = growth_increment | % ] ]
) [, …n ]
2) <filegroup> :: = FILEGROUP filegroup_name [ DEFAULT ] <filespec> [ , …n ]
```

【例 3-2】 创建 minhang 数据库。将该数据库的数据文件存储在 D:\Data 下，数据文件的逻辑名称为 minhang_data，文件名为 minhang_data. mdf，初始大小为 10MB，最大尺寸为无限大，增长速度为 10%；该数据库的日志文件，逻辑名称为 minhang_log，文件名为 minhang_log. ldf，初始大小为 3MB，最大尺寸为 5MB，增长速度为 1MB。

1）在 SQL Server Management Studio 中，单击工具栏中的“新建查询”按钮，或选择“文件”→“新建”→“数据库引擎查询”命令，打开一个新的“查询编辑器”窗口。

2）在“查询编辑器”窗口中输入如下语句：

```
CREATE DATABASE minhang
ON
( NAME =minhang_data,                          /* 注意有逗号分隔 * /
  FILENAME ='d:\data\minhang_data',            /* 注意用半角状态下的引号,d: \data 文件夹必须已经存在 * /
  SIZE =10MB,
  MAXSIZE = 500MB,
  FILEGROWTH = 10%
)                                              /* 注意没有逗号 * /
LOG ON
( NAME = minhang_log,                          /* 注意有逗号分隔 * /
  FILENAME ='d: \data \minhang_log',           /* 注意使用半角状态下引号 * /
  SIZE =5MB,
  MAXSIZE = 50MB,
  FILEGROWTH = 10%
)                                              /* 注意没有逗号 * /
```

3）单击工具栏中的“分析”按钮，进行语法分析，保证上述语句语法的正确性。

4）按<F5>键或单击工具栏中的“执行”按钮，执行上述语句。在“结果”窗口中将显示相关消息，告诉用户数据库创建是否成功。

3. 使用模板创建数据库

【例3-3】使用模板创建 newminhang 数据库。

1）从模板资源管理器中打开模板。在菜单栏中选择“视图”→“模板资源管理器”命令，打开“模板浏览器”窗口。选择“SQL Server 模板”，展开“Database”项，如图3-4所示。

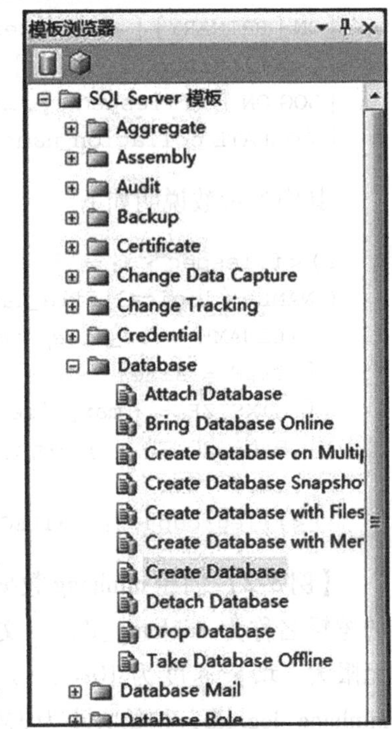

图3-4　“模板浏览器”窗口

2）双击“Create Database”项，或将其拖放到“查询编辑器”窗口中，从而添加模板代码。

3）替换模板参数。在菜单栏中选择“查询”→“指定模板参数的值”命令，打开“指定模板参数的值”对话框。在“值”列中输入“newminhang”。

4）单击“确定”按钮，系统自动修改“查询编辑器”窗口中的脚本结果。

5）单击工具栏中的“分析”按钮，进行语法分析，保证语句语法的正确性。

6）按<F5>键或单击工具栏中的“执行”按钮，执行语句。在“结果”窗口中将显示相关消息，告诉用户数据库创建是否成功。

3.4 数据库的管理

数据库创建后，随着数据容量的增加以及实际需求的变化，现有的数据库会逐渐无法满足当前的需求，因此，有必要掌握如何对现有的数据库进行更改。数据库的修改包括扩充数据库容量、压缩数据库和数据文件、更改数据库名称和删除数据库等。在 SQL Server 2014 中提供两种操作方式：

1）在 SQL Server Management Studio 中修改数据库的各种属性。

2）使用 ALTER DATABASE 语句修改数据库，格式如下：

授课视频 3-3

```
ALTER DATABASE DATABASE_name
{ ADD FILE < filespec > [ ,…n ]                    /*增加数据文件到数据库*/
    [ TO FILEGROUP filegroup_name ]                /*将指定文件添加到的文件组*/
    | ADD LOG FILE < filespec > [ ,…n ]            /*增加事务日志文件到数据库*/
    | REMOVE FILE logical_file_name                /*删除数据文件,文件必须为空*/
    | ADD FILEGROUP filegroup_name                 /*增加文件组*/
    | REMOVE FILEGROUP filegroup_name              /*删除文件组,文件必须为空*/
    | MODIFY FILE < filespec >                     /*一次只能更改一个文件属性*/
    | MODIFY NAME = new_dbname                     /*数据库更名*/
    | MODIFY FILEGROUP filegroup_name {filegroup_property | NAME = new_filegroup
_name
    | SET < optionspec > [ ,…n ] [ WITH < termination > ]
    | COLLATE < collation_name >
}
```

3.4.1 扩充数据文件和事务日志的容量

可以使用 SQL Server Management Studio 或 ALTER DATABASE 语句为数据文件和事务日志文件扩容。

【例 3-4】 将 minhang 数据库的数据文件 minhang_data 的文件增长改为按 20%。

分析：修改文件的增量，属于修改数据库的属性。可以用 SQL Server Management Studio 修改 minhang_data 数据库文件的增量。

1）在“对象资源管理器”窗口中展开“数据库”项。

2）右击“minhang”项，在弹出的快捷菜单中选择“属性”命令，打开“数据库属性”对话框。在左侧的“选择页”列表中选择“文件”项，在右侧显示出 minhang 数据库文件，如图 3-5 所示。

3）数据库文件 minhang_data 原来的“自动增长/最大大小”单元格的内容为“增量为 10%，不限制增长”。单击单元格右侧的按钮，打开“更改 minhang_data 的自动增长设置”对话框，将文件增长设置改为“按百分比 20”，如图 3-6 所示。

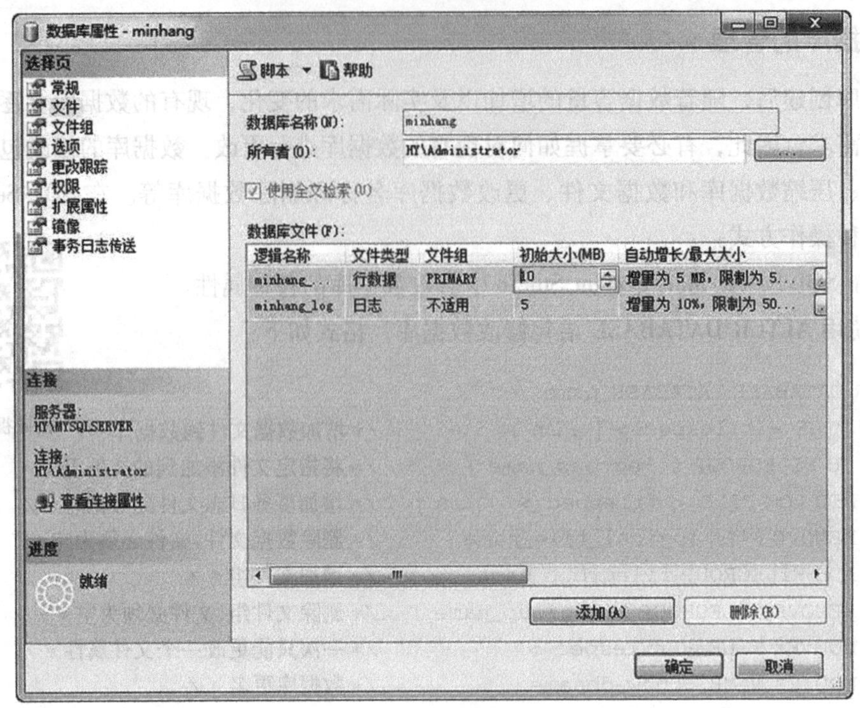

图 3-5　“数据库属性”对话框

4）单击“确定”按钮，完成设置。

如果用 T-SQL 语句实现，代码如下：

```
ALTER DATABASE minhang
MODIFY FILE
(
  NAME = minhang_data,
  FILENAME = 'minhang_data.mdf',
  FILEGROWTH = 20%
)
GO
```

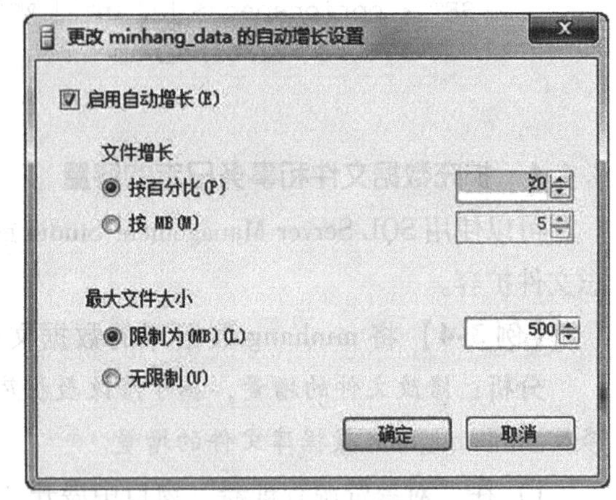

图 3-6　更改 minhang_data 的自动增长

【例 3-5】 minhang 数据库经过一段时间的使用后，随着数据量的不断增大，引起数据库空间不足。现增加一个数据文件存储在 F 盘，数据文件的逻辑名称为 minhang_data2，物理文件名为 minhang_data2.ndf，初始大小为 10MB，最大尺寸为 2GB，增长速度为 10MB。

分析： *数据库的扩容属于数据库修改，因而可以使用 ALTER DATABASE 语句。*

1）在 SQL Server Management Studio 中，单击工具栏中的“新建查询”按钮，或选择“文件”→“新建”→“数据库引擎查询”命令，打开一个新的“查询编辑器”窗口。

2）从工具栏的“可用数据库”下拉列表框中选择 minhang 数据库，使 minhang 数据库成为当前数据库。

3）在“查询编辑器”窗口中输入如下语句：

```
ALTER DATABASE minhang
ADD FILE
(
  NAME = Minhang_data2,
  FILENAME = 'F:\Minhang_data2.ndf',
  SIZE = 10MB,
  MAXSIZE = 2GB,
  FILEGROWTH = 10MB
)
```

程序运行结果如图 3-7 所示，可以看到增加了一个数据库文件。

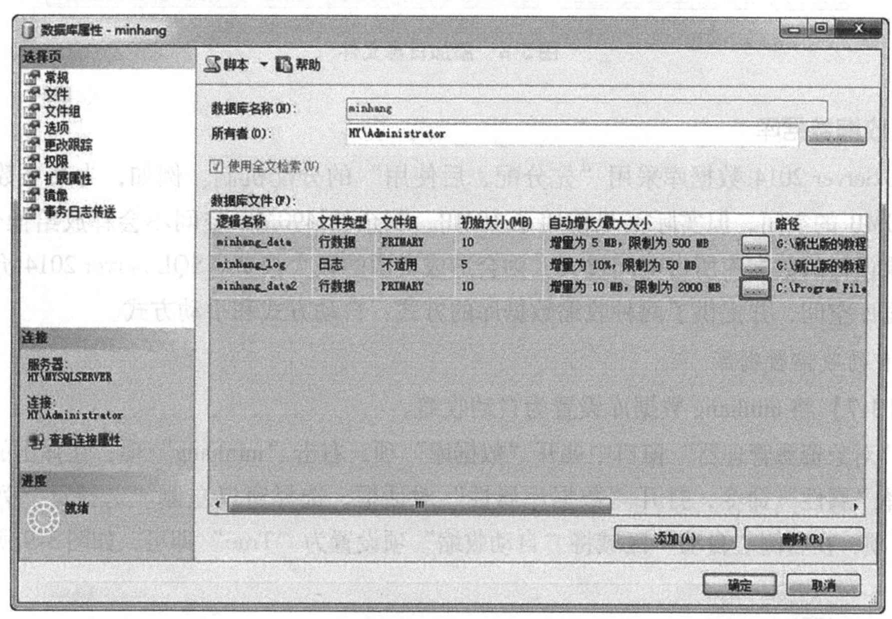

图 3-7　增量为 10MB 的次数据文件

【例 3-6】为 minhang 数据库增加一个事务日志文件，同样存储在 F 盘中。

在“查询编辑器”窗口中输入如下语句：

```
ALTER DATABASE minhang
ADD LOG FILE
(
  NAME = Minhang_log2,
  FILENAME = 'F:\Minhang_log2.ldf',
  SIZE = 10MB
)
```

程序运行结果如图 3-8 所示。

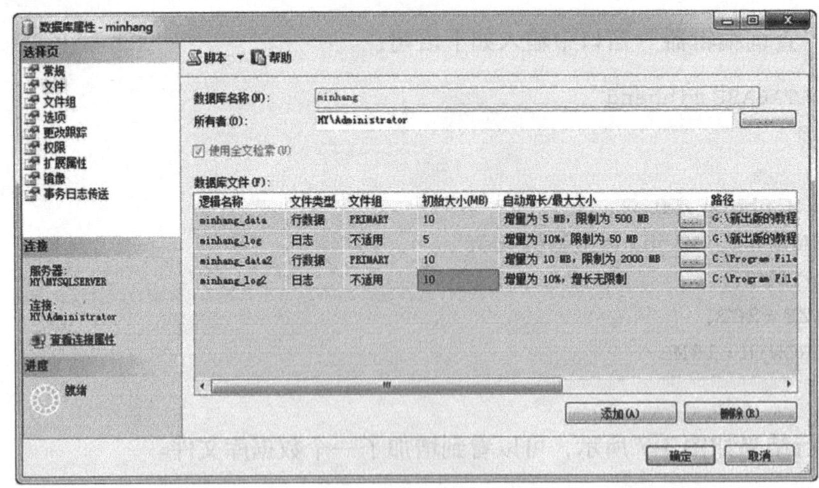

图 3-8　添加日志文件

3.4.2　收缩数据库

SQL Server 2014 数据库采用“先分配、后使用”的分配机制。例如，为某个数据库分配了 500MB 的空间，但实际上只使用了 10MB，剩余的 490MB 空间不会释放给操作系统，因此如果设计的数据库所占空间过大，则会造成资源的极大浪费。SQL Server 2014 允许用户收缩数据库空间，并提供了两种收缩数据库的方式：自动方式和手动方式。

1. 自动收缩数据库

【例 3-7】 将 minhang 数据库设置为自动收缩。

在“对象资源管理器”窗口中展开“数据库”项，右击“minhang”项，在弹出的快捷菜单中选择“属性”命令，打开“数据库属性”对话框，选择窗口左侧“选择页”列表中的“选项”项，在右侧“自动”区域将“自动收缩”项设置为“True”即可，如图 3-9 所示。

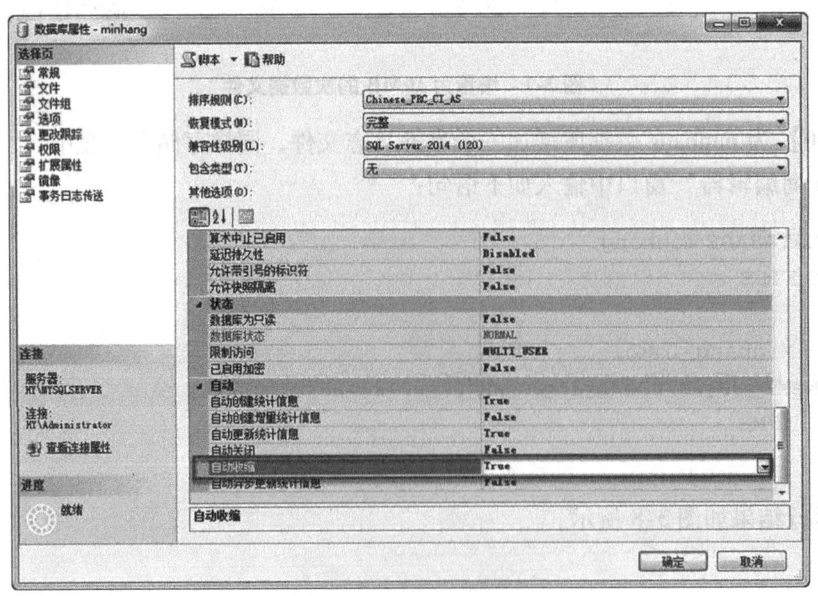

图 3-9　设置自动收缩

2. 手动收缩数据库

可以使用 DBCC SHRINKDATABASE 语句收缩数据库，使用 DBCC SHRINKFILE 语句收缩数据库中的文件。

DBCC SHRINKDATABASE 语句的语法格式如下：

```
DBCC SHRINKDATABASE
( DATABASE_name
  [, target_percent],
  {NOTUNCATE | TRUNCATEONLY}
)
```

其中各参数说明如下。

1）DATABASE_name：指定要收缩的数据库名称。

2）target_percent：收缩数据库文件后，数据库的可用空间百分比。

3）NOTRUNCATE ：表示被释放的文件空间依然保留在数据库文件中。如果未指定这项，则将所释放的文件空间释放给操作系统。

4）TRUNCATEONLY：将所有未使用的空间释放给操作系统，交将文件收缩到上一将所分配的大小，从而缩小文件，而不移动任何数据。使用 TRUNCATEONLY 时，忽略了target_percent 的限制。

DBCC SHRINKFILE 语句的语法格式如下：

```
DBCC SHRINKFILE
( file_name, target_size
  [,{NOTRUNCATE | TRUNCATEONLY}]
)
```

其中，target_size 参数表示文件缩小到的大小，以 MB 为单位，如果未指定这项，文件大小减小到默认文件大小。

【例 3-8】将 minhang 数据库收缩到 30MB。

在“查询编辑器”窗口中输入如下语句：

```
DBCC SHRINKDATABASE (minhang, 30)
```

程序运行结果如图 3-10 所示。

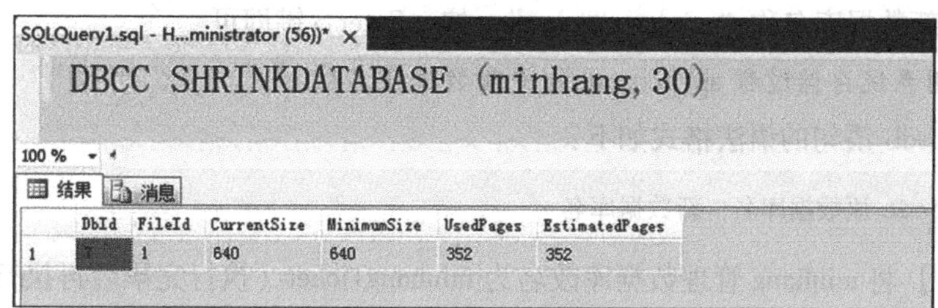

图 3-10　手动收缩数据库

【例 3-9】将 minhang 数据库中的文件 minhang_data2 收缩为 8MB。

在“查询编辑器”窗口中输入如下语句：

```
DBCC SHRINKFILE (minhang_data2, 8)
```

程序运行结果如图 3-11 所示。可以看到数据库文件缩小了，整个数据库也缩小了。

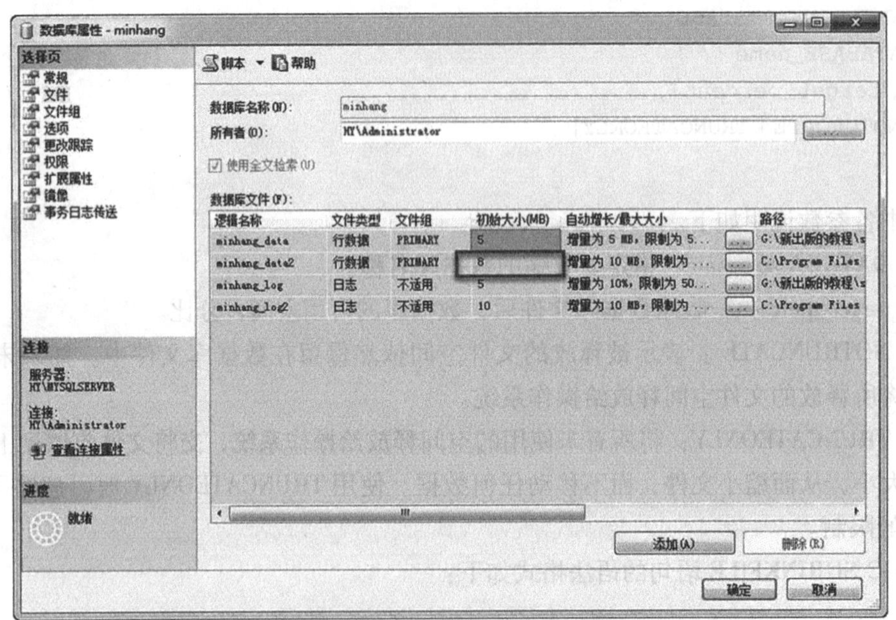

图 3-11 收缩后的 minhang 数据库

3.4.3 更改数据库名称

在 SQL Server 2014 中，除了系统数据库以外，其他数据库的名称都可以更改。但是数据库一旦创建，就可能被位于任意地方的前台用户连接，因此对数据库名称的处理必须特别小心，只有在确定尚未被使用后才可进行更改或删除操作。

(1) 使用 SQL Server Management Studio 更改数据库名称

【例 3-10】将 minhang 数据库改名为 minhangTicket。

1) 在“对象资源管理器”窗口中展开“数据库”项，右击“minhang”项，在弹出快捷菜单中选择“重命名”命令。

2) 输入新数据库名称“minhangTicket”，按 <Enter> 键即可。

(2) 使用系统存储过程 sp_renamedb 更改数据库名称

sp_renamedb 语句的语法格式如下：

```
sp_renamedb 原数据库名，新数据库名
```

【例 3-11】将 minhang 管理数据库改名为 minhangTicket（执行完毕后再执行一次还原）。

在“查询编辑器”窗口中输入如下语句：

```
sp_renamedb minhang, minhangTicket
```

3.4.4 数据库的其他操作

1. 删除数据库

当数据库及其中的数据失去利用价值后，可以删除数据库以释放被占用的磁盘空间。删除一个数据库会删除数据库中所有的数据和该数据库所使用的所有磁盘文件。删除数据库之后如想恢复是很麻烦的，必须从备份中恢复，或通过它的事务日志文件恢复。所以，删除数据库应格外小心。

(1) 使用 SQL Server Management Studio 删除数据库

【例 3-12】删除 minhangTicket 数据库。

在“对象资源管理器”窗口中展开“数据库”项，右击“minhangTicket”项，在弹出的快捷菜单中选择“删除”命令，打开“删除对象”对话框，如图 3-12 所示。单击“确定”按钮，即可删除数据库。

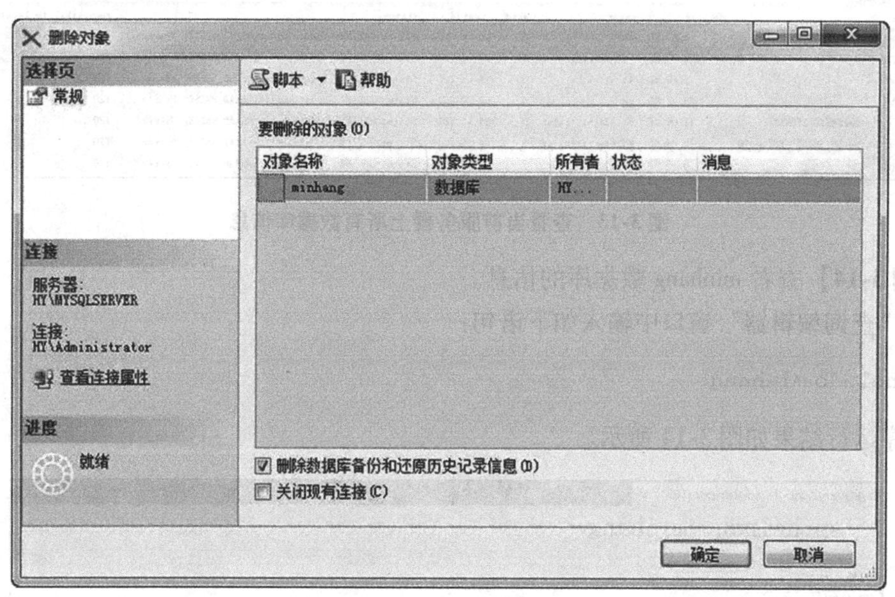

图 3-12 删除数据库

(2) 使用 DROP DATABASE 语句删除数据库

注意：使用 DROP DATABASE 语句要十分慎重，因为系统不会给出确认删除信息。

在“查询编辑器”窗口中输入如下语句：

```
USE master
GO
DROP DATABASE minhang
GO
```

2. 查看数据库信息

在“查询编辑器”窗口中，使用系统存储过程 ap_helpdb 可以查看当前服务器上数据库的信息。如果指定了数据库名，将返回指定数据库的信息。其语法格式如下：

```
sp_helpdb [数据库名]
```

【例 3-13】查看当前服务器上所有数据库的信息。

在“查询编辑器”窗口中输入如下语句：

```
sp_helpdb
```

程序运行结果如图 3-13 所示。

SQLQuery2.sql - H...ministrator (56))* ×

```
sp_helpdb
```

100 %

结果　消息

	name	db_size	owner	dbid	created	status	compatibility_level
1	master	7.63 MB	sa	1	04 8 2003	Status=ONLINE, Updateability=READ_WRITE, UserAc...	120
2	minhang	28.00 MB	HY\Administrator	7	04 11 2016	Status=ONLINE, Updateability=READ_WRITE, UserAc...	120
3	model	5.19 MB	sa	3	04 8 2003	Status=ONLINE, Updateability=READ_WRITE, UserAc...	120
4	msdb	20.13 MB	sa	4	02 20 2014	Status=ONLINE, Updateability=READ_WRITE, UserAc...	120
5	ReportServer$MYSQLSERVER	12.06 MB	HY\Administrator	5	04 10 2016	Status=ONLINE, Updateability=READ_WRITE, UserAc...	120
6	ReportServer$MYSQLSERVERTempDB	5.23 MB	HY\Administrator	6	04 10 2016	Status=ONLINE, Updateability=READ_WRITE, UserAc...	120
7	tempdb	8.75 MB	sa	2	04 14 2016	Status=ONLINE, Updateability=READ_WRITE, UserAc...	120

图 3-13　查看当前服务器上所有数据库信息

【例 3-14】查看 minhang 数据库的信息。

在“查询编辑器”窗口中输入如下语句：

```
sp_helpdb minhang
```

程序运行结果如图 3-14 所示。

SQLQuery2.sql - H...ministrator (56))* ×

```
sp_helpdb   minhang
```

100 %

结果　消息

	name	db_size	owner	dbid	created	status	compatibility_level
1	minhang	28.00 MB	HY\Administrator	7	04 11 2016	Status=ONLINE, Updateability=READ_WRITE, UserAc...	120

	name	fileid	filename	filegroup	size	maxsize	growth	usage
1	minhang_data	1	G:\新出版的教程\sql 源代码\minhang_data.mdf	PRIMARY	5120 KB	512000 KB	5120 KB	data only
2	minhang_log	2	G:\新出版的教程\sql 源代码\minhang_log.ldf	NULL	5120 KB	51200 KB	10%	log only
3	minhang_data2	3	C:\Program Files (x86)\Microsoft SQL Server\MSS...	PRIMARY	8192 KB	2048000 KB	10240 KB	data only
4	minhang_log2	4	C:\Program Files (x86)\Microsoft SQL Server\MSS...	NULL	10240 KB	102400 KB	10240 KB	log only

图 3-14　minhang 数据库信息

3. 分离和附加数据库

在数据库的设计过程中，经常需要将数据库从一台服务器移植到另一台服务器，利用数据库的分离和附加操作，可以保证移植前后数据库状态完全一致。数据库分离就是将用户创建的数据库从 SQL Server 实例分离，但同时保持其数据文件和日志文件不变。之后，将分离出来的数据库文件附加到同一个或其他 SQL Server 服务器上，构成完整的数据库。使用分离和附加操作，能方便地实现数据库的移动。

【例 3-15】将 minhang 数据库从一台计算机移植到另一台计算机上。

授课视频 3-4

1）确定所有的数据文件和事务日志文件保存的路径。在“对象资源管理器”窗口中展开“数据库”项，右击“minhang”项，在弹出的快捷菜单中选择“属性”命令，打开“数据库属性”对话框，如图 3-15 所示。查看 minhang 数据库的数据库文件的属性，确定所有的数据文件和事务日志文件保存在 D:\Data 路径下。

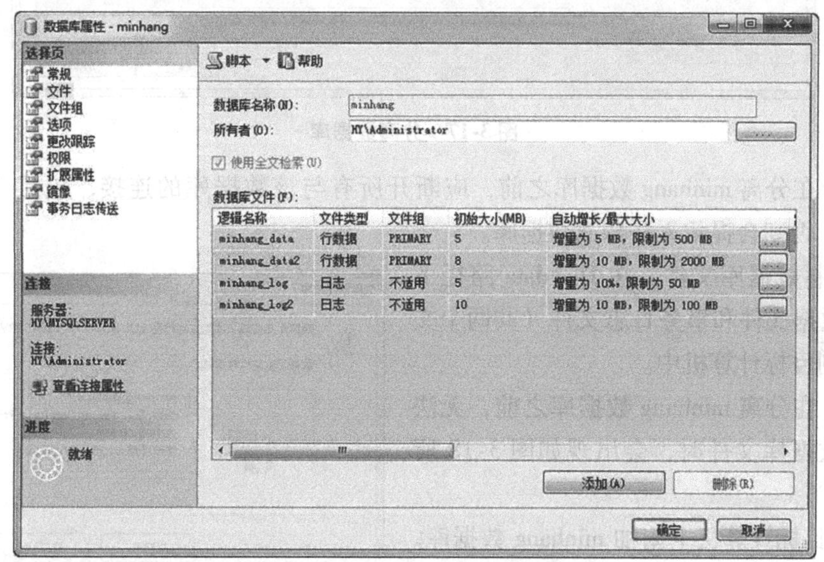

图 3-15 确定数据库文件的路径

2）分离数据库。在“对象资源管理器”窗口中展开“数据库”项，右击“minhang”项，在弹出的快捷菜单中选择“任务”→“分离”命令，打开“分离数据库”对话框，单击“确定”按钮，实现数据库分离，如图 3-16、图 3-17 所示。

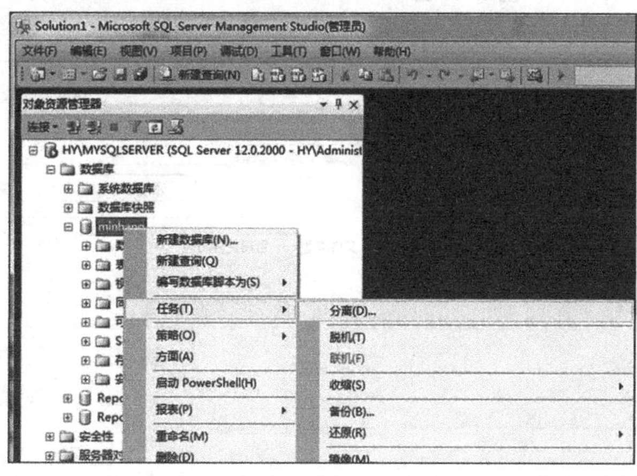

图 3-16 选择“任务”→“分离”命令

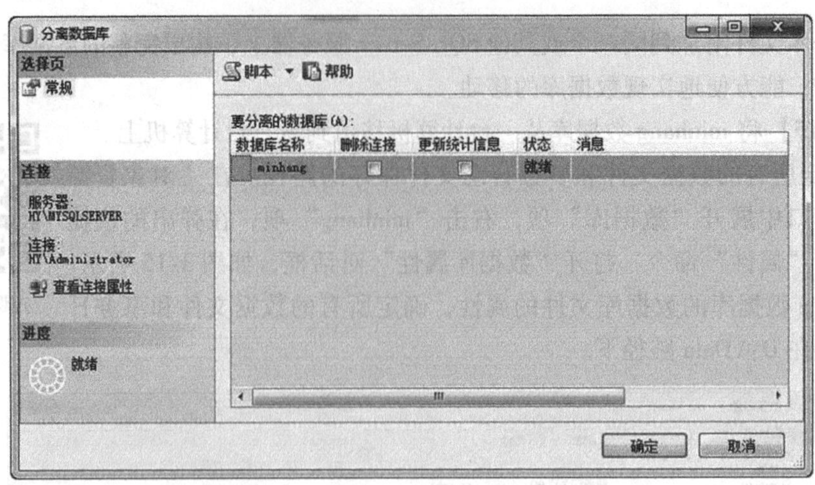

图 3-17　分离数据库

说明：在分离 minhang 数据库之前，应断开所有与该数据库的连接，包括“查询编辑器”窗口，否则会提示无法分离数据库。

3）复制数据库文件。在 D:\data 路径下将所有的数据文件和事务日志文件（共两个文件）复制到目标计算机中。

说明：在分离 minhang 数据库之前，无法直接复制数据库文件时，会出现如图 3-18 所示的提示。

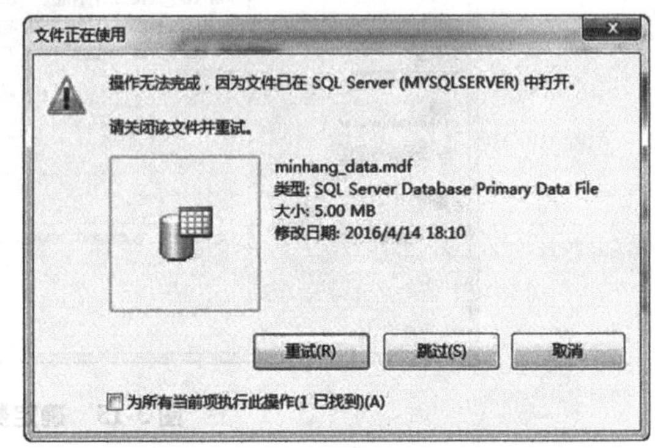

图 3-18　分离数据库之前无法复制文件

4）在目标计算机上附加 minhang 数据库。在“对象资源管理器”窗口中右击“数据库”项，在弹出的快捷菜单中选择“附加”命令，打开“附加数据库”对话框，如图 3-19 所示。

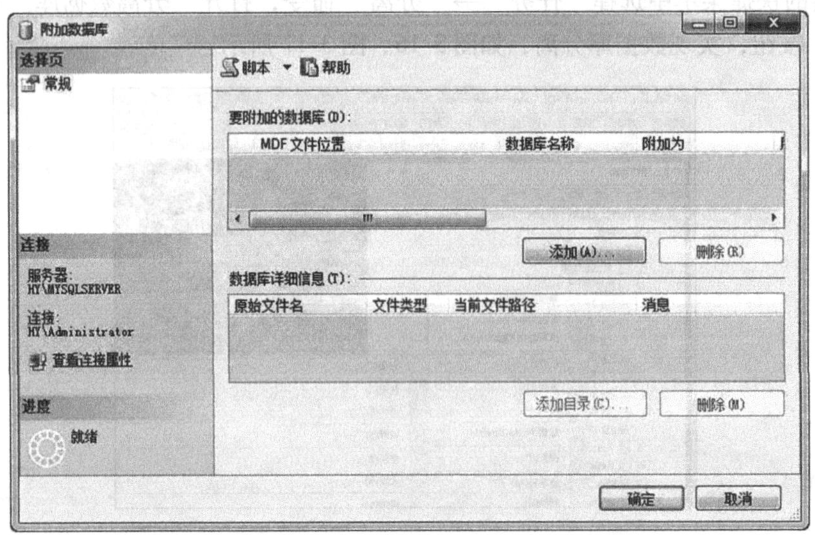

图 3-19　“附加数据库”对话框

单击“添加”按钮，打开“定位数据库文件”对话框，如图 3-20 所示。从中选择要附加的数据库的主要数据文件 minhang_ data. mdf，单击“确定”按钮，返回“附加数据库”对话框。

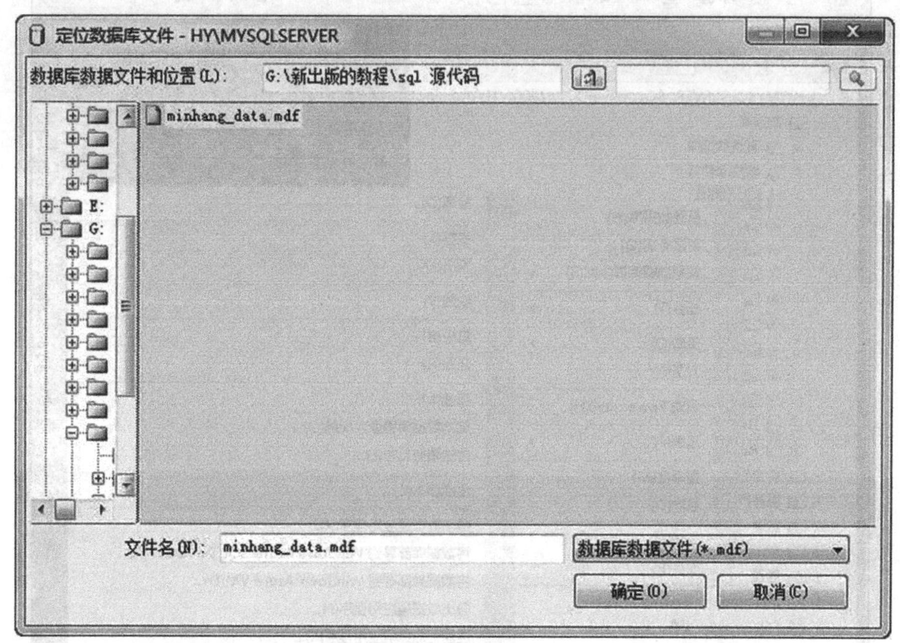

图 3-20　选择要附加的数据库主数据文件 minhang_data. mdf

在“要附加的数据库”区域和“minhang 数据库详细信息”区域显示出相关信息，确认无误后，单击“确定”按钮，即可把所选数据库附加到当前 SQL Server 实例上。

4. 数据库的联机和脱机

数据库的移植除了可以通过数据库的分离和附加实现之外，还可以通过改变数据库的状态、复制数据库文件来实现。数据库的状态包括联机状态和脱机状态等。数据库处于联机状态时，可以对数据库进行访问，主文件组仍处于在线状态，也就是说用户无法复制数据库文件。数据库处于脱机状态时，数据库无法使用，那么就可以将数据库文件复制到新的磁盘中，在完成移动操作后，使数据库恢复到在线状态。

【例 3-16】 复制 minhang 数据库文件到指定路径。

1）使 minhang 数据库处于脱机状态。在“对象资源管理器”窗口中展开“数据库”项，右击“minhang”项，在弹出的快捷菜单中选择“任务”→“脱机”命令，实现 minhang 数据库脱机，如图 3-21 所示。

2）复制 minhang 数据库文件到指定路径如 D:\ 。

3）恢复 minhang 数据库联机状态。在“对象资源管理器”窗口中展开“数据库”项，右击“minhang”项，在弹出的快捷菜单中选择“任务”→“联机”命令，实现 minhang 数据库联机，如图 3-22 所示。

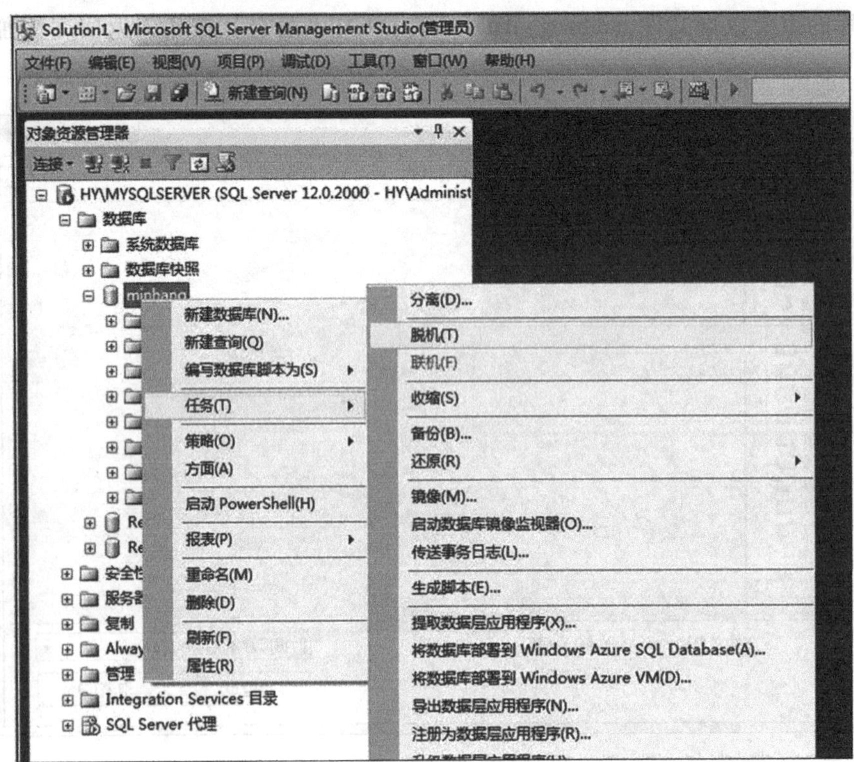

图 3-21　实现 minhang 数据库的脱机

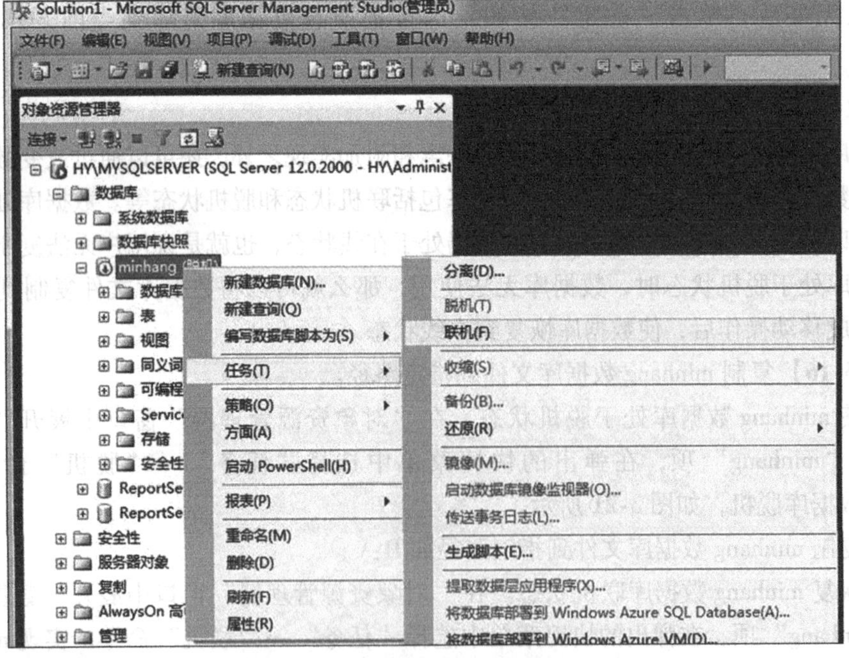

图 3-22　实现 minhang 数据库的联机

实践训练

【实践目的】

1. 掌握数据库创建的方法。
2. 掌握数据库扩容和收缩的方法。
3. 掌握查看数据库信息的方法。
4. 掌握数据库分离和附加的方法

【实践内容】

1. 创建一个名为"Sale"的销售管理数据库，该数据库的主数据文件逻辑名称为Sale1，物理文件名为D:\Sale1. mdf，初始大小为10MB，最大尺寸无限制，增量为10%；数据库的日志文件逻辑名称为Sale_log，物理文件名为D:\Sale_log. ldf，初始大小为4MB，最大尺寸为8MB，增量为1MB。

2. 对Sale数据库进行扩容，添加一个5MB的数据文件，逻辑名称为Sale2，物理文件名为D:\Sale2. ndf和一个逻辑名称为Sale_log1，物理文件名为D:\Sale_log1. ldf的事务日志文件，大小为5MB。

3. 对Sale数据库进行修改，将事务日志文件Sale_log的大小增大到15MB，将数据文件Sale1和Sale2分别增大到15MB和30MB。同时增加两个文件组mygroup1、mygroup2，分别包含一个数据文件，逻辑名称为Sale3和Sale4，物理文件名为Sale3. ndf和Sale4. ndf，初始大小都为15MB，最大尺寸为无限制，增量为15%。

4. 利用SQL Server Management Studio将Sale数据库名改为newSale。

5. 利用sp_renamedb将newSale数据库名改为Sale。

6. 查询更改后的数据库信息。

习 题 3

一、判断题

1. 数据存储结构是指数据库中的物理数据和逻辑数据的表示形式、物理数据和逻辑数据之间关系映射方式的描述。 (　　)
2. 辅助数据文件用于保存所有主要数据文件中容纳不下的数据，扩展名为 . mdf，又称次要数据文件。 (　　)
3. SQL Server 2014包括主文件组、用户自定义文件组和默认文件组三种类型。 (　　)
4. 为了确保数据库的安全，必须每周进行一次数据库备份。 (　　)
5. 利用系统存储过程sp_helpdb可以查看所有数据库的信息。 (　　)

二、选择题

1. (　　)数据库包含了所有系统级信息，对SQL Server系统来说至关重要，一旦受到损坏，有可能导致SQL Server系统的彻底瘫痪。

   A. master数据库　　B. tempdb数据库　　C. model数据库　　D. msdb数据库

2. 事务日志文件的默认扩展名是（　　）。

A. . mdf　　B. . ndf　　C. . ldf　　D. . dBf

3. 通过使用文件组，可以（　　）。

A. 提高存取数据的效率　　B. 提高数据库备份与恢复的效率

C. 简化数据库的维护　　D. 以上都可以

4. Microsoft 公司的 SQL Server 数据库管理系统一般只能运行于（　　）。

A. Windows 平台　　B. UNIX 平台　　C. Linux 平台　　D. NetWare 平台

三、多项选择题

1. 逻辑存储结构是指用户可以看到的数据库对象，包括（　　）等。

A. 表　　B. 视图　　C. 索引　　D. 存储过程

2. 在物理层面上，SQL Server 数据库由多个操作系统文件组成，其中操作系统文件主要包括（　　）。

A. 主要数据文件　　B. 辅助数据文件　　C. 事物日志文件　　D. 视图

3. SQL Server 2014 文件组包括（　　）。

A. 主文件组　　B. 用户自定义文件组

C. 默认文件组　　D. master 文件组

4. SQL Server 数据库的备份内容主要包括（　　）。

A. 系统数据库　　B. 用户数据库　　C. 事务日志　　D. 逻辑数据库

5. SQL Server 数据库的备份方式主要包括（　　）。

A. 完全数据库备份　　B. 差异数据库备份　　C. 事务日志备份　　D. 文件组备份

四、填空题

1. 数据库是存储____________和____________的地方。

2. 在物理层面上，SQL Server 数据库由多个操作系统文件组成，其中操作系统文件主要包括____________、____________和____________三大类型。

3. 为了便于进行管理和数据的分配，数据库将多个数据文件集合起来形成的一个整体，并赋予这个整体一个名称，这个整体就称为____________。

4. 要修改数据库，可通过 SQL Server 管理工具集或者____________进行修改。

5. 一般情况下，SQL 数据库的收缩并不能很大程度上减小数据库大小，其主要作用是____________，应当定期进行此操作以免数据库日志过大。

项目四　订票管理的数据表创建

知识目标

了解 SQL Server 2014 中的数据类型；掌握建立、查看、修改和删除数据表的方法；掌握使用主键约束和唯一约束保证数据表的完整性以及使用检查约束、默认值和规则保证列的完整性的方法；掌握使用主键和外键来保证数据表之间的完整性的方法；掌握表中数据的添加、修改和删除方法。

技能目标

学会创建数据表；学会创建和修改数据库中的数据表；学会使用约束来保证数据的完整性。

4.1　数据表概述

4.1.1　表的基本概念

数据库中的表（图 4-1）是组织和管理数据的基本单位，数据库的数据保存在表中，数据库的管理和开放都依赖于表。表的特性如下：

1）表是组织和管理数据的基本单位。

2）表是由行和列组成的二维结构。

3）表中的一行称为一条记录，表中的一列称为一个字段。

HY\MYSQLSERVER...ang - dbo.Users

Uno	Uname	Upass	Tname	Usex	Uage	Utel	Umail	Uidentity_id
1	Cuisite	12345678	崔斯特	男	34	13907568077	Cuisite@hotm...	44010119820...
2	Marrisa	12345687	马丽莎	女	28	19545091912	Marrisa@hot...	44020319880...
3	Wangzx	12378945	王子轩	男	21	13871092635	Wangzx@163....	44030519950...
4	Limingyu	12354788	李明宇	男	45	13923569877	Limingyu@ya...	44040719710...
5	Liufum	59641384	刘复明	男	35	15968792586	Liufum@163.c...	44050919810...
6	Morexia	55922648	慕容筱筱	女	25	15988624952	Morexia@hot...	44061119910...
7	ZxMao	12357954	李向东	男	26	16986362289	ZxMao@163.c...	44071319900...
8	Zhangxy	98625478	张筱嫣	女	34	16895588826	Zhangxy@yah...	44081519820...
9	Liuguis	65599522	刘贵生	男	68	18895269744	Liuguis@126.c...	44091719480...
10	Lilei	2258746	李雷	男	53	18986526489	Lilei@yahoo.c...	44101919630...
11	Lihuiz	25025068	李慧珍	女	35	18986009530	Lihuiz@163.co...	44112119810...
12	Zhanggf	7145689	张国锋	男	39	18599655789	Zhanggf@126...	44122319770...
13	Ligui	86868699	李贵	男	37	13565485856	Ligui@tom.com	44132519790...
14	Hanmm9	99988866	韩梅梅	女	25	18988665598	Hanmm9@12...	44142719910...

图 4-1　minhang 数据库的会员表

说明：每个 SQL Server 数据库可容纳多达 20 亿个表，每个表中至多可以有 1024 列，每一行最多允许有 8086 个字节。

4.1.2　SQL Server 2014 的数据类型

授课视频 4－1

在 SQL Server 2014 中，每个列、局部变量、表达式和参数都具有一个相关的数据类型。不同的数据类型能保存不同的数据。常用的数据类型有数字数据、字符数据、货币数据、日期和时间数据、二进制字符串等。SQL Server 2014 支持的各种数据类型见表 4-1 ~ 表 4-6。

表 4-1　SQL Server 2014 支持的数字型数据类型

数据类型	说　明
bigint	-2^{63} (－1.8E＋19) ~ $2^{63}-1$ (1.8E＋19) 的整型数
int	-2^{31} (－2147483648) ~ $2^{31}-1$ (2147483647) 的整型数
smallint	-2^{15} (－32768) ~ $2^{15}-1$ (32767) 的整型数
tinyint	0 ~ 255 的整型数
float	浮点数数据，取值范围为－1.79E＋308 ~ 1.79E＋308
real	浮点精度数字数据，取值范围为－3.40E＋38 ~ 3.40E＋38
bit	整数数据，值为 1 或 0
numeric (p, s)	固定精度和小数的数字数据，取值范围为 $-10^{38}+1$ ~ $10^{38}-1$。p 变量指定精度，取值范围为 1 ~ 38。s 变量指定小数位数，取值范围从 0 到 p

表 4-2　SQL Server 2014 支持的货币数据类型

授课视频 4－2

数据类型	范　围
money	－922337203685477.5808 ~ 922337203685477.5807
smallmoney	－214748.3648 ~ 214748.3647

表 4-3　SQL Server 2014 支持的日期数据类型

数据类型	范　围	精确度
datetime	1753 年 1 月 1 日 ~ 9999 年 12 月 31 日	3.33ms
smalldatetime	1900 年 1 月 1 日 ~ 2079 年 6 月 6 日	1min

表 4-4　SQL Server 2014 支持的字符型数据类型

数据类型	说　明
char [(n)]	固定长度的字符数据，长度为 n 个字节，n 的取值范围为 1 ~ 8000
varchar [(n)]	可变长度的字符数据，长度为 n 个字节，n 的取值范围为 1 ~ 8000
nchar [(n)]	固定长度的 Unicode 字符数据，n 的取值范围为 1 ~ 4000
nvarchar [(n)]	可变长度的 Unicode 字符数据，n 的取值范围为 1 ~ 4000
text	变长度字符数据，最多达到 2147483647 个字节
ntext	变长度的 Unicode 字符数据，最多可达 1073741823 个字符

说明：

1）n 的默认值均为 1。

2）对于一个 char 类型字段，不论用户输入的字符串有多长（不大于 n），长度均为 n 个字节。当输入字符串长度大于 n 时，系统自动截取 n 个长度的字符串；而变长字符型 varchar(n)的长度为输入的字符串的实际长度，而不一定是 n。

表 4-5　SQL Server 2014 支持的二进制和图像型数据类型

数据类型	说　明
binary [(n)]	长度为 n 字节的固定长度二进制数据，n 的取值范围为 1 ~ 8000
varbinary [(n)]	可变长度二进制数据，n 的取值范围为 1 ~ 8000
image	变长度二进制数据，最长为 2147483647 个字节

表 4-6　SQL Server 2014 支持的其他数据类型

数据类型	说　明
uniqueidentifier	唯一标识数字存储为 16 个字节的二进制值
timestamp	当插入或者修改行时，自动生成的唯一的二进制数字的数据类型
Cursor	允许在存储过程中创建游标变量，游标允许一次一行地处理数据，这个数据类型不能用作表中的列数据类
sql_variant	可包含除 text、ntext、timage 和 timestamp 之外的其他任何数据类型
TABLE	一种特殊的数据类型，用于存储结果集以进行后续处理
XML	存储 XML 数据的数据类型，可以在列中或者 XML 类型的变量中存储 XML 实例

4.1.3　列的属性

设计数据表，实际就是设计列的属性，如名称、数据类型、可否为空和数据长度等。

1. 列的为空性

列可以没有输入的值，未知或未定义。列值可以接受空值（NULL），也可以拒绝空值（NOT NULL）。

NULL 是一个特殊值，不同于空字符或者 0。空字符和 0 都是有效的字符或数字。

2. IDENTITY 属性

可以使表的列包含系统自动生成的数字，可以唯一地标识表的每一行，即表中的每行数据列上的数字均不相同。IDENTITY 属性的表达格式如下：

```
IDENTITY [(s, i)]
```

其中，s（seed）表示起始值，i（increment）表示增量值，其默认值为 1。

只有整数数据类型的数据列可用于标识列，一个表只能有一个标识列。可以指定种子和增量，但不能更新列。

插入数据到含有 IDENTITY 列的表中时，初始值 s 在插入第一行数据时使用，以后就由

SQL Server 2014 根据上一次使用的 IDENTITY 值加上增量 i 得到新的 IDENTITY 值。

4.2　创建民航订票管理数据库的数据表

1. 使用 SQL Server Management Studio 创建数据表

【例 4-1】创建会员表 Users。

授课视频 4－3

分析：使用 SQL Server Management Studio 创建数据表，即利用表设计器创建表的结构。表设计器是 SQL Server 2014 提供的一种可视化的创建表工具，主要部分是列管理。用户可以使用表设计器完成对表中所包含列的管理工作，包括创建列、删除列、修改数据类型、设置主键和索引等。

1）在“对象资源管理器”窗口中展开“数据库”→“minhang”项，右击“表”项，在弹出快捷菜单中选择“新建表”命令，打开表设计器。

2）在表设计器中，在“列名”单元格中输入字段名“Uno”，在同一行的“数据类型”单元格中设置该字段的数据类型“bigint”，并在“允许 Null 值”列选择是否允许该字段为空值。如果允许，则选中复选框，如果不允许，则取消选中复选框。在会员管理中，会员编号是唯一标识，这里不能为空，即取消选中复选框。

3）重复步骤 2，依次设置 Uno、Uname、Upass、Tname、Usex、Utel、Umail、Uidentity_id、mileage、grade 列，分别表示会员编号、会员名称、密码、真实姓名、性别、电话、E-mail、身份证号、里程累计、会员等级，如图 4-2 所示。

4）选择“文件”→“保存”命令或单击工具栏中的“保存”按钮，在弹出的对话框中输入表名“Users”，新表的相关信息即会出现在对象资源管理器中。

HY\MYSQLSERVER...ang - dbo.Users

列名	数据类型	允许 Null 值
Uno	bigint	☐
Uname	varchar(20)	☐
Upass	varchar(16)	☐
Tname	varchar(30)	☐
Usex	char(2)	☐
Utel	varchar(20)	☐
Umail	varchar(30)	☑
Uidentity_id	char(18)	☐
mileage	int	☑
grade	int	☑
		☐

图 4-2　会员表 Users 的设置

2. 使用 CREATE TABLE 语句创建数据表

使用 CREATE TABLE 语句创建数据表的基本语法格式如下：

```
CREATE TABLE <表名>
( <列名> <数据类型>
  [ NULL | NOT NULL ] [ IDENTITY [( seed, increment ) ] [{<列约束>}]
  [,…n]
```

)

其中各参数说明如下。

1）[NULL ｜ NOT NULL]：指定列的为空性，默认值为 NOT NULL。

2）[IDENTITY (seed，increment)]：指定为标识列，seed 为标示种子，increment 为递增量。

【例 4-2】 创建航班表 Flight，具体包括 Fno、City1、City2、Time1、Time2、Airport1、Airport2、Ano、Flag、PlaneModel、Gate，其含义分别是航班号、出发城市、目的城市、起飞时间、降落时间、起飞机场、降落机场、航空公司编号、航班状态、机型、登机口。

在“查询编辑器”窗口中输入如下语句：

```
USE minhang
GO
CREATE TABLE [dbo].[Flight1](
  [Fno] [nchar](8) NOT NULL PRIMARY KEY,       /* PRIMARY KEY 表示主键 */
  [City1] [varchar](20) NOT NULL,
  [City2] [varchar](20) NOT NULL,
  [Time1] [datetime] NOT NULL,
  [Time2] [datetime] NOT NULL,
  [Airport1] [varchar](30) NOT NULL,
  [Airport2] [varchar](30) NOT NULL,
  [Ano] [int] NULL,
  [Flag] [varchar](6),
  [PlaneModel] [nchar](10) NULL,
  [Gate] [nchar](10) NULL)
GO
```

4.3 数据表的管理

4.3.1 查看表结构

1. 查看数据表的属性

【例 4-3】 查看舱位定价表 Price 的属性信息及列的属性信息。

分析： 使用 SQL Server Management Studio 可以以图形方式查看数据表的结构。

1）在“对象资源管理器”窗口中展开“minhang”→“表”项，右击“Price”项，在弹出的快捷菜单中选择“属性”命令，打开“表属性”对话框，可查看表的数据空间、记录数目、是否分区、创建日期、用户权限和扩展属性等，如图 4-3 所示。

2）再次展开“Price”→“列”项，右击“prino”项，在弹出的快捷菜单中选择“属性”命令，打开“列属性”对话框，可查看该列的数据类型、是否为主键、是否允许空，如图 4-4 所示。

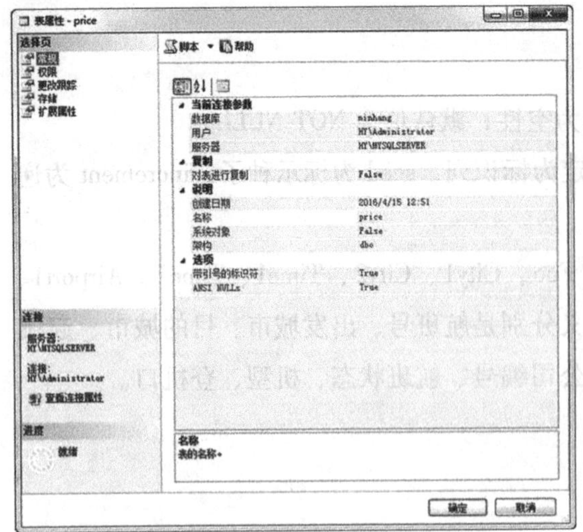

图 4-3　查看舱位定价表 Price 的表属性

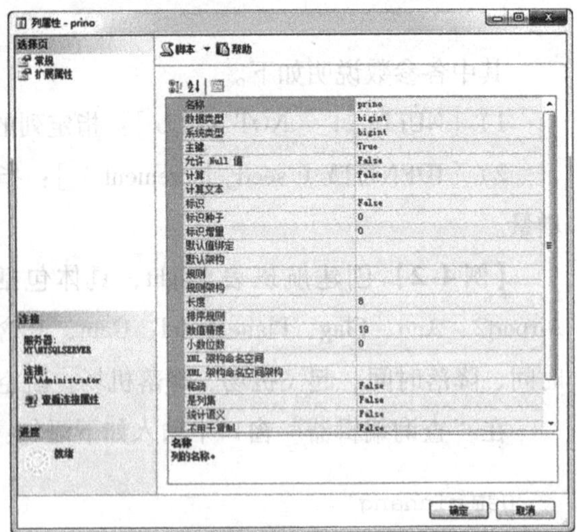

图 4-4　查看 Price 表 prino 列的属性

2. 查看表结构

【例 4-4】查看舱位定价表 Price 的表结构、约束、触发器等信息。

在“对象资源管理器”窗口中展开“minhang”→“表”→“Price”项，依次展开“列”“键”“约束”“触发器”和“索引”等项，即可看到相关信息，如图 4-5 所示。

3. 查看表中数据

【例 4-5】查看员工表 Employee 中的记录。

在“对象资源管理器”窗口中展开“minhang”→“表”项，右击“Employee”项，在弹出的快捷菜单中选择“选择前 200 行”命令，则会显示表中的所有数据。在该界面中可以查询、编辑表中的数据。

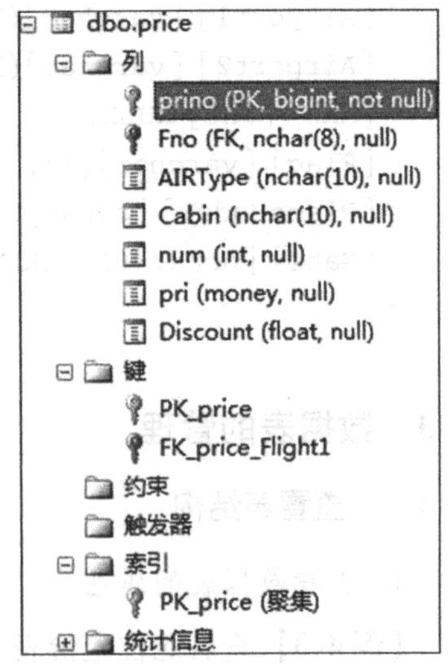

图 4-5　表结构和对象信息

4.3.2　修改数据表

在创建数据表之后，随着系统应用及用户需求的改变，可能需要修改数据表的相关属性，如增加新的字段、删除字段、修改字段类型、修改主键或索引等。数据表的修改可以在表设计器里完成，也可以通过 T-SQL 语句在查询分析器中完成。

1. 使用 SQL Server Management Studio 修改数据表

【例 4-6】查看员工表 Employee，在性别列 Psex 之后，增加一个籍贯列 Birthplace，数据类型为 char(20)。

分析： 可在 SQL Server Management Studio 中修改员工表 Employee。

1）在“对象资源管理器”窗口中展开“minhang”→“表”项，右击“Employee”项，在弹出的快捷菜单中选择“设计”命令，打开 Employee 表的表设计器。

2）将光标定位到“Psex”项并右击，在弹出的快捷菜单中选择“插入列”命令，如

图4-6所示。然后在“列名”单元格中输入“Birthplace”，数据类型选择char(20)。

3）单击工具栏中的“保存”钮按，保存表结构的修改。

说明：在表设计器中，可以修改列名、列的数据类型、允许空等属性，可以添加、删除列，也可以指定表的主键约束，或右击表中的某列，在弹出的快捷菜单中选择相应命令对列属性进行编辑。

注意：要对已经创建完成的表结构进行修改，可能会弹出如图4-7所示提示框。

此时，只需要选择“工具”→“选项”命令，打开“选项”对话框，展开“设计器”→“表设计器和数据库设计器”项，取消勾选“阻止保存要求重新创建表的更改”复选框，再单击“确定”按钮即可，如图4-8所示。

图4-6　增加新列

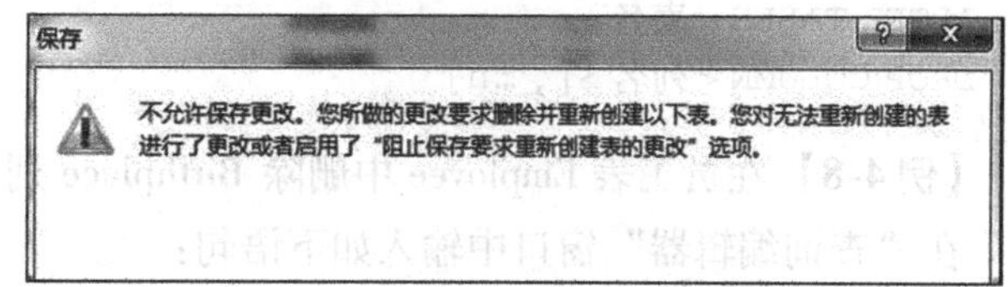

图4-7　提示不准许保存修改

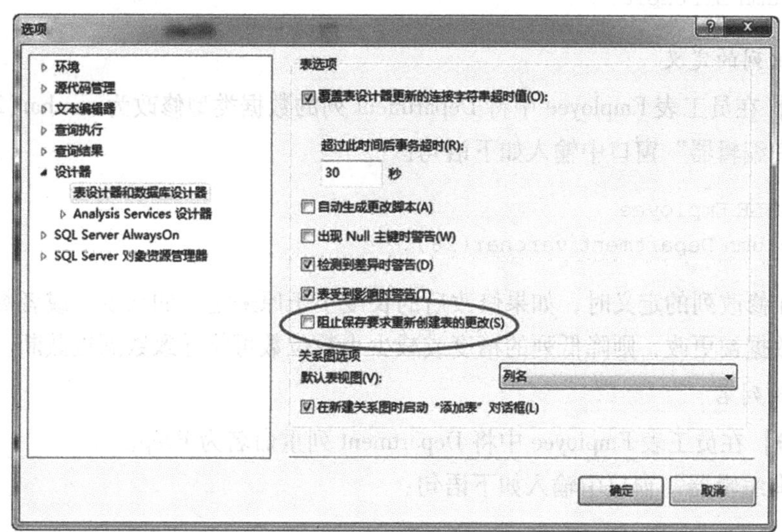

图4-8　“选项”对话框

2. 使用 ALTER TABLE 语句修改数据表

使用 ALTER TABLE 语句可以添加或者删除表约束，也可以禁用或者启用已存在的约束或触发器。ALTER TABLE 语句功能强大，下面逐一进行介绍。

（1）添加列

添加列的语法格式如下：

```
ALTER TABLE <表名>
Add <列定义>[,…n]
```

【例 4-7】在员工表 Employee 中添加两列：籍贯列 Birthplace，数据类型为 char(20)，允许空；年龄列 Page，数据类型为 int，允许空。

在"查询编辑器"窗口中输入如下语句：

```
ALTER TABLE Employee
Add
Birthplace char(20) null,
Page int null
```

（2）删除列

删除列的语法格式如下：

```
ALTER TABLE <表名>
DROP COLUMN <列名>[,…n]
```

【例 4-8】在员工表 Employee 中删除 Birthplace 列。

在"查询编辑器"窗口中输入如下语句：

```
ALTER TABLE Employee
DROP column Birthplace
```

（3）修改列的定义

【例 4-9】在员工表 Employee 中将 Department 列的数据类型修改为 varchar(20)。

在"查询编辑器"窗口中输入如下语句：

```
ALTER TABLE Employee
ALTER column Department varchar(20)
```

说明：在修改列的定义时，如果修改后的长度小于原来定义的长度，或者数据类型的更改可能导致数据被更改，则降低列的精度或减少小数位数可能导致数据被截断。

（4）修改列名

【例 4-10】在员工表 Employee 中将 Department 列重命名为 Pdep。

在"查询编辑器"窗口中输入如下语句：

```
sp_rename 'Employee.Department', 'Pdep', 'Column'
```

说明：请将本例测试后恢复，以保持数据库整体连续性。

4.3.3　删除数据表

1. 使用 SQL Server Management Studio 删除数据表

【例 4-11】删除员工表 Employee。

1）在“对象资源管理器”窗口中展开“minhang”→“表”项，右击“Employee”项，在弹出的快捷菜单中选择“删除”命令。

2）在打开的“删除对象”对话框中，单击“确定”按钮，完成员工表 Employee 的删除，如图 4-9 所示。

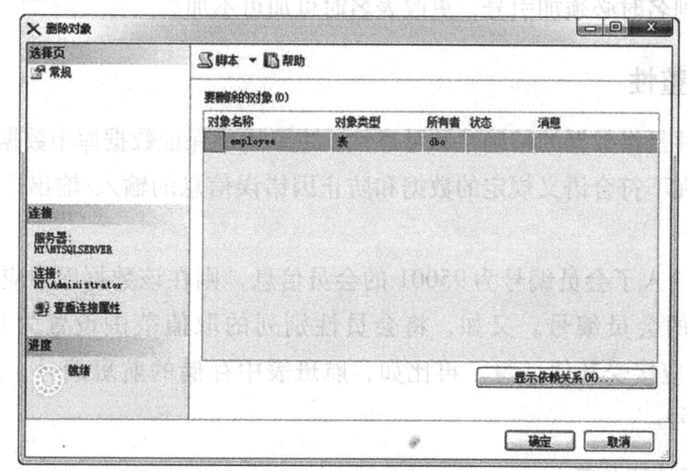

图 4-9　删除数据表

2. 使用 DROP TABLE 语句删除数据表

DROP TABLE 语句的语法格式如下：

```
DROP TABLE <表名>
```

【例 4-12】删除员工表 Employee。

在“查询编辑器”窗口中输入如下语句：

```
USE minhang
GO
DROP TABLE Employee
GO
```

说明：为保持数据库延续性，例 4-11 及例 4-12 执行后请还原数据库。

4.3.4　重命名数据表

1. 使用 SQL Server Management Studio 重命名数据表

在“对象资源管理器”窗口中展开指定数据库中的“表”项，右击指定表，在弹出的快捷菜单中选择“重命名”命令，输入新表名即可。

2. 使用系统存储过程 sp_rename 重命名数据表

使用系统存储过程 sp_rename 重命名数据表的语法格式如下：

```
sp_rename '原表名','新表名'
```

【例 4-13】将员工表 Employee 更名为 newEmployee。

在“查询编辑器”窗口中输入如下语句：

```
USE minhang
GO
sp_rename 'Employee','newEmployee'
GO
```

说明：更改列名时必须加引号，更改表名时可加可不加。

4.4 数据的完整性

数据的完整性是指数据的精确性和可靠性，主要用于保证数据库中数据的质量。它是为防止数据库中存在不符合语义规定的数据和防止因错误信息的输入/输出造成无效操作或报错而提出的。

例如，如果输入了会员编号为 95001 的会员信息，则在该数据库中应不允许其他会员使用具有相同值的会员编号。又如，将会员性别列的取值范围设置为只能为“男”或“女”，数据库不应接受其他信息。再比如，航班表中存储的航班编号，只能选择航班表中存在的航班编号。

4.4.1 数据完整性的分类

授课视频 4-4

数据完整性分为以下 4 类：

（1）实体完整性（Entity Integrity）

实体完整性用于保证表中的每一行数据在表中是唯一的。

（2）域完整性（Domain Integrity）

域完整性是指数据库表中的列必须满足某种特定的数据类型或约束。其中，约束又包括强制域完整性、限制类型、限制格式或限制可能值的范围。

（3）参照完整性（Referential Integrity）

参照完整性是指在输入或删除记录时，包含主键的主表和包含外键的从表的数据应对应一致，保证表之间数据的一致性，防止数据丢失或无意义的数据在数据库中扩散。SQL Server 将防止用户执行下列操作：

1）在主表中没有关联的记录时，将记录添加或更改到相关表中。

2）更改主表中的值，这会导致在相关表中生成孤立的记录。

3）从主表中删除记录，但仍存在与该记录匹配的相关记录。

例如，对于民航订票管理数据库中的舱位定价表 Price 和航班表 Flight，参照完整性基于 Price 表中的航班号（Fno）和 Flight 表中的航班号（Fno）的关联关系，如图 4-10 所示。

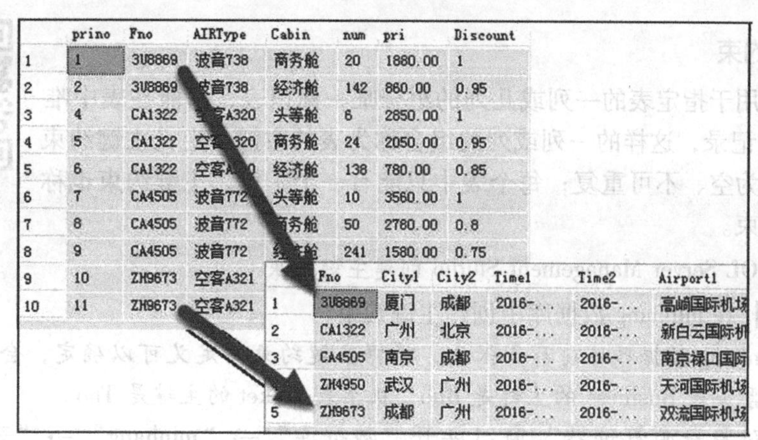

	prino	Fno	AIRType	Cabin	num	pri	Discount
1	1	3U8869	波音738	商务舱	20	1880.00	1
2	2	3U8869	波音738	经济舱	142	860.00	0.95
3	4	CA1322	空客A320	头等舱	6	2850.00	1
4	5	CA1322	空客A320	商务舱	24	2050.00	0.95
5	6	CA1322	空客A320	经济舱	138	780.00	0.85
6	7	CA4505	波音772	头等舱	10	3560.00	1
7	8	CA4505	波音772	商务舱	50	2780.00	0.8
8	9	CA4505	波音772	经济舱	241	1580.00	0.75
9	10	ZH9673	空客A321				
10	11	ZH9673	空客A321				

	Fno	City1	City2	Time1	Time2	Airport1
1	3U8869	厦门	成都	2016-...	2016-...	高崎国际机场
2	CA1322	广州	北京	2016-...	2016-...	新白云国际机
3	CA4505	南京	成都	2016-...	2016-...	南京禄口国际
	ZH4950	武汉	广州	2016-...	2016-...	天河国际机场
5	ZH9673	成都	广州	2016-...	2016-...	双流国际机场

图 4-10　Price 表和 Flight 表之间的关联关系

（4）用户定义完整性（User-defined Integrity）

用户定义的不属于其他任何完整性类别的特定业务规则称为用户定义完整性。所有完整性类别都支持用户定义完整性。

4.4.2　约束概述

授课视频 4-5

1. 约束的定义

约束（CONSTRAINT）是 SQL Server 2014 提供的自动保持数据库完整性的一种方法。约束就是限制，定义约束就是定义可输入表或表的单个列中的数据的限制条件。

2. 约束的分类

在 SQL Server 中有 5 种约束：主键（PRIMARY KEY）约束、外键（FOREIGN KEY）约束、唯一（UNIQUE）约束、检查（CHECK）约束、默认值（DEFAULT）约束。约束与完整性之间的关系见表 4-7。

表 4-7　约束与完整性之间的关系

完整性类型	约束类型	描　述	约束对象
域完整性	默认值	当使用 INSERT 语句插入数据时，若已定义默认值的列没有提供指定值，则将该默认值插入记录中	列
	检查	指定某一列可接受的值	
实体完整性	主键	每行记录的唯一标识符，确保用户不能输入重复值，并自动创建索引，提高性能，该列不允许使用空值	行
	唯一	在列集内强制执行值的唯一性，防止出现重复值，表中不允许有两行的同一列包含相同的非空值	
参照完整性	外键	定义一列或几列，其值与本表或其他表的主键或唯一列相匹配	表与表之间

4.4.3　主键约束

授课视频 4-6

主键约束用于指定表的一列或几列的组合唯一标识表，即能在表中唯一地指定一行记录，这样的一列或列的组合称为表的主键。定义主键约束的列其值不可为空、不可重复；每个表中只能有一个主键，主键约束也称实体完整性约束。

1. 使用 SQL Server Management Studio 创建主键约束

【例 4-14】在 minhang 数据库中创建主键约束。

分析： minhang 数据库目前有 3 张表，根据主键约束的定义可以确定，会员表 Users 的主键是 Uno，票务表 Business 的主键是 Bno，机票表 Ticket 的主键是 Tno。

1）在“对象资源管理器”窗口展开“数据库”→“minhang”→“表”项，右击“Business”项，从弹出的快捷菜单中选择“设计”命令，编辑前 100 行设计器。

2）将光标定位到“Bno”行，单击工具栏中的“设置主键”按钮，“Bno”行左侧将显示一个钥匙图标，如图 4-11 所示。

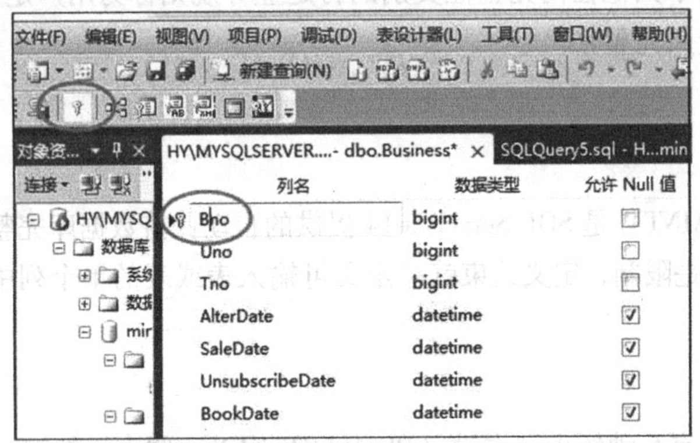

图 4-11　设置主键

3）按照上述步骤为其他表设置主键。

2. 在创建表的同时创建主键约束

1）创建单个列的主键可采用列级约束，其语法格式如下：

```
CREATE TABLE〈表名〉
(〈列名〉〈列属性〉[CONSTRAINT 约束名]
PRIMARY KEY [CLUSTERED | NONCLUSTERED])
```

2）多个列组合的主键约束，采用表级约束，其语法格式如下：

```
CONSTRAINT〈约束名〉
PRIMARY KEY [CLUSTERED | NONCLUSTERED](列名1[，...列名16])
```

其中，约束名在数据库中必须是唯一的；CLUSTERED | NONCLUSTERED 表示在创建主键时自动创建的索引类别，CLUSTERED 为默认值，表示聚集索引，NONCLUSTERED 表示非聚集索引；主关键字最多由 16 个列组成。

说明：聚集索引表示表中存储的数据按照索引的顺序存储，检索效率比非聚集索引高，但对数据更新影响较大。非聚集索引表示数据存储在一个地方，索引存储在另一个地方，索引带有指针指向数据的存储位置。非聚集索引检索效率比聚集索引低，但对数据更新影响较小。详细介绍请见本书 7.2 节。

【例 4-15】创建员工表 Employee 并创建主键。

当 Employee 表不存在时，可在“查询编辑器”窗口中输入如下语句：

```
USE minhang
GO
CREATE TABLE Employee
(
  Pno char(6) NOT NULL PRIMARY KEY,
  Pname varchar(20) NOT NULL,
  Psex char(2),
  Page tinyint
)
```

说明：在此处创建的约束包含在列的定义中，不用指定约束名，系统自动分配名称，称之为列级完整性。

【例 4-16】创建如图 4-12 所示的员工表 Employee。

Pno	Pname	Psex	Page	Zno	Post
2016001	李一涵	女	23	1	信息员
2016002	郭小叶	女	24	1	信息员
2016003	刘枫	男	26	1	信息员
2016004	谢欣然	女	23	1	信息员
2016005	姜云洁	女	22	1	信息员
2016006	苁蓉	女	20	1	信息员
2016007	叶漓江	男	28	2	公告长
2016008	张妍	女	24	3	劳资员
2016009	陈皓	男	31	4	劳资科长
NULL	*NULL*	*NULL*	*NULL*	*NULL*	*NULL*

图 4-12　员工表 Employee

分析：对于主键只有一列的情况，可以采用表级约束或列级约束，若主键包含两列及以上，必须采用表级约束，即在所有的列定义后再定义约束。

在“查询编辑器”窗口中输入如下语句：

```
CREATE TABLE Employee
(
  Uno bigint NOT NULL,
  Tno bigint NOT NULL,                /*在列后面限定的约束,称为列级约束*/
  CONSTRAINT PK_business PRIMARY KEY (Uno, Tno) /*表级约束*/
)
GO
```

说明：采用表约束时，必须指明约束名称，表约束与列定义相互独立，其他表也能使用。

3. 在一张现有表上添加主键约束

(1) 使用 SQL Server Management Studio 添加主键约束

在“对象资源管理器”窗口中右击要添加主键约束的表，在弹出的快捷菜单中选择“设计”命令，利用表设计器添加主键约束。

(2) 使用 ALTER TABLE 语句添加主键约束

使用 ALTER TABLE 语句不仅可以修改列的定义，而且可以添加和删除主键约束。其语法格式如下：

```
ALTER TABLE <表名>
ADD CONSTRAINT 约束名 PRIMARY KEY(列名,[ , …n])
```

例如：如果 Business 表创建时没有添加主键，则可以执行如下语句进行添加。

```
ALTER TABLE Business
Add constraint PK_business PRIMARY KEY (Uno, Tno)
```

4.4.4 外键约束

两个表中如果有共同列，可以利用外键与主键将两个表关联起来。例如，不同次航班的同级别的座舱价位都是不一样的，因此舱位定价表 Price 和航班表 Flight 通过它们的共同列航班号（Fno 列）关联起来，即在航班表中 Fno 列定义为主键，在舱位定价表中定义 Fno 列为外键。当向含有外键的舱位定价表中插入数据时，如果主键表（航班表）的 Fno 列中没有存在的值，系统会拒绝插入数据。外键约束也叫参照完整性约束。

授课视频 4-7

1. 使用 SQL Server Management Studio 创建外键约束

【例 4-17】在舱位定价表 Price 中，创建外键约束。

分析：在 Price 表的结构中，有主键 prino 列、外键 Fno 列和航班表 Flight 中的 Fid 列对应，可以使用 SQL Server Management Studio 来实现外键约束。

1）在“对象资源管理器”窗口中展开“minhang”→“表”项，右击“Price”项，在弹出的快捷菜单中选择“设计”命令，编辑前 100 行设计器。

2）将光标定位到“Fid”行并右击，在弹出的快捷菜单中选择“关系”命令，或单击工具栏中的“关系”按钮，如图 4-13 所示。

3）在弹出的“外键关系”对话框中，单击“表和列规范”右端的按钮，如图 4-14 所示。

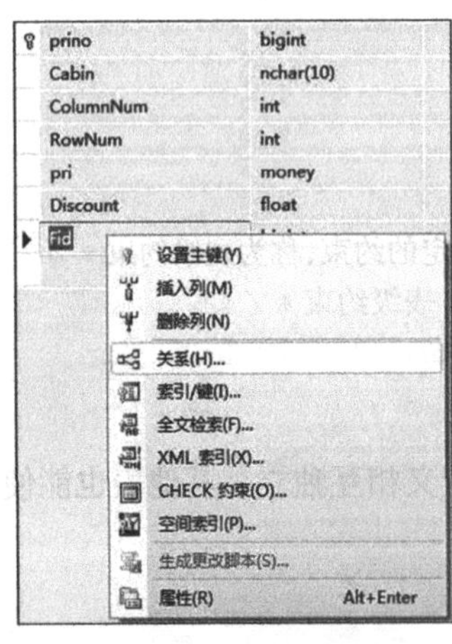

图 4-13　设置外键约束

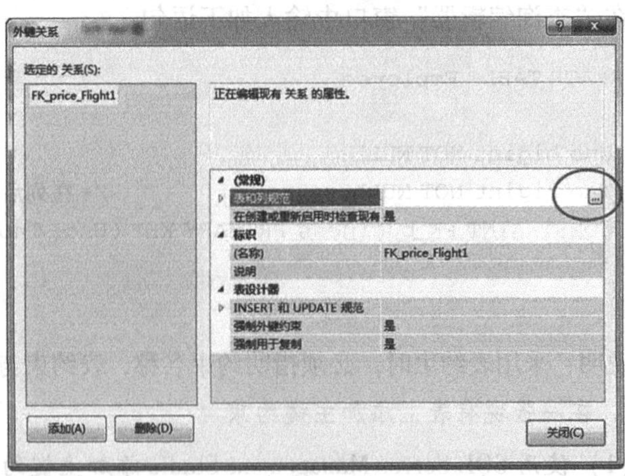

图 4-14　“外键关系”对话框

4）打开“表和列”对话框，选择 Flight 表作为主键表，其主键为 Fid，系统默认选择

Price 表作为外键表，选择该表中的 Fno 列作为外键，单击“确定”按钮，如图 4-15 所示。

设置外键约束后，Flight 表和 Price 表之间的关系如图 4-16 所示。

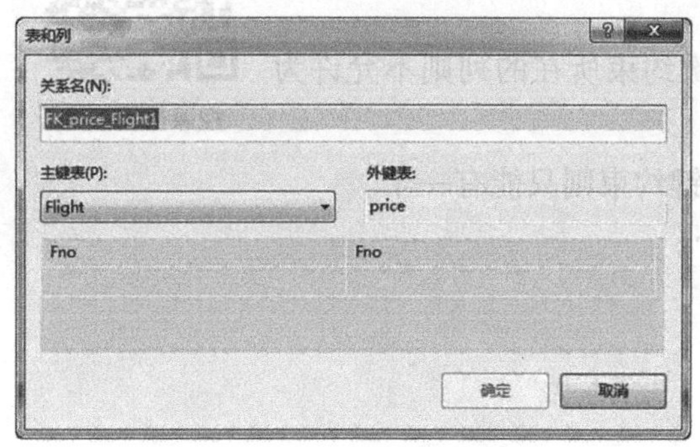

图 4-15 “表和列”对话框

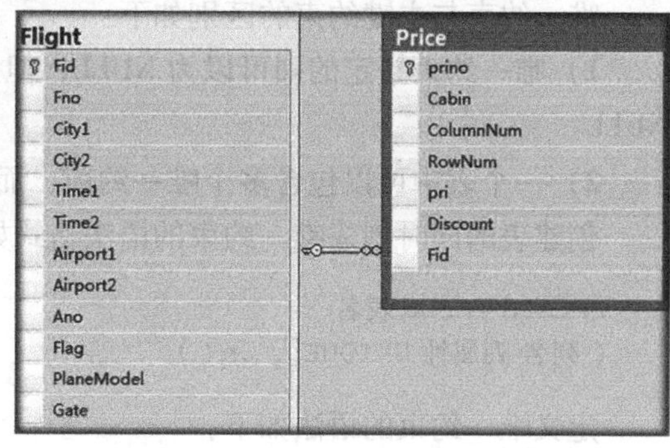

图 4-16 Flight 表和 Price 表的关系

2. 使用 T-SQL 语句定义外键

在创建表时，在定义列的同时定义外键，其语法格式如下：

```
CREATE TABLE〈表名〉
( 列名 数据类型 为空性
  FOREIGN KEY REFERENCES ref_TABLE (ref_column)
)
```

其中各参数说明如下。

1）REFERENCES：参照。

2）ref_TABLE：主键表名，即要建立关联的被参照表的名称。

3）ref_column；主键列名。

【例 4-18】重新创建舱位定价表 Price。

分析：Price 表中的 Fno 参照 Flight 表的 Fno。

在“查询编辑器”窗口中输入如下语句：

```
USE minhang
GO
CREATE TABLE Price
(   [prino] [bigint] NOT NULL PRIMARY KEY,
    [Fno] [nchar](8) NULL FOREIGN KEY REFERENCES Flight(Fno),
    [AIRType] [nchar](10) NULL,
    [Cabin] [nchar](10) NULL,
    [num] [int] NULL,
    [pri] [money] NULL,
    [Discount] [float] NULL
)
GO
```

4.4.5 唯一约束

唯一约定用于指定非主键的一个列或多个列的组合值具有唯一性，以防止在列中输入重复的值，也就是说如果一个数据表已经设置了主键约束，但该表中还包含其他的非主键列，也必须具有唯一性，为避免该列中的值出现重复输入的情况，就必须使用唯一约束（一个数据表不能包含两个或两个以上的主键约束）。

授课视频 4-8

唯一约束与主键约束的区别如下：

1）唯一约束指定的列可以为 NULL，但主键约束所在的列则不允许为 NULL。

2）一个表中可以包含多个唯一约束，而主键约束则只能有一个。

创建表的同时创建唯一约束的语法格式如下：

```
CREATE TABLE 表名
( 列名 列属性 UNIQUE[ , …n] )
```

定义唯一约束的语法如下：

```
CONSTRAINT 约束名 UNIQUE[CLUSTERED | NONCLUSTERED]
column_name1[ , colun_name2 , ...column_name16]
```

【例 4-19】在会员表 Users 中，为身份证列 Uidentity_id 添加唯一约束，保证身份证不重复。创建后使用 T-SQL 语句删除此约束。

1）在“对象资源管理器”窗口中展开“minhang”→“表”项，右击“Users”项，在弹出的快捷菜单中选择“设计”命令。

2）单击工具栏中的“管理索引和键”按钮，弹出“索引/键”对话框，如图 4-17 所示。

3）单击“添加”按钮，在“（名称）”行中输入“un_Uidentity_id”，单击“列”所在行最右侧的按钮。

4）在出现的“索引列”对话框中选中“Uidentity_id”列，排列顺序为默认的升序。单击“确定”按钮，返回“索引/键”对话框。

5）在“是唯一的”行中选择“是”后，单击“关闭”按钮。

6）单击工具栏中的“保存”按钮，保存创建结果。

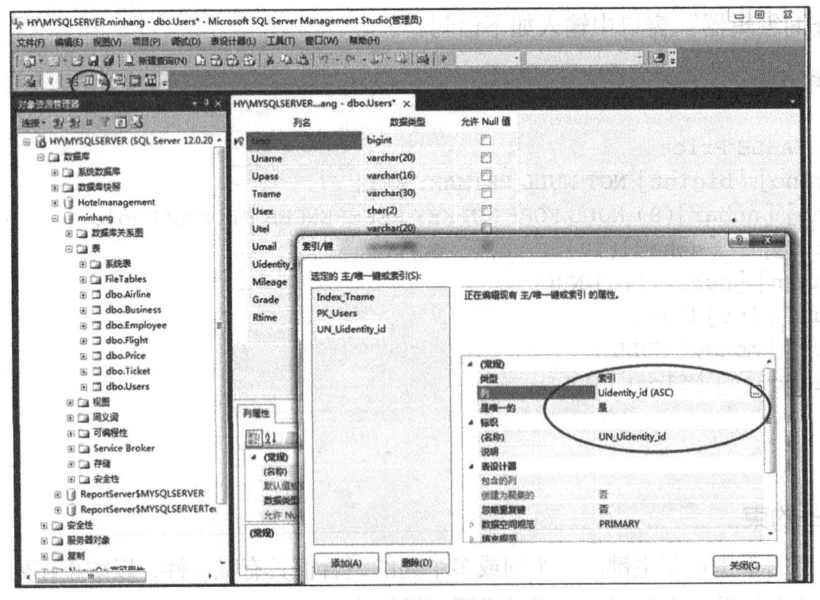

图 4-17　设置唯一约束

在“查询编辑器”窗口中，输入如下语句，创建唯一约束：

```
USE minhang
GO
ALTER TABLE Users
ADD CONSTRAINT un_Uidentity_id UNIQUE(Uidentity_id)
GO
ALTER TABLE Users
DROP CONSTRAINT un_Uidentity_id
GO
```

4.4.6　检查约束

检查约束实际上是验证字段输入内容的规则，表示一个字段的输入内容必须满足检查约束的条件，若不满足，则数据无法正常输入。可以对每个列设置检查约束。检查约束也叫用户自定义完整性。

授课视频 4-9

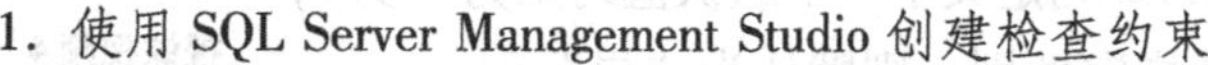

1. 使用 SQL Server Management Studio 创建检查约束

【例 4-20】在会员表 Users 中，为性别列 Usex 添加检查约束，保证性别列的输入值为“男”或“女”。

1）在“对象资源管理器”窗口中展开“数据库”→“表”项，右击“Users”项，在弹出的快捷菜单中选择“设计”命令。

2）将光标定位到 Usex 列并右击，在弹出的快捷菜单中选择“CHECK 约束”命令，如图 4-18 所示。

3）打开“CHECK 约束”对话框，单击“添加”按钮，在右侧的“表达式”栏中输入逻辑表达式“Usex ='男' OR Usex ='女'”，如图 4-19 所示。

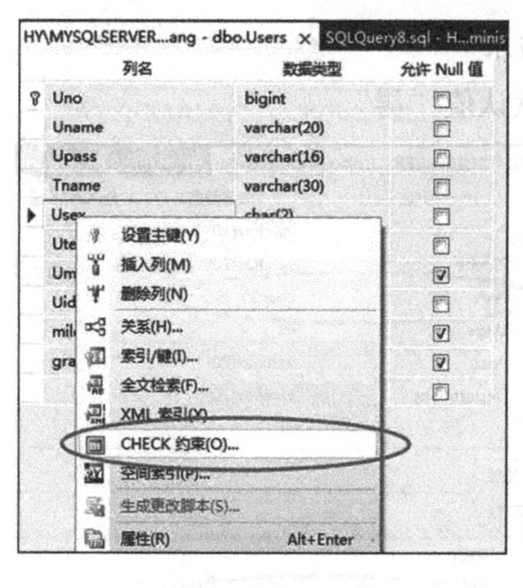

图 4-18　设置检查约束

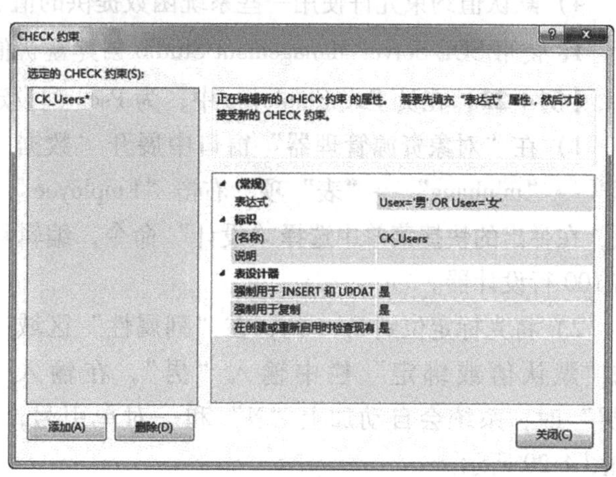

图 4-19　“CHECK 约束”对话框

4）单击“确定”按钮，返回“CHECK 约束”对话框，再单击“关闭”按钮。

2. 使用 T-SQL 语句创建检查约束

创建检查约束的语法格式如下：

```
CONSTRAINT 约束名 CHECK ( logical_EXPRESSION ) [ ,…n]
```

【例 4-21】在会员表 Users 中，为了保证输入数据的正确性，设置身份证的数字长度等于 18。

分析：要确保身份证的数字长度等于 18，可以在表中添加检查约束。

在“查询编辑器”窗口中输入如下语句：

```
ALTER TABLE Users
ADD CONSTRAINT CK_Users_len CHECK (len([Uidentity_id]) =(18))
```

4.4.7　默认值约束

授课视频 4-10

默认值约束用于确保域完整性，它提供了一种为数据表中任何一列提供默认值的方法。默认值是指使用 INSERT 语句向数据表中插入数据时，如果没有为某一列指定数据，默认值约束提供随新记录一起存储到数据表中该列的默认值。例如，在会员表 Users 的 Usex 列定义了一个默认值约束为“男”，则每当添加新会员时，如果没有为其指定性别，则默认为“男”。

在使用默认值约束时，须注意以下几点：

1）默认值约束只能应用于 INSERT 语句，且定义的值必须与该列的数据类型和精度一致。

2）在每一列上只能有一个默认值约束。如果有多个默认值约束，系统将无法确定在该列上使用哪一个约束。

3）默认值约束不能定义在指定 IDENTITY 属性或数据类型为 timestamp 的列上，因为对于这些列，系统会自动提供数据，使用默认值约束是没有意义的。

4）默认值约束允许使用一些系统函数提供的值。

1. 使用 SQL Server Management Studio 创建默认值约束

【例 4-22】在员工表 Employee 中，为 Psex 列设定默认值“男”。

1）在“对象资源管理器”窗口中展开“数据库”→“minhang”→“表”项，右击“Employee”项，在弹出的快捷菜单中选择“设计”命令，编辑前 100 行设计器。

2）将光标定位到 Psex 列，在“列属性”区域的“默认值或绑定”栏中输入“男”，在输入“男”时，系统会自动加上“N”和一对单引号，如图 4-20 所示。

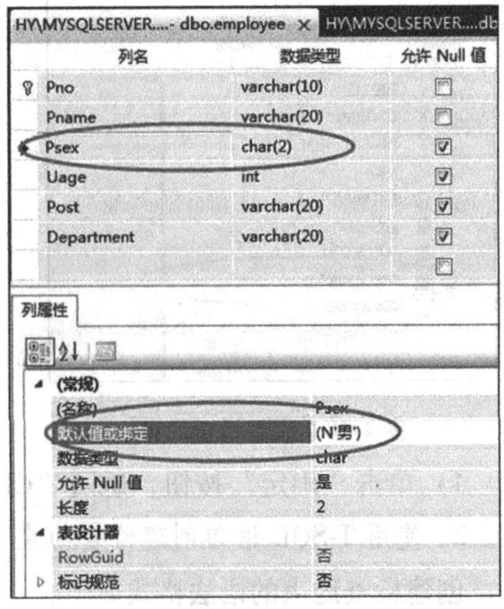

图 4-20　默认值设置

2. 使用 T-SQL 语句创建默认值约束

创建默认值约束的语法格式如下：

```
CONSTRAINT 约束名 DEFAULT constant_expression FOR 列名
```

其中，DEFAULT 为默认值；constant_expression 是用做列的默认值的常量、NULL 或系统函数。

【例 4-23】使用 T-SQL 语句，实现例 4-22 中的默认值约束。

在“查询编辑器”窗口中输入如下语句：

```
USE minhang
GO
ALTER TABLE Employee
Add
CONSTRAINT def_Psex DEFAULT '男' FOR Psex
```

4.4.8　默认值和规则

1. 默认值

与默认值约束类似，默认值（DEFAULT）的作用也是当用户向数据表中插入数据行时，如果没有为某列输入值，则由 SQL Server 自动为该列赋予默认值。与默认值约束不同的是，默认值是一种数据库对象。在数据库创建默认值对象后，可以将其绑定到多个数据表的一个或多个列应用；默认值约束只能用于约束一个表中的某一列。

当将默认值绑定到列或用户定义的数据类型时，如果插入数据时没有为被绑定的对象明确提供值，默认值便指定一个值，并将其插入到对象所绑定的列中（在用户定义数据类型的情况下，插入到所有列中）。

使用默认值对象的方法如下：首先使用 CREATE DEFAULT 语句创建默认对象，然后使用系统存储过程 sp_bindefault 将其绑定到列上。

（1）创建默认值对象

创建默认值对象的语法格式如下：

```
CREATE DEFAULT default_name AS 表达式
```

其中，default_name 为默认值对象名称，表达式为默认值的常数表达式。

（2）默认值绑定

系统存储过程 sp_bindefault 用于将默认值绑定到列或用户定义的数据类型，其语法格式如下：

```
sp_bindefault '默认值对象名称','object_name'
```

其中，参数 'object_name' 为被绑定默认值的列名或用户定义的数据类型。

【例 4-24】使用 T-SQL 语句创建默认值对象 df_Ticket 并绑定到机票表 Ticket 的 Tflag 列上，使得新添加的机票状态都是“未售”。

在“查询编辑器”窗口中输入如下语句：

```
USE minhang
GO
CREATE    DEFAULT df_Ticket AS '未售'   /* 创建默认值对象 */
GO
```

```
EXEC sp_bindefault 'df_Ticket', 'Ticket.Tflag'    /*绑定默认值对象*/
```

【例 4-25】删除默认值对象 df_Ticket。

1）在“对象资源管理器”窗口中依展开“数据库”→“minhang”→“可编程性”→“默认值”项，右击“df_Ticket”项，在弹出的快捷菜单中选择“删除”命令，打开“删除对象”对话框，单击“显示依赖关系”按钮，可以看到目前默认值和哪些数据列绑定着，如图 4-21 所示。

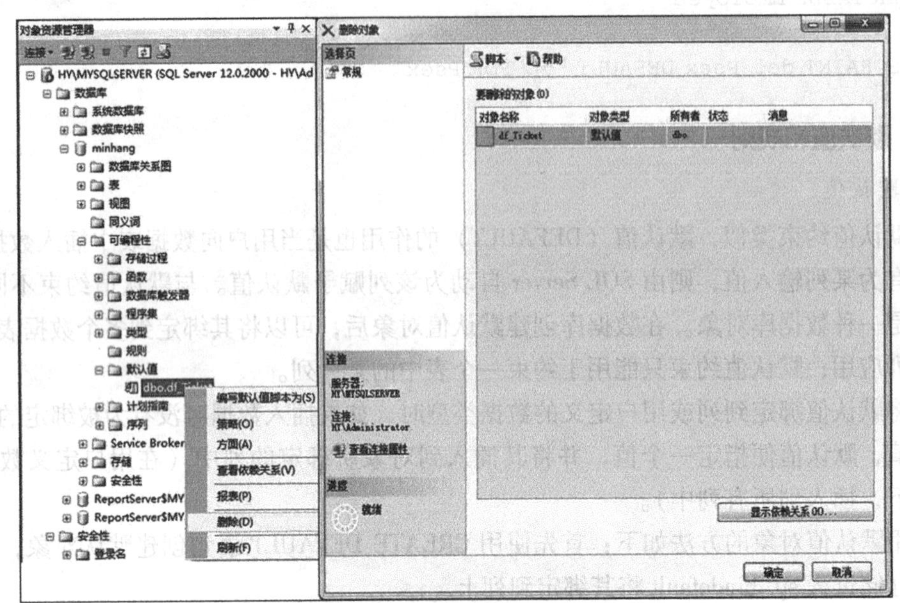

图 4-21　删除默认值对象

2）单击“确定”按钮，返回“删除对象”对话框，再单击“确定”按钮。

说明：如果默认值对象已经绑定到数据对象，无法直接删除，则必须先解除所有的绑定然后再删除默认值对象。选择绑定默认值的表，单击鼠标右键，在弹出的快捷菜单中选择“设计”命令，找到对应的列“Tflag”，清除“默认值或绑定”行中的值，如图 4-22 所示。

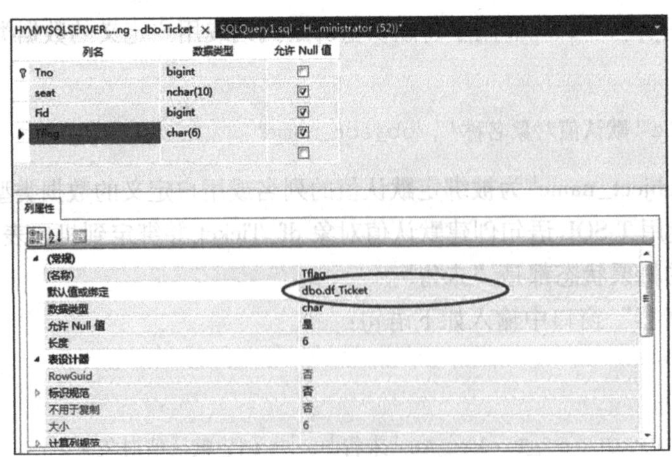

图 4-22　解除默认值或绑定

使用 T-SQL 语句删除默认值对象 df_Ticket 的步骤如下：

1）在“查询编辑器“窗口中输入如下语句，解除绑定：

```
USE minhang
GO
Exec sp_unbindefault 'Ticket.Tflag'
GO
```

2）在“查询编辑器“窗口中输入如下语句，删除默认值对象：

```
USE minhang
GO
DROP default df_Ticket
GO
```

2. 规则

规则（Rule）就是对存储在表中列或用户自定义数据类型的取值范围的规定或限制。规则是一种数据库对象，它与其作用的表或用户自定义数据类型是相互独立的。

规则和约束可以同时使用。表中的列可以有一个规则及多个检查约束，规则与检查约束很相似。相比之下，使用在 ALTER TABLE 或 CREATE TABLE 语句中的检查约束是更标准的限制列值的方法，但检查约束不能直接作用于用户自定义数据类型。

在当前数据库中使用 CREATE RULE 语句创建规则，其语法格式如下：

```
CREATE RULE 规则名称 AS condition_expression
```

其中，condition_expression 是规则的定义。该子句可以用于 WHERE 条件子句中的任何表达式，它可以包含算术运算符、关系运算符和谓词（如 IN、LIKE 和 BETWEEN 等），详细讲解请见 5.2.3 节 WHERE 子句。

【例 4-26】创建年龄输入规则 rl_age，即输入的年龄在 0 ~ 120 之间。

在“查询编辑器“窗口中输入如下语句：

```
USE minhang
GO
CREATE RULE rl_age AS @age > =0 AND @age < =120     /* 在0至120之间*/
GO
CREATE RULE rl_name AS @name like '王%'             /*第一个字为'王'的字符串 */
GO
CREATE RULE rl_sex AS @sex IN('男','女')            /* 只能在'男'和'女'中选择其一*/
GO
```

说明：每个局部变量的前面都有一个@ 符号。在创建规则时，可以使用任何名称或符号表示值，但第一个字符必须是@ 符号。

【例 4-27】将规则 rl_age 绑定到员工表 Users 的年龄列 Uage 上。

分析：使用系统存储过程 sp_bindrule 将规则绑定到列或用户定义的数据类型。其语法格式如下：

```
sp_bindrule '规则名称','object_name'
```

其中，'object_name' 参数绑定了规则的表和列或用户定义的数据类型。

在“查询编辑器“窗口中输入如下语句：

```
USE minhang
GO
EXEC sp_bindrule'rl_age', 'Employee.Page'
GO
```

【例 4-28】 删除 rl_age 规则。

分析： 删除规则同删除默认值对象类似。如果规则当前绑定到列或别名数据类型，则需先使用 sp_unbindrule 解除绑定才能删除该规则。

1）解除规则绑定。在“查询编辑器“窗口中输入如下语句：

```
USE minhang
GO
EXEC sp_unbindrule 'Employee.Page'
GO
```

2）删除规则。在“查询编辑器“窗口中输入如下语句：

```
USE minhang
GO
DROP RULE rl_age
GO
```

说明：规则被删除后，在以前受规则约束的列中输入的新数据将不受规则的约束。现有数据不受任何影响。

4.5 数据表中数据的操作

在 SQL Server 2014 中，经过创建的表确定基本结构以后，接着就是表中数据的处理：添加、修改和删除数据。数据操作有两种方法：一种是使用 SQL Server Management Studio 操作表中数据；另一种是使用 SQL Server Management Studio 的可视化工具。

【例 4-29】 在会员表 Users 中添加、修改和删除数据。

1）在“对象资源管理器”窗口中展开“minhang”→“表”项，右击“Users”项，在弹出的快捷菜单中选择“编辑前 50 行”命令，如图 4-23 所示。

> **注意：** 系统默认为“编辑前 100 行”命令，要改为编辑前 50 行，选择菜单栏中的“选项”命令，在打开的“选项”对话框的“SQL Server 对象资源管理器”→“命令”项中修改“表和视图选项”即可。

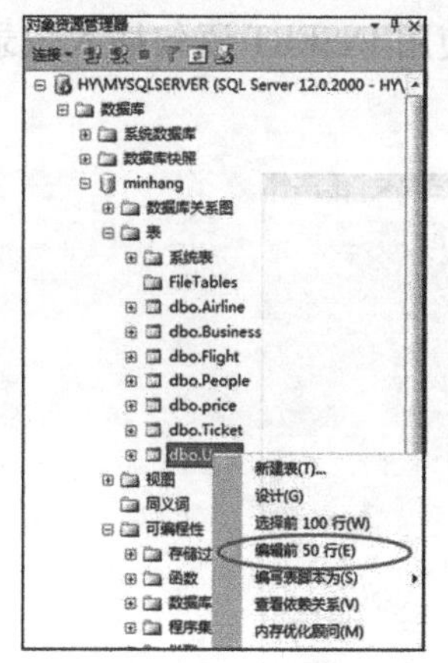
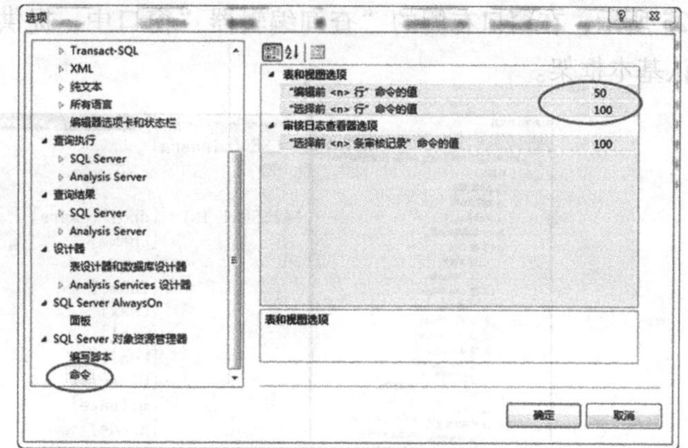

图 4-23　设置编辑前 50 行

2）打开的表如图 4-24 所示，在表中可以添加、修改和删除记录。

HY\MYSQLSERVER...ang - dbo.Users

Uno	Uname	Upass	Tname	Usex	Utel	Umail	Uidentity_id	mileage	grade
1	Cuisite	12345678	崔斯特	男	13907568077	Cuisite@hotm...	44010119820...	3000	3
2	Marrisa	12345687	马丽莎	女	19545091912	Marrisa@hot...	44020319880...	3500	3
3	Wangzx	12378945	王子轩	男	13871092635	Wangzx@163....	44030519950...	5400	5
4	Limingyu	12354788	李明宇	男	13923569877	Limingyu@ya...	44040719710...	4500	4
5	Liufum	59641384	刘复明	男	15968792586	Liufum@163.c...	44050919810...	5800	5
6	Morexia	55922648	慕容筱筱	女	15988624952	Morexia@hot...	44061119910...	5400	5
7	ZxMao	12357954	李向东	男	16986362289	ZxMao@163.c...	44071319900...	5300	5
8	Zhangxy	98625478	张筱晞	女	16895588826	Zhangxy@yah...	44081519820...	4800	4
9	Liuguis	65599522	刘贵生	男	18895269744	Liuguis@126.c...	44091719480...	4200	4
10	Lilei	2258746	李雷	男	18986526489	Lilei@yahoo.c...	44101919630...	1200	1
11	Lihuiz	25025068	李慧珍	女	18986009530	Lihuiz@163.co...	44112119810...	2000	2

图 4-24　编辑表数据

4.5.1　插入记录

INSERT 语句提供了添加数据的功能，通常有两种形式：一种是插入一条记录；另一种是插入子查询的结果，一次可以插入多条记录。

INSERT 语句的语法格式如下：

```
INSERT[INTO] 表名 [(column_list)]
VALUES({DEFAULT | NULL | EXPRESSION}[,...n])
```

其中各参数说明如下。

1）INTO：用在 INSERT 关键字和目标表之间的可选关键字。

2）column_list：指定要插入数据的列，列名之间用逗号隔开。

3）DEFAULT：表示使用为此列指定的默认值。

4）EXPRESSION：指定一个常数变量或表达式。

1. 插入一条记录

【例 4-30】向会员表 Users 中插入一条记录。

1）在“对象资源管理器”窗口中展开“minhang”→“表”项，右击“Users”项，在弹出的快捷菜单中选择“编写表脚本为”→“INSERT 到”→“新查询编辑器窗口”命令，如图 4-25 所示，在窗口右侧的“查询编辑器“窗口中，提供使用 INSERT 语句插入记录代码的默认基本框架。

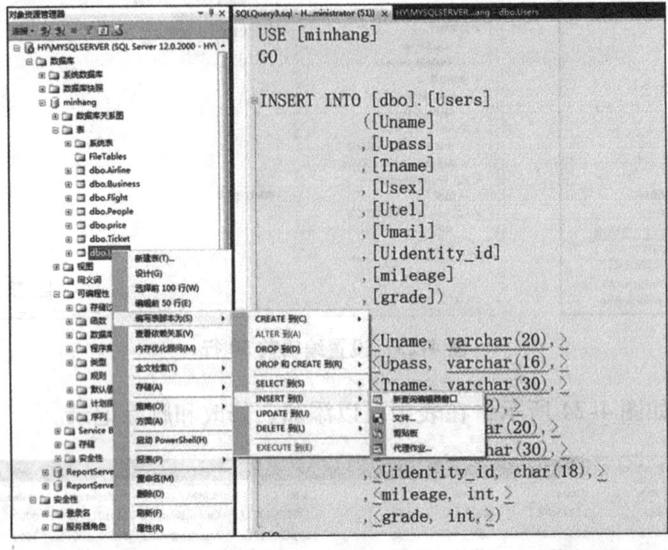

图 4-25　插入记录

说明：默认显示的代码可以分为两部分，前半部分（INSERT INTO 部分）显示的是要插入的列名，后半部分（VALUES 部分）是要插入的具体列值，它们与前面的列一一对应，如果该列为空值，可使用逗号间隔开表示，而不能删除。在 VALUES 代码部分还具有该列的数据属性，提示用户输入合适的数据。

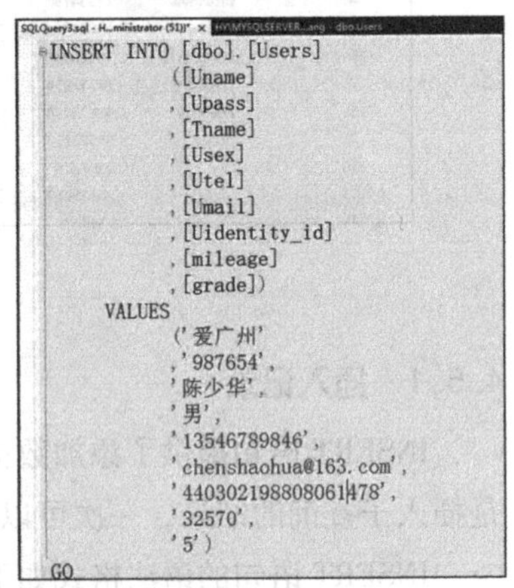

图 4-26　修改代码

2）修改代码。修改 VALUE 部分的值语句，如图 4-26 所示。单击工具栏中的“执行”按钮，添加记录。

3）打开会员表 Users，验证插入的结果，如图 4-27 所示。若没有新记录显示，请先关闭打开的表，然后在表上右键刷新，重新打开。

Uno	Uname	Upass	Tname	Usex	Utel	Umail	Uidentity_id	mileage	grade
1	Cuisite	12345678	[illegible]	男	13907568077	Cuisite@hotm...	44010119820...	3000	3
2	Marrisa	12345687	马丽莎	女	19545091912	Marrisa@hot...	44020319880...	3500	3
3	Wangzx	12378945	王子轩	男	13871092635	Wangzx@163....	44030519950...	5400	5
4	Limingyu	12354788	李明宇	男	13923569877	Limingyu@ya...	44040719710...	4500	4
5	Liufum	59641384	刘复明	男	15968792586	Liufum@163.c...	44050919810...	5800	5
6	Morexia	55922648	慕容筱筱	女	15988624952	Morexia@hot...	44061119910...	5400	5
7	ZxMao	12357954	李向东	男	16986362289	ZxMao@163.c...	44071319900...	5300	5
8	Zhangxy	98625478	张筱嫣	女	16895588826	Zhangxy@yah...	44081519820...	4800	4
9	Liuguis	65599522	刘贵生	男	18895269744	Liuguis@126.c...	44091719480...	4200	4
10	Lilei	2258746	李雷	男	18986526489	Lilei@yahoo.c...	44101919630...	1200	1
11	Lihuiz	25025068	李慧珍	女	18986009530	Lihuiz@163.co...	44112119810...	2000	2
12	Zhanggf	7145689	张国峰	男	18599655789	Zhanggf@126...	44122319770...	2300	2
13	Ligui	86868699	李贵	男	13565485856	Ligui@tom.com	44132519790...	4200	4
14	Hanmm9	99988866	韩梅梅	女	18988665598	Hanmm9@12...	44142719910...	1300	1
22	爱广州	987654	陈少华	男	13546789846	chenshaohua...	44030219880...	32570	5

图 4-27　插入记录

【例 4-31】向会员表 Users 中插入一条记录：Uname 为 aizhonghua，Tname 为“苏子墨”。

分析：插入一条记录，使用 INSERT INTO 语句。由于 Users 表有 9 个字段，其中 Umail、mileage、grade 这 3 个字段允许为空，Usex 设定了默认值为“男”，此处给出 5 个字段的值，所以给出的值的顺序必须与列名的排列顺序相同。

在“查询编辑器”窗口中输入如下语句：

```
INSERT INTO.Users (Uname, Upass, Tname, Utel, Uidentity_id) VALUES ('aizhonghua',
'65498712', '苏子墨', '02086886988', '440101199005125897')
```

2. 插入多行

在 INSERT 语句中使用 SELECT 子查询可以同时插入多行。INSERT 语句结合 SELECT 子查询可用于将一个或多个表或视图中的值添加到另一个表中。插入子查询的 INSERT 语句格式如下：

```
INSERT [INTO] 表名 [(column_list)]
SELECT column_list FROM table_list WHERE search_condition
```

【例 4-32】建立高级会员表。

分析：对于等级为 5 的会员建立高级会员表，可以先建立表结构，然后通过查询会员表中的数据为新表插入数据。

在“查询编辑器”窗口中输入如下语句：

```
USE minhang
GO
CREATE TABLE [dbo].[new_Users1]
(
    [Uno] [bigint]  NOT NULL PRIMARY KEY,
    [Uname] [varchar](20) NOT NULL,
    [Upass] [varchar](16) NOT NULL,
    [Tname] [varchar](30) NOT NULL,
    [Usex] [char](2) NOT NULL CONSTRAINT [DF_Users_Usex2] DEFAULT ('男'),
    [Utel] [varchar](20) NOT NULL,
    [Umail] [varchar](30) NULL,
    [Uidentity_id] [char](18) NOT NULL,
    [mileage] [int] NULL,
    [grade] [int] NULL
)
GO
INSERT INTO new_Users1
SELECT *
FROM Users
WHERE grade = 5
GO
```

程序运行结果如图 4-28 所示。

Uno	Uname	Upass	Tname	Usex	Utel	Umail	Uidentity_id	mileage	grade
3	Wangzx	12378945	王子轩	男	13871092635	Wangzx@163....	44030519950...	5400	5
5	Liufum	59641384	刘复明	男	15968792586	Liufum@163.c...	44050919810...	5800	5
6	Morexia	55922648	慕容筱筱	女	15988624952	Morexia@hot...	44061119910...	5400	5
7	ZxMao	12357954	李向东	男	16986362289	ZxMao@163.c...	44071319900...	5300	5
22	爱广州	987654	陈少华	男	13546789846	chenshaohua...	44030219880...	32570	5

图 4-28　高级会员表

说明：此处创建的表仅用于练习，用完请删除。

4.5.2　修改记录

修改表中数据可以用 UPDATE 语句来实现，其语法格式如下：

```
UPDATE 表名
SET column_name = value [ , column_name = value]
[FROM TABLE_name]
[WHERE condition ]
```

其中各参数说明如下。

1）column_name：指定要修改的列名。

2）value：指出要更新的表的列应取的值。有效值可以是表达式、列名和变量。

3）FROM TABLE_name：指出 UPDATE 语句使用的表。

4）condition：指定修改行的条件。

【例 4-33】将会员表 Users 中所有会员的里程积累上调 20%。

分析：Users 表中数据的修改使用 UPDATE 语句实现。

在“查询编辑器”窗口中输入如下语句：

```
USE minhang
GO
UPDATE Users SET mileage = mileage *1.2
```

4.5.3　删除记录

在表删除数据时，可以用 DELETE 语句来实现，其语法格式如下：

```
DELETE [FROM] 表名
[WHERE CONDITION]
```

其中，CONDITION 指定删除行的条件。

【例 4-34】在会员表 Users 中删除会员编号为 22 的会员。

在“查询编辑器”窗口中输入如下语句：

```
USE minhang
GO
DELETE Users
WHERE Uno = 22
GO
```

实践训练

【实践目的】

1. 掌握数据表的创建方法。
2. 掌握数据表的约束的使用。
3. 掌握数据表的数据操作。

【实践内容】

1. 在上一实践训练建立的数据库中，按照以下表 4-8 ~ 表 4-14 的结构创建数据表：使用 SQL Server Management Studio 创建部门表 Department、员工表 Employee 和销售订单表 Sell_Order；使用 T-SQL 语句创建采购订单表 Purchase_Order、商品表 Product、客户表 Customer 和供应商表 Provider。

表 4-8 部门表 Department

列 名	数据类型	宽 度	为空性	说 明
DepartmentID	int			部门编号，关键字
DepartmentName	varchar	30		部门名称
Manager	char	8	√	部门主管
Depart_Description	varchar	50	√	备注，有关部门的说明

表 4-9 员工表 Employee

列 名	数据类型	宽度	为空性	说 明
EmployeeID	int			员工号，关键字
EmployeeName	varchar	50		姓名
Sex	char	2		性别，取值为“男”或“女”
BirthDate	Smalldatetime		√	出生年月
HireDate	Smalldatetime		√	聘任日期
Salary	money		√	工资
DepartmentID	int			部门编号，来自于“部门”关系的外部关键字

表 4-10 销售订单表 Sell_Order

列 名	数据类型	宽 度	为空性	说 明
SellOrderID	int			销售订单号，关键字
ProductID	int		√	商品编号，来自于“商品”关系的外部关键字，描述该订单订购的商品
EmployeeID	int		√	员工号，来自于“员工”关系的外部关键字，描述该订单由哪位员工签订

（续）

列　名	数据类型	宽　度	为空性	说　明
CustomID	int		√	客户号，来自于“客户”关系的外部关键字，描述该订单与哪位客户签订
SellOrderNumber	int		√	订货数量
SellOrderDate	smalldatetime		√	订单签订的日期

表 4-11　采购订单表 Purchase_order

列　名	数据类型	宽度	为空性	说　明
PurchaseOrderID	int			采购订单号，关键字
ProductID	int		√	商品编号，来自于“商品”关系的外部关键字，描述该订单采购商品
EmployeeID	int		√	员工号，来自于“员工”关系的外部关键字，描述该订单由哪位员工签订
PrividerID	int		√	供应商号，来自于“供应商”关系的外部关键字，描述该订单与哪位供应商签订
PurchaseOrderNumber	int		√	采购数量
PurchaseOrderDate	smalldatetime		√	订单签订的日期

表 4-12　商品表 Product

列　名	数据类型	宽　度	为空性	说　明
ProductID	int			商品编号，主关键字
ProductName	varchar	50		商品名称
Price	decimal（18，2）		√	单价
ProductStockNumber	int		√	现有库存量
ProductSellNumber	int		√	已经销售的商品量

表 4-13　客户表 Customer

列　名	数据类型	宽　度	为空性	说　明
CustomerID	int			客户编号，主关键字
CompanyName	varchar	50		公司名称
ContactName	char	8		联系人的姓名
Phone	varchar	20	√	联系电话
Address	varchar	100	√	客户的地址
EmailAddress	varchar	50	√	客户的 E-mail 地址

表 4-14　供应商表 Provider

列　名	数据类型	宽　度	为空性	说　明
ProviderID	int			供应商编号，主关键字
ProviderName	varchar	50		供应商名称
ContactName	char	8		联系人的姓名
ProviderPhone	varchar	15	√	供应商联系电话
ProviderAddress	varchar	100	√	供应商的地址
ProviderEmail	varchar	20	√	供应商的 Email 地址

2. 在部门表 Department 中，增加两列：部门人数列 PersonNum，数据类型为整型，允许为空；办公地点列 Office，数据类型为 varchar(50)，允许为空。(用 T-SQL 语句实现)

3. 在部门表 Department 中，将部门经理列 Manager 的数据类型改为 varchar(20)；

4. 在部门表 Department 中，将部门经理列 Manager 重命名为 ManagerName。

5. 在部门表 Department 中，为部门名称列 DepartmentName 添加唯一约束，保证部门名称的不重复。

6. 在商品表 Product 中，为了保证数据的质量，确保商品的价格为大于 0 的数，库存量和已销售量数据为非负数。

7. 在客户表 Customer 中，要求客户 E-mail 地址符合标准的地址格式，比如在地址中有"@"字符。

8. 在员工表 Employee 中，设置新员工如果不到特定部门工作的话，则全部到"销售部"工作。

9. 在销售订单表 Sell_Order 中，将单签订的日期的默认值设置为系统时间。

10. 使用 T-SQL 语句，向客户表 Customer 中插入一条记录：客户编号为 38，公司名称为"广州民航学院"，联系人为"刘辉"。

11. 使用 T-SQL 语句，将客户表 Customer 中公司名称为"广州民航学院"的客户的联系人改为"张小辉"。

12. 使用 T-SQL 语句，从客户表 Customer 中删除客户编号为 38 的记录。

13. 在商品表 Product 中，将所有的商品的价格上调 20%。

14. 在商品表 product 中，将所有库产量小于 10 商品的库存量置清为 0。

15. 在商品表 product 中，删除所有库产量为 0 的商品。

习题 4

一、判断题

1. 数据表是数据的集合，是用来存储数据和操作数据的逻辑结构。　(　　)
2. 关系完整性是为保证数据库中数据的正确性和相容性，对关系模型提出的某种约束条件或规则。　(　　)
3. 在创建或修改表时，可以通过定义外键约束来创建主键。　(　　)

4. 使用 ALTER TABLE 语句可以通过更改、添加或删除列和约束，重新分配分区，或者启用或禁用约束和触发器，从而修改表的定义。（　　）

5. 使用 DELETE 语句可以删除表结构。（　　）

二、选择题

1. 删除一个表，正确的 T-SQL 语句是（　　）。

A. DROP 表名　　B. ALTER TABLE 表名

C. DROP TABLE 表名　　D. ALTER 表名

2. 要删除一个表中的某列，正确的 T-SQL 语句是（　　）。

A. DROP TABLE 表名 DROP COLUNM 列名

B. ALTER TABLE 表名 ADD CULUMN 列名

C. ALTER TABLE 表名 DROP CULUMN 列名

D. DROP TABLE 表名

3. 如果要修改一个表的某列数据类型，而该列未被任何表引用，则以下说法正确的是（　　）。

A. 修改类型不受限制　　B. 不能被修改

C. 只能修改其数据精度或长度　　D. 以上说法都不对

三、多项选择题

1. 完整性约束通常包括（　　）。

A. 实体完整性　　B. 域完整性

C. 参照完整性　　D. 用户定义完整性

2. 在 SQL Server 中，完整性约束可以分为（　　）。

A. 列级约束　　B. 数据库级约束　　C. 表级约束　　D. 元组约束

3. 在 SQL Server 中创建表的方式有（　　）。

A. 通过 T-SQL 语句创建

B. 通过数据的查询创建

C. 通过数据的更新创建

D. 利用 SQL Server Management Studio 创建

四、填空题

1. 对表进行修改的 T-SQL 语句是________；在表中增加列的语句是________；删除列的语句是________。

2. 表是用来存储数据和操作数据的________，关系数据库中的所有数据都表现为________的形式。在创建表之前的重要工作是设计________，即确定表的名字、所包含的各个列的列名、数据类型和长度、是否为空值等。

3. 给列定义唯一约束的语句是________；有唯一约束的列值，不能有两个值________，但允许有一个为________。

4. 如果用检查约束限制多列数据的取值约束时，必须使用________定义。

5. 关系型数据模型中的实体完整性规则规定，进入数据库实施阶段，定义基本表时，表现为表中定义的主码约束，其英文是________。

项目五　订票管理的数据查询设计

知识目标

熟悉 SELECT 语句的语法格式；掌握最基本的查询方法；了解并掌握条件查询、多重条件查询、连接查询、嵌套查询等方法。

技能目标

在数据库中能按照指定的要求灵活、快速地查询相关信息。

5.1　SELECT 语句

使用数据库和数据表的主要目的是存储数据，以便在需要时进行检索、统计或组织输出。通过 T-SQL 语句可以从表或视图中迅速、方便地检索数据。在众多的 T-SQL 语句中，SELECT 语句使用频率最高。

5.1.1　SELECT 语句的语法格式

授课视频 5－1

查询使用的最基本的方式是 SELECT 语句。该语句按照用户给定的条件从 SQL Server 数据库中取出数据，并将数据通过一个或多个结果集返回给用户。其语句的语法格式如下：

```
SELECT <输出列表>
[INTO <新表名>]
FROM 数据源列表
[WHERE <查询条件表达式>]
[GROUP BY <分组表达式>[HAVING <过滤条件>]]
[ORDER BY <排序表达式>[ ASC | DESC ]]
```

其中，SELECT 子句和 FROM 子句是必需的，其余的子句均可省略，而 HAVING 子句只能和 GROUP BY 子句搭配使用。

每个子句都有各自的用法和功能，具体说明如下。

1）SELECT 子句：指定查询返回的列。

2）INTO 子句：将检索结果存储到新表或视图中。

3）FROM 子句：用于指定查询列所在的表和视图。

4）WHERE 子句：指定用于限制返回的行的搜索条件。

5）GROUP BY 子句：指定用来放置输出行的组，并且如果 SELECT 子句 <SELECT LIST> 中包含聚合函数，则计算每组的汇总值。

6）HAVING 子句：指定组或聚合的搜索条件，通常与 GROUP BY 子句一起使用。

7）ORDER BY 子句：指定结果集的排序。

5.1.2 SELECT 语句的执行方式

SQL Server 2014 提供了查询编辑器，用于编辑和运行查询代码。

【例 5-1】在会员表 Users 中查询所有会员的信息。

授课视频 5-2

1）在 SQL Server Management Studio 中，单击工具栏中的“新建查询”按钮，打开“查询编辑器”窗口。

2）在“查询编辑器”窗口中输入如下代码：

```
SELECT * FROM Users
```

3）单击工具栏中的“分析”按钮，进行语法分析，结果如图 5-1 所示。在“结果”窗口中出现“命令已成功完成”的消息，表示当前的查询语句没有语法错误。

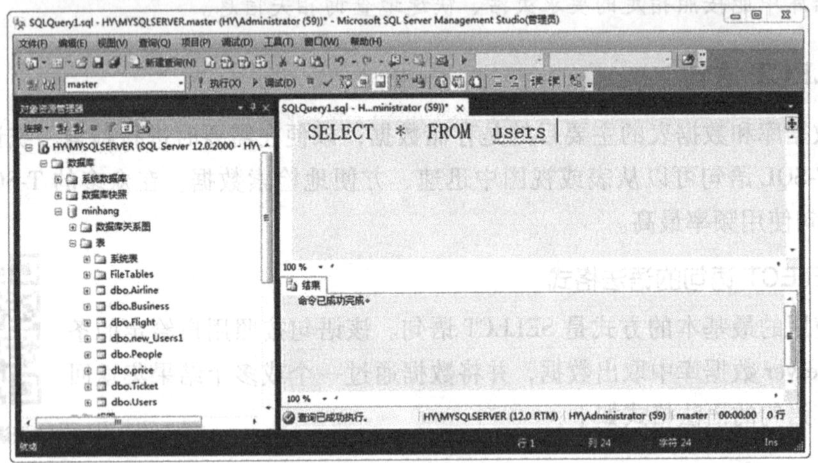

图 5-1　语法分析结果

4）单击工具栏中的“执行”按钮，在当前数据库中执行查询语句，结果如图 5-2 所示。

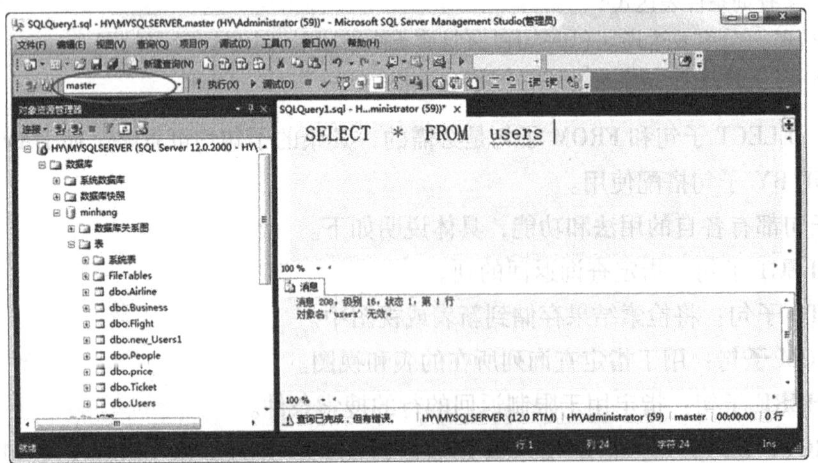

图 5-2　在当前数据库下的执行结果

说明：在“消息”窗口出现“消息208，级别16，状态1，第1行对象名'Users'无效。”的信息，表示在当前数据库master中没有Users表。

5）修改当前数据库为minhang数据库。在工具栏中的数据库下拉列表框中选择minhang数据库，或使用USE minhang语句，将当前数据库修改为minhang数据库。单击“执行”按钮，执行查询语句，结果如图5-3所示。

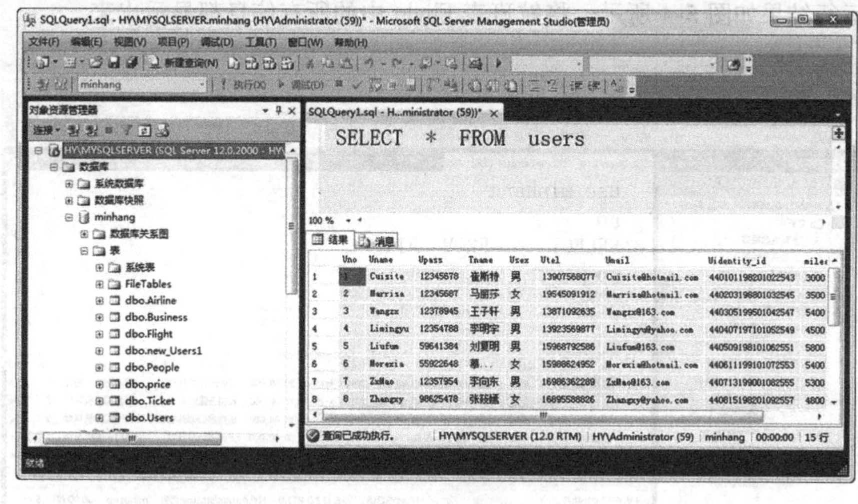

图5-3　查询执行结果

5.2　简单查询

简单查询就是指在一个表或一个视图中进行查询。

授课视频5-3

5.2.1　SELECT子句

SELECT子句用于指定查询返回的列，它是SELECT语句中不可缺少的部分。SELECT子句的语法格式如下：

```
SELECT[ALL|DISTINCT][TOP N[PERCENT]列名1[,列名2,…列名N]
FROM 表名或视图名
```

其中各参数说明如下。

ALL：指定在结果集中可以显示重复行，ALL是默认设置。

DISTINCT：指定在结果集中只能显示唯一行，即表示输出无重复的所有记录。

TOP N [PERCENT]：指定只从查询结果集中输出N行。如果还指定了PERCENT，则只从结果集中输出前百分之N行。

1. 查询所有的列

在SELECT子句中，在选择列表处使用通配符“*”，表示选择指定表或视图中的所有列。服务器会按用户创建表格时声明的列的顺序来显示所有列。

【例5-2】从航班表Flight中查询所有航班的信息。

分析：要查询所有的航班信息，也就是要查询所有列的信息，所以使用“*”来表达。

在“查询编辑器”窗口中输入如下语句：

```
USE minhang
GO
SELECT * FROM Flight
GO
```

程序运行结果如图 5-4 所示，将航班表 Flight 中的所有信息都显示出来。

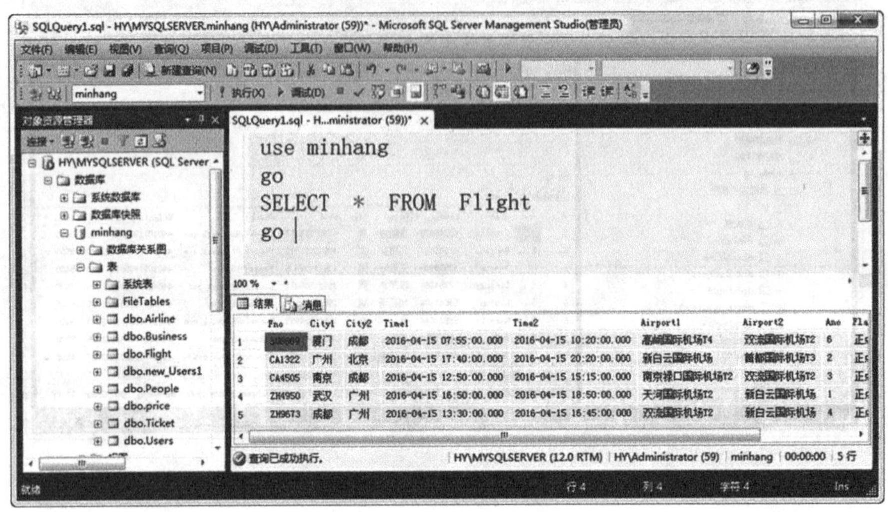

图 5-4　查询所有列

2. 查询指定的列

【例 5-3】从航班表 Flight 中检索所有航班号、出发城市和目的城市及对应时间。

在“查询编辑器”窗口中输入如下语句：

```
USE minhang
GO
SELECT Fno, city1, city2, time1, time2   /*列名之间使用半角的英文输入状态下的逗号隔开*/
FROM Flight
GO
```

程序运行结果如图 5-5 所示，显示航班号、出发城市、目的城市、起飞时间、降落时间。

3. 使用 TOP 关键字

在 SQL Server 中提供了 TOP 关键字，用于指定只返回一定数量行的数据。其语法格式如下：

```
SELECT [TOP N | TOP N PERCENT] 列名表 FROM 表名
```

其中各参数说明如下。

TOP N：表示返回最前面的 N 行数据。

TOP N PERCENT：表示返回最前面的 N% 行数据。

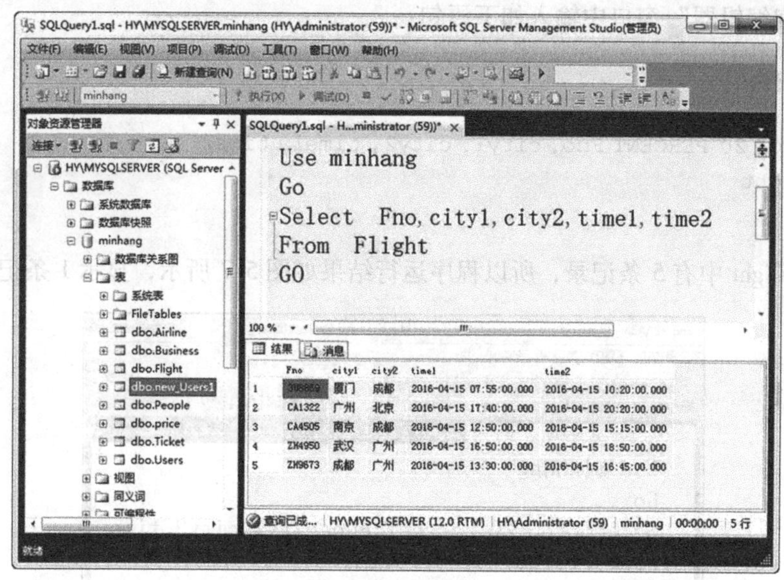

图 5-5　查询指定列

【例 5-4】检索航班表 Flight 中前两次航班的航班号、出发城市和目的城市及对应时间信息。

在"查询编辑器"窗口中输入如下语句：

```
USE minhang
GO
SELECT TOP 2 Fno, city1, city2, time1, time2
FROM Flight
GO
```

程序运行结果如图 5-6 所示。

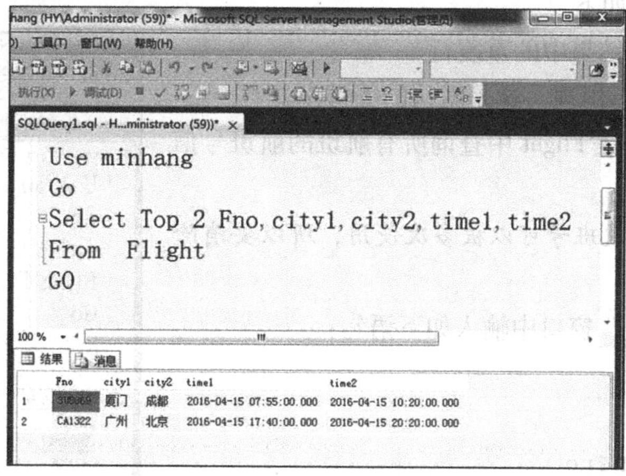

图 5-6　使用 TOP N 查询

【例 5-5】检索航班表 Flight 中前 20% 的航班号、出发城市和目的城市及对应时间信息。

在“查询编辑器”窗口中输入如下语句：

```
USE minhang
GO
SELECT TOP 20 PERCENT Fno, city1, city2, time1, time2
FROM Flight
GO
```

航班表 Flight 中有 5 条记录，所以程序运行结果如图 5-7 所示，显示 1 条记录。

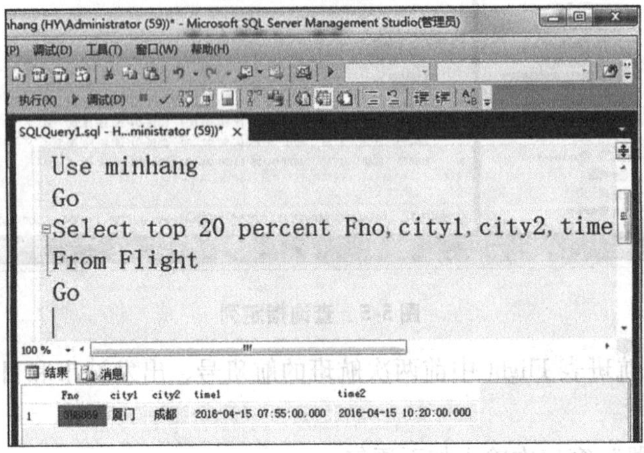

图 5-7　使用 TOP N PERCENT 查询

4. 使用 DISTINCT 关键字

授课视频 5-4

在查询结果中往往会出现重复的数据行，使用 DISTINCT 关键字可以将其去掉，语法格式如下：

SELECT [DISTINCT | ALL] 列名表 FROM 表名

其中各参数说明如下。

DISTINCT：消去结果中的重复行。

ALL：允许重复行出现，这是默认的关键字。

【例 5-6】 从航班表 Flight 中查询所有航班的航班号信息，并消去重复记录。

分析： 因为一个航班号可以被多次使用，所以要消除重复查询。

在“查询编辑器”窗口中输入如下语句：

```
USE minhang
GO
SELECT DISTINCT Fno
FROM Flight
GO
```

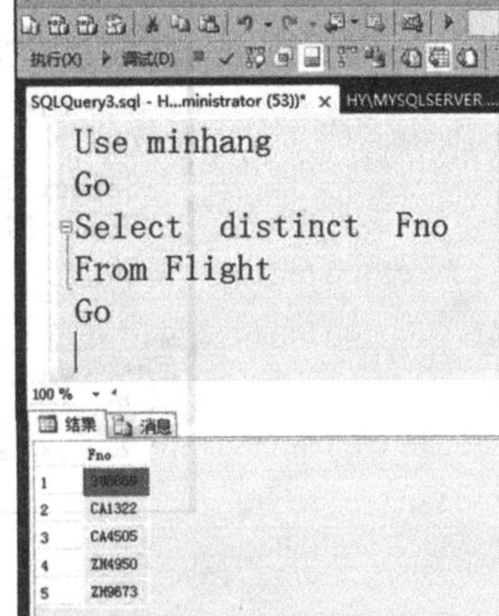

图 5-8　使用 DISTINCT 消除重复列

程序运行结果如图 5-8 所示，每个航班号只显示

1 次。

5. 更改列标题

若没有特别指定，使用 SELECT 语句返回的结果中的列标题与表或视图中的列名相同，而有些数据表设计经常使用英文，为了增强结果的可读性，可以为每个列指定列标题。可以采用以下 3 种方法来改变列标题：

1）采用“列标题 = 列名”的格式。

2）采用“列名 列标题”的格式。

3）采用“列名 AS 列标题”的格式。

说明：改变的只是查询结果的列标题，并没有改变数据表中的列名。

（1）采用“列标题 = 列名”的格式

【例 5-7】 查询每次航班的航班号、出发城市、目的城市、起飞时间、降落时间，并在标题上显示中文。

分析： 关系最终显示输出的语句是 SELECT 子句，所以只需要在 SELECT 子句中使用“列标题 = 列名”。

在“查询编辑器”窗口中输入如下语句：

```
USE minhang
GO
SELECT 航班号 = Fno, 出发城市 = city1, 目的城市 = city2, 起飞时间 = time1, 降落时间 = time2
FROM Flight
GO
```

程序运行结果如图 5-9 所示。

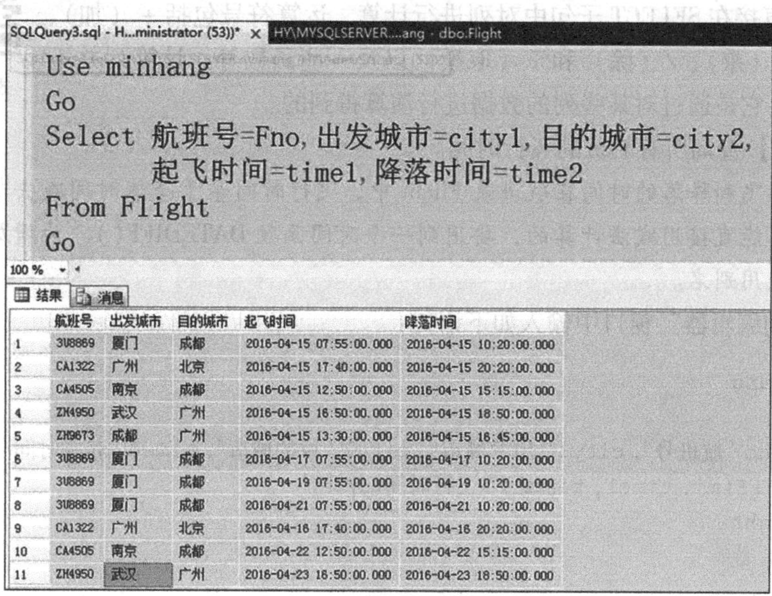

	航班号	出发城市	目的城市	起飞时间	降落时间
1	3U8869	厦门	成都	2016-04-15 07:55:00.000	2016-04-15 10:20:00.000
2	CA1322	广州	北京	2016-04-15 17:40:00.000	2016-04-15 20:20:00.000
3	CA4505	南京	成都	2016-04-15 12:50:00.000	2016-04-15 15:15:00.000
4	ZH4950	武汉	广州	2016-04-15 16:50:00.000	2016-04-15 18:50:00.000
5	ZH9673	成都	广州	2016-04-15 13:30:00.000	2016-04-15 16:45:00.000
6	3U8869	厦门	成都	2016-04-17 07:55:00.000	2016-04-17 10:20:00.000
7	3U8869	厦门	成都	2016-04-19 07:55:00.000	2016-04-19 10:20:00.000
8	3U8869	厦门	成都	2016-04-21 07:55:00.000	2016-04-21 10:20:00.000
9	CA1322	广州	北京	2016-04-16 17:40:00.000	2016-04-16 20:20:00.000
10	CA4505	南京	成都	2016-04-22 12:50:00.000	2016-04-22 15:15:00.000
11	ZH4950	武汉	广州	2016-04-23 16:50:00.000	2016-04-23 18:50:00.000

图 5-9 更改显示列标题

(2) 采用“列名 列标题”的格式

【例 5-8】 查询每次航班的航班号、出发城市、目的城市、起飞时间、降落时间，并在标题上显示中文。

在“查询编辑器”窗口中输入如下语句：

```
USE minhang
GO
SELECT Fno '航班号', city1 '出发城市', city2 '目的城市', time1 '起飞时间', time2 '降落时间'
FROM Flight
GO
```

程序运行结果将同时更改姓名和性别列的显示标题。

(3) 采用“列名 AS 列标题”的格式

【例 5-9】 使用 AS 子句实现例 5-8。

在“查询编辑器”窗口中输入如下语句：

```
USE minhang
GO
SELECT '航班号' AS Fno, '出发城市' AS city1, '目的城市' AS city2, '起飞时间' AS time1, '降落时间' AS time2
FROM Flight
GO
```

6. 使用计算列

授课视频 5-5

在查询中经常需要对查询结果数据进行再次计算处理。在 SQL Server 2014 中允许直接在 SELECT 子句中对列进行计算，运算符号包括 +（加）、-（减）、×（乘）、/（除）和%（取模）以及一些函数等。计算列并不存在于表中，它是通过对某些列的数据进行演算得到的。

【例 5-10】 查询所有航班的飞行时间。

分析： 起飞和降落的时间在航班表 Flight 中，飞行时间等于降落时间减去起飞时间，但是时间差是不能直接用减法计算的，要用到一个时间函数 DATEDIFF()。为增加查询结果可读性，可以使用别名。

在“查询编辑器”窗口中输入如下语句：

```
USE minhang
GO
SELECT Fno '航班号', city1 '出发城市', city2 '目的城市', time1 '起飞时间', time2 '降落时间', DATEDIFF(mi, time1, time2) '飞行时间(分钟)'
FROM Flight
GO
```

程序运行结果如图 5-10 所示。

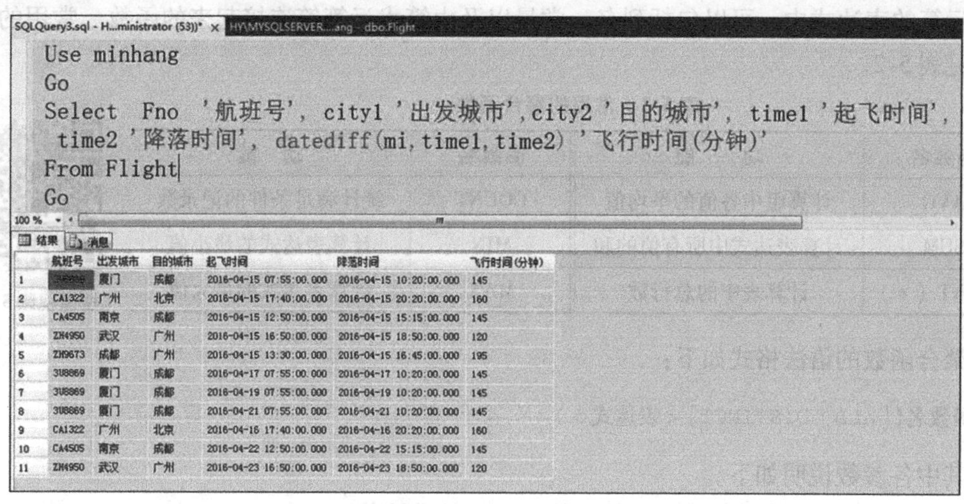

图 5-10 使用计算列

说明：如果没有为计算列指定列名，则返回的结果上看不到它的名字，以无列名为标题。

DATEDIFF( ) 函数返回两个日期之间的天数。其语法格式如下：

```
DATEDIFF(datepart, startdate, enddate)
```

其中，startdate 和 enddate 参数是合法的日期表达式。datepart 参数的值可以为以下格式（表 5-1）。

表 5-1 datepart 参数值的格式

datepart	缩写
年	yy，yyyy
季度	qq，q
月	mm，m
年中的日	dy，y
日	dd，d
周	wk，ww
星期	dw，w
小时	hh
分钟	mi，n
秒	ss，s
毫秒	ms
微秒	mcs
纳秒	ns

7. 使用聚合函数

在 SELECT 子句中可以使用聚合函数进行运算，运算结果作为新列出现在结果集中。在聚合运算的表达式中，可以包括列名、常量以及由算术运算符连接起来的函数。常用的聚合函数见表 5-2。

表 5-2　常用的聚合函数

函数名	功　能	函数名	功　能
AVG	计算组中各值的平均值	COUNT	统计满足条件的记录数
SUM	计算表达式中所有值的和	MIN	计算表达式的最小值
COUNT（*）	计算表中的总行数	MAX	计算表达式的最大值

授课视频 5-6

聚合函数的语法格式如下：

```
函数名([ALL | DISTINCT] <表达式>)
```

其中各参数说明如下。

ALL：对所有的值进行聚合函数运算。ALL 是默认值。

DISTINCT：只在每个值的唯一实例上执行，而不管该值出现了多少次。

【例 5-11】统计共有多少个会员。

分析：会员信息在会员表 Users 中，表的每一行对应一位会员，统计会员个数即为统计会员表的记录数。

在“查询编辑器”窗口中输入如下语句：

```
USE minhang
GO
SELECT count(*) FROM Users
GO
```

程序运行结果如图 5-11 所示。

【例 5-12】查询所有会员的最大里程和最小里程。

分析：里程列名为 Mileage，可以使用 MAX() 和 MIN() 函数查询最大和最小里程。

在“查询编辑器”窗口中输入如下语句：

```
USE minhang
GO
SELECT MAX(Mileage) 最大里程, MIN(Mileage) 最小里程
FROM Users
GO
```

程序运行结果如图 5-12 所示。

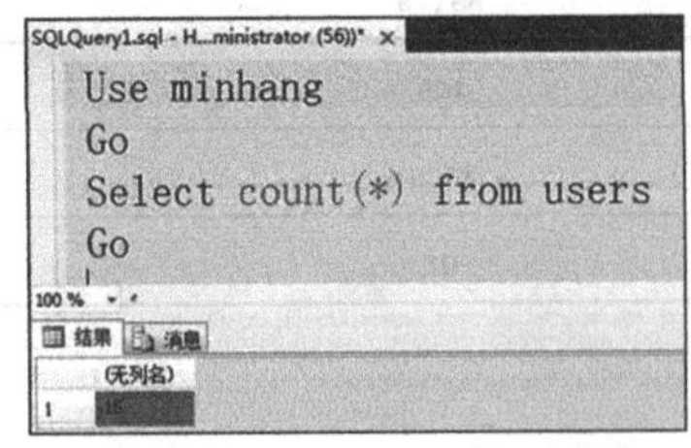

图 5-11　统计会员数

图 5-12　使用 MAX（）和 MIN（）函数

5.2.2　INTO 子句

INTO 子句用于将查询的结果插入新表中。其语法格式如下：

```
INTO 新表名
```

【例 5-13】使用 INTO 子句创建一个包含会员编号、姓名和性别，并命名为 new_Users 的新表。

分析：会员编号、姓名和性别在会员表 Users 中。要将查询结果保存到新表中，只须在 SELECT 子句后加上一个 INTO 子句“INTO new_Users”。

在“查询编辑器”窗口中输入如下语句：

```
USE minhang
GO
SELECT Uno, Uname, Usex
INTO new_Users
FROM Users
GO
```

程序运行结果如图 5-13 所示。

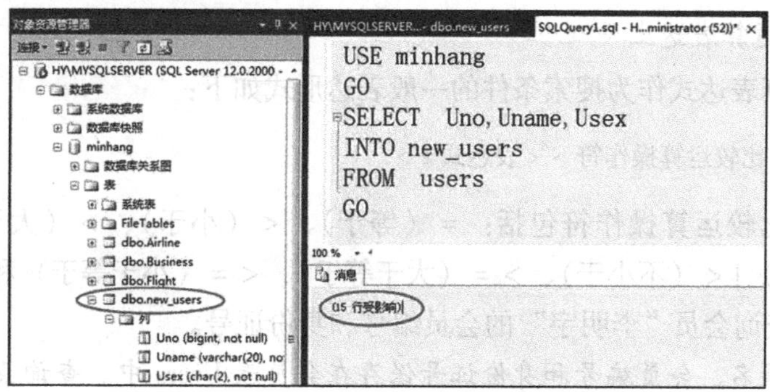

图 5-13　SELECT INTO 效果

> **注意：**SELECT INTO FROM 和 INSERT INTO SELECT FROM 两种表复制语句的区别。
>
> ```
> SELECT * INTO target_TABLE FROM source_TABLE
> INSERT INTO target_TABLE(column1,column2) SELECT column1, 5 FROM source_TABLE
> ```
>
> 以上两句都是将源表 source_TABLE 的记录插入到目标表 target_TABLE 中，但两句又有区别。
>
> 第一句（SELECT INTO FROM）要求目标表 target_TABLE 不存在，因为在插入时会自动创建。
>
> 第二句（INSERT INTO SELECT FROM）要求目标表 target_TABLE 存在，由于目标表已经存在，所以除了插入源表 source_TABLE 的字段外，还可以插入常量，如例中的“5”。

5.2.3　WHERE 子句

使用 WHERE 子句的目的是为了从表格的数据集中过滤出符合条件的行。其语法格式如下：

```
SELECT      <输出列表>
[INTO       <新表名>]
FROM        <数据源列表>
[WHERE      <查询条件表达式>
```

授课视频 5-7

WHERE 子句中常用的查询条件见表 5-3。

表 5-3　常用的查询条件及运算符号

查询条件	运算符号	查询条件	运算符号
比较	=、>、<、>=、<=、<>、!=、!>、!<	未知判断	IS NULL、IS NOT NULL
范围	BETWEEN、NOT BETWEEN	组合条件	AND、OR
列表	IN、NOT IN	取反	NOT
字符串匹配	LIKE、NOT LIKE		

1. 使用比较运算表达式

使用比较运算表达式作为搜索条件的一般表达形式如下：

```
<表达式1><比较运算操作符><表达式2>
```

其中允许的比较运算操作符包括：=（等于）、<（小于）、>（大于）、<>（不等于）、!>（不大于）、!<（不小于）、>=（大于等于）、<=（小于等于）和!=（不等于）。

【例 5-14】 查询会员“李明宇”的会员编号和身份证号。

分析： 真实姓名、会员编号和身份证号保存在会员表 Users 中。查询条件是“李明宇”，姓名列为 Tname。

在“查询编辑器”窗口中输入如下语句：

```
USE minhang
GO
SELECT Uno 会员编号, Tname 真实姓名, Uidentity_id 身份证
FROM Users
WHERE Tname = '李明宇'
GO
```

【例 5-15】 在员工表 Employee 中，查询年龄大于等于 22 岁的员工信息。

分析： 查询员工信息，并没有指明具体哪些信息，所以 SELECT 子句为“SELECT *”。指定的查询条件（过滤条件）为年龄大于等于 22 岁，所以 WHERE 子句为“WHERE Uage >=22”。

在“查询编辑器”窗口中输入如下语句：

```
USE minhang
```

```
GO
SELECT *
FROM Employee
WHERE Uage > =22
GO
```

程序运行结果如图 5-14 所示。

2. 使用逻辑表达式

在 T-SQL 语言中逻辑表达式有以下 3 个。

NOT：非，对表达式的否定。

AND：与，连接多个条件，所有的条件都成立时为真。

OR：或，连接多个条件，只要有一个条件成立就为真。

【例 5-16】在员工表 Employee 中，查询年龄在 22 岁以上的女员工的姓名、年龄。

分析：本例在例 5-15 的基础上，增加了一个条件，两个条件要同时满足，所以 WHERE 子句改为“WHERE Uage > =22 AND Usex = '女'”。

在“查询编辑器”窗口中输入如下语句：

```
USE minhang
GO
SELECT Pname 姓名, Uage 年龄
FROM Employee
WHERE Uage > =22 AND Psex ='女'
GO
```

程序运行结果如图 5-15 所示。

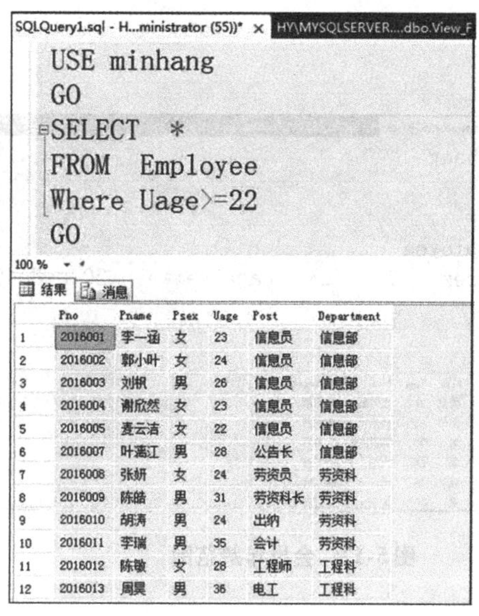

	Pno	Pname	Psex	Uage	Post	Department
1	2016001	李一涵	女	23	信息员	信息部
2	2016002	郭小叶	女	24	信息员	信息部
3	2016003	刘枫	男	26	信息员	信息部
4	2016004	谢欣然	女	23	信息员	信息部
5	2016005	麦云洁	女	22	信息员	信息部
6	2016007	叶漓江	男	28	公告长	信息部
7	2016008	张妍	女	24	劳资员	劳资科
8	2016009	陈皓	男	31	劳资科长	劳资科
9	2016010	胡涛	男	24	出纳	劳资科
10	2016011	李瑞	男	35	会计	劳资科
11	2016012	陈敏	女	28	工程师	工程科
12	2016013	周昊	男	36	电工	工程科

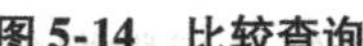
图 5-14　比较查询

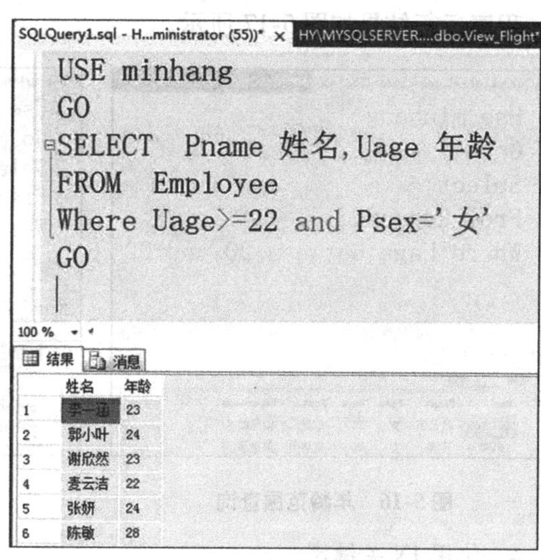

	姓名	年龄
1	李一涵	23
2	郭小叶	24
3	谢欣然	23
4	麦云洁	22
5	张妍	24
6	陈敏	28

图 5-15　逻辑查询

3. 使用搜索范围

T-SQL 语句支持范围搜索，使用关键字 BETWEEN…AND，即查询介于两个值之间的记录信息。其语法格式如下：

```
<表达式> [NOT] BETWEEN <表达式1> AND <表达式2>
```

授课视频 5－9

【例 5-17】查询员工表 Users 中年龄在 20 到 22 岁之间的员工信息。

分析：在……之间，属于范围搜索，所以 WHERE 子句为“WHERE Page BETWEEN 20 AND 22”。

在“查询编辑器”窗口中输入如下语句：

```
USE minhang
GO
SELECT *
FROM Employee
WHERE Uage BETWEEN 20 AND 22
```

查询结果如图 5-16 所示。

【例 5-18】查询年龄在 20 到 40 之间男员工信息。

分析：本题查询有两个条件，并且同时成立，因此 WHERE 子句为“WHERE Psex = '男' AND Uage BETWEEN 20 AND 40”。

在“查询编辑器”窗口中输入如下语句：

```
USE minhang
GO
SELECT *
FROM Employee
WHERE Psex ='男' AND Uage BETWEEN 20 AND 40
```

程序运行结果如图 5-17 所示。

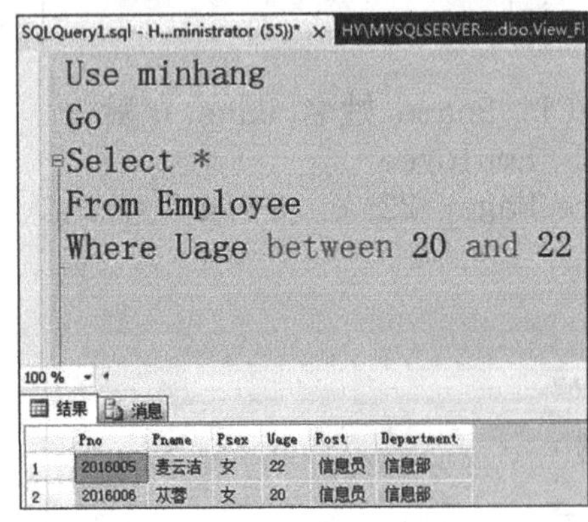

图 5-16　年龄范围查询

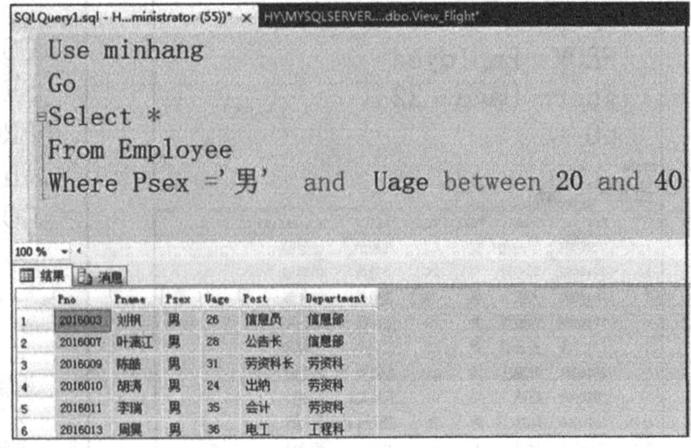

图 5-17　会员年龄范围

4. 使用 IN 关键字

与 BETWEEN 关键字一样，IN 的引入也是为了更方便地限制检索数据的范围。灵活使

授课视频 5-10

用 IN 关键字，可以用简洁的语句实现结构复杂的查询，由 IN 关键字给出表达式的取值范围。其语法格式如下：

```
表达式 [NOT] IN (值1, 值2, ...值n)
```

【例 5-19】 在员工表 Employee 中，查询信息部和劳资科的员工信息。

分析： 信息部和劳资科都在 Department 字段中，WHERE 子句应写为“WHERE Department IN ('信息部','劳资科')”。

在“查询编辑器”窗口中输入如下语句：

```
USE minhang
GO
SELECT *
FROM Employee
WHERE Department IN ('信息部','劳资科')
GO
```

程序运行结果如图 5-18 所示。

SQLQuery1.sql - H...ministrator (55))* × HY\MYSQLSERVER....dbo.View_Flight*

```
Use minhang
Go
Select *
From Employee
Where Department in ('信息部','劳资科')
Go
```

100 %

结果 消息

	Pno	Pname	Psex	Uage	Post	Department
1	2016001	李一涵	女	23	信息员	信息部
2	2016002	郭小叶	女	24	信息员	信息部
3	2016003	刘枫	男	26	信息员	信息部
4	2016004	谢欣然	女	23	信息员	信息部
5	2016005	袁云洁	女	22	信息员	信息部
6	2016006	苁蓉	女	20	信息员	信息部
7	2016007	叶漓江	男	28	公告长	信息部
8	2016008	张妍	女	24	劳资员	劳资科
9	2016009	陈皓	男	31	劳资科长	劳资科
10	2016010	胡涛	男	24	出纳	劳资科
11	2016011	李瑞	男	35	会计	劳资科

图 5-18　使用 IN 关键字查询

思考题： 是否还有别的表达？

【例 5-20】 在员工表 Employee 中，查询不是信息部和劳资科的员工信息。

分析： 与例 5-19 类似，可以在 WHERE 子句中使用 NOT IN。

在“查询编辑器”窗口中输入如下语句：

```
USE minhang
GO
SELECT *
```

```
FROM Employee
WHERE Department NOT IN ('信息部','劳资科')
GO
```

程序运行结果如图 5-19 所示。

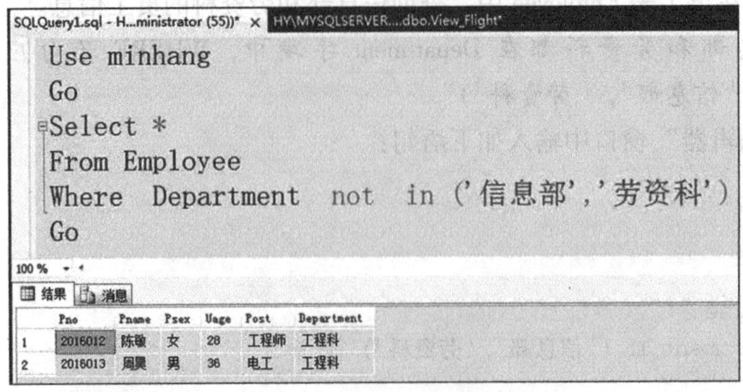

图 5-19　NOT IN 查询

5. 使用模糊匹配

授课视频 5-11

在对数据库中的数据进行查询时，往往需要用到模糊查询。所谓模糊查询就是查找数据库中与用户输入关键字相近或相似的所有记录信息。在 T-SQL 语言中，模糊查询使用 LIKE 关键字，语法格式如下：

<表达式> [NOT] LIKE <模式字符串>

其中，<模式字符串>用于指定表达式中的检索模式字符串。LIKE 关键字通常与通配符一起使用，可以检索任何被视为文本字符串的列。<模式字符串>可以包含下列 4 种有效的 SQL Server 通配符（表 5-4）。

表 5-4　通配符的含义

符　号	含　义
%（百分号）	表示 0 ~ n 个任意字符
_（下划线）	表示单个任意字符
[ ]（封闭方括号）	表示方括号里列出的任意一个字符
[^]	表示未在方括号里列出的任意一个字符

例如，如下的通配符示例。

1）LIKE 'AB%'：匹配以“AB”开始的任意字符串。

2）LIKE '%AB'：匹配以“AB”结束的任意字符串。

3）LIKE '%AB%'：匹配包含“AB”的任意字符串。

4）LIKE '_AB'：匹配以“AB”结束的 3 个字符的字符串。

5）LIKE '[ACB]%'：匹配以“A”“C”或“B”开始的任意字符串。

6）LIKE '[A-T] ing'：匹配 4 个字符的字符串，以“ing”结束，首字符的范围为“A”到“T”。

7) LIKE 'M [^A]% ': 匹配以“M”开始，第二个字符不是“A”的任意长度的字符串。

【例 5-21】找出所有姓“陈”的会员信息。

分析：查询条件为所有姓“陈”的会员，也就是说姓名的第一个字为“陈”，后面不确定，所以使用通配符“%”。

在“查询编辑器”窗口中输入如下语句：

```
USE minhang
GO
SELECT *
FROM Users
WHERE Tname LIKE '陈% '
```

程序运行结果如图 5-20 所示。

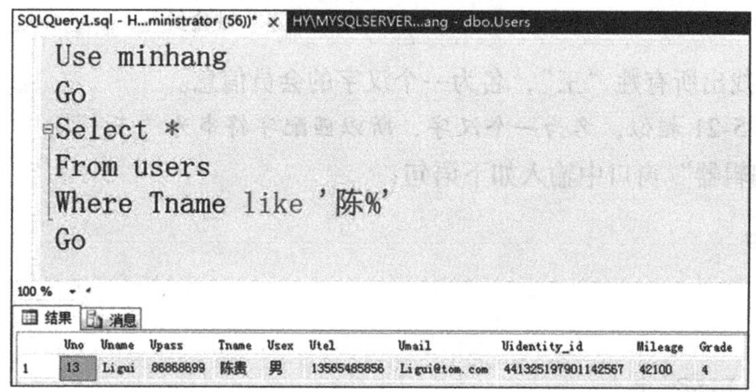

图 5-20 查询所有姓“陈”的会员

【例 5-22】找出所有不姓“刘”的会员信息。

分析：与例 5-21 相似，只是 WHERE 子句稍作修改。

在“查询编辑器”窗口中输入如下语句：

```
USE minhang
GO
SELECT *
FROM Users
WHERE Tname NOT LIKE '刘% '
```

【例 5-23】找出所有姓“陈”和姓“刘”的会员信息。

分析：与上两例相似，只是查询条件改为姓“陈”和姓“刘”，也就是姓名的第一个字为“陈”或者“刘”，后面的字不确定，所以匹配字符串为“[陈，刘]%”。

在“查询编辑器”窗口中输入如下语句：

```
USE minhang
GO
SELECT   *
FROM Users
```

```
WHERE Tname LIKE '[陈,刘]%'
```

程序运行结果如图 5-21 所示。

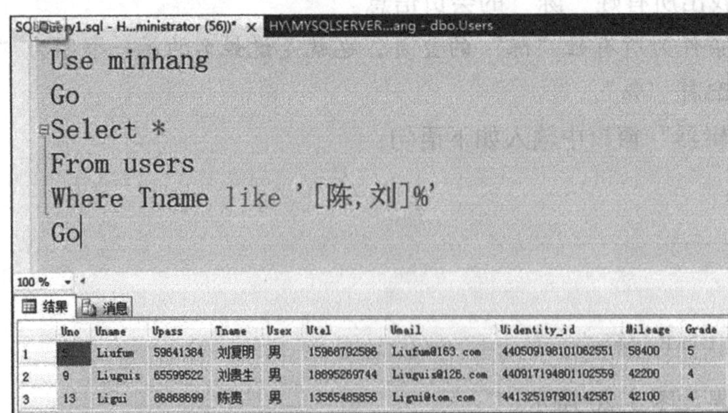

图 5-21　查询“刘”姓和“陈”姓会员

【例 5-24】找出所有姓“王”，名为一个汉字的会员信息。

分析：与例 5-21 相似，名为一个汉字，所以匹配字符串为“王_”。

在“查询编辑器”窗口中输入如下语句：

```
USE minhang
GO
SELECT *
FROM Users
WHERE Tname LIKE '王_'
```

程序运行结果如图 5-22 所示。

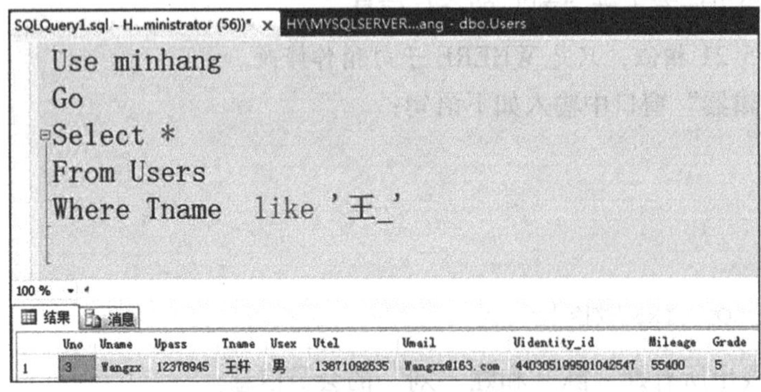

图 5-22　单字匹配

6. 空或非空性

空是 NULL，非空是 NOT NULL。空和非空的判断准则是 IS NULL 和 IS NOT NULL。两者可以在任意类型的字段中使用。

【例 5-25】航空公司采用里程积分兑换机票机制激励乘客多乘坐飞机，现需要查询有哪些会员是没有里程积分，列出会员名称和身份证号。

授课视频 5－12

分析：会员相关信息保存在会员表 Users 中，会员名称列 Uname，身份证号列 Uidentity_id。会员里程列 Mileage 为空，即 NULL。

在“查询编辑器”窗口中输入如下语句：

```
USE minhang
GO
SELECT Uname, Uidentity_id
FROM Users
WHERE Mileage IS NULL
```

图 5-23　非空查询

程序运行结果如图 5-23 所示。

5.2.4　ORDER BY 子句

授课视频 5－13

SELECT 语句获得的数据一般是没有排序的。为了方便阅读和使用，最好对查询的结果进行一次排序操作。在 SQL Server 2014 中，使用 ORDER BY 子句对结果进行排序。其语法格式如下：

```
ORDER BY <排序项> [ ASC | DESC] [ , <排序项> [ ASC | DESC][ , ...n]]
```

其中各参数说明如下。

<排序项>：是指用于排序的列，可以是一个或多个表达式。通常表达式为列名，也可以是计算列。如果是多个表达式，彼此之间用逗号分隔。排序时首先按第一个表达式的值的升序或降序进行排列，在值相同时再按第二个表达式值的升序或降序进行排列，依次类推直至完成整个排列。

ASC | DESC：指定排列方式 ASC 是升序，DESC 是降序。省略排序方式时按升序（ASC）排列。

没有指定 ORDER BY 子句时，查询结果无序显示。

【例 5-26】按等级高低顺序显示所有会员的姓名和里程数，里程相同时按等级降序排序。

分析：当有多个排序关键词时，各个关键词之间用逗号隔开，实际排序时先按照第一关键词排序，第一关键词相同时，再按照第二排序关键词排序。

在“查询编辑器”窗口中输入如下语句：

```
USE minhang
GO
SELECT Tname 姓名, Grade 等级, Mileage 里程
FROM Users
ORDER BY Mileage desc, Grade desc
```

程序运行结果如图 5-24 所示。

SQLQuery2.sql - H...ministrator (53))* × HY\MYSQLSERVER...ang - dbo.Users

```
USE minhang
GO
SELECT  Tname 姓名, Grade 等级,Mileage 里程
FROM users
Order by Mileage desc,Grade desc
```

100 %

结果　消息

	姓名	等级	里程
1	刘夏明	5	58400
2	慕容筱筱	5	55400
3	王轩	5	55400
4	李向东	5	55300
5	张筱嬿	4	48000
6	李明宇	4	44500
7	刘贵生	4	42200
8	陈贵	4	42100
9	崔斯特	3	32100
10	马丽莎	3	31500
11	张国糠	2	5300
12	李慧珍	2	5000
13	韩梅梅	1	1300
14	李雷	1	1200
15	胡润东	NULL	NULL

图 5-24　排序查询

5.2.5 GROUP BY 子句

授课视频 5－14

在大多数情况下，使用统计函数返回的是所有行数据的统计结果。如果需要按某一列数据的值进行分类，在分类的基础上再进行查询，就要使用 GROUP BY 子句。其语法格式如下：

```
GROUP BY <组合表达式>
```

其中，<组合表达式>可以是普通列名或一个包含 SQL 函数的计算列，但不能是字段表达式。当指定 GROUP BY 时，输出列表中任一非聚合表达式内的所有列都应包含在<组合列表>中，或与输出列表表达式完全匹配。

【例 5-27】查询每种等级的会员平均里程，列出等级号和平均里程。

分析：查询每种等级的会员平均里程，需要在查询前对每种等级进行分组，然后对每组计算平均值。

在“查询编辑器”窗口中输入如下语句：

```
USE minhang
GO
SELECT Grade 等级, avg(Mileage) 平均里程
FROM Users
GROUP BY Grade
```

程序运行结果如图 5-25 所示。

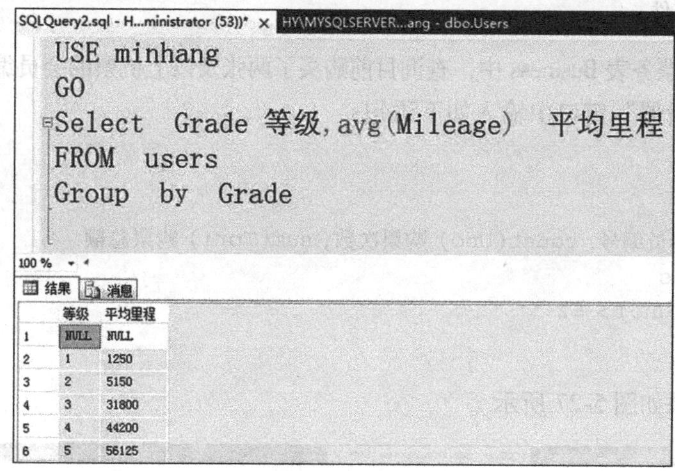

图 5-25　查询平均里程

【例 5-28】在票务表 Business 中，统计每位会员的总消费额度和平均消费额度。

分析：要查询每个会员的总消费额度和平均消费额度，需要先对 Business 表中数据按照会员编号进行分组。

在“查询编辑器”窗口中输入如下语句：

```
USE minhang
GO
SELECT Uno 会员编号, sum(Tpri) 总消费额度, avg(Tpri) 平均消费额度
FROM Business
GROUP BY Uno
```

程序运行结果如图 5-26 所示。

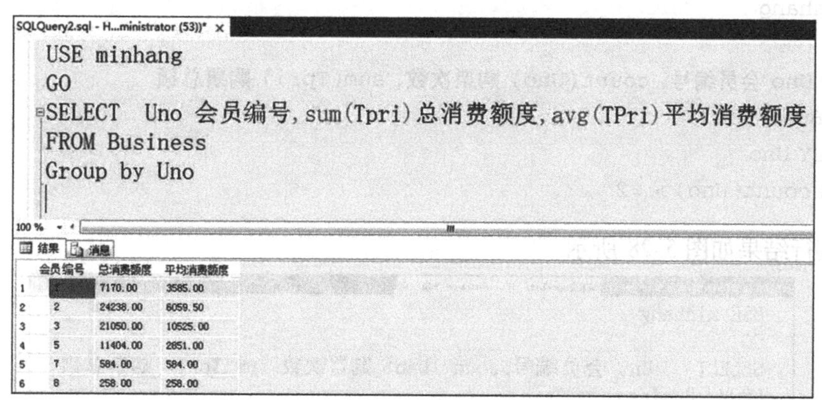

图 5-26　统计总消费额度和平均消费额度

5.2.6　HAVING 子句

授课视频 5-15

HAVING 子句指定组或聚合的搜索条件，只能与 SELECT 语句一起使用。HAVING 通常在 GROUP BY 子句中使用。如果不使用 GROUP BY 子句，则 HAVING 的行为与 WHERE 子句一样。其语法格式如下：

HAVING 搜索条件

【例 5-29】在票务表 Business 中，查询目前购买了两张及以上机票的会员编号及购票总金额。

在“查询编辑器”窗口中输入如下语句：

```
USE minhang
GO
SELECT Uno 会员编号, count(Uno) 购票次数, sum(Tpri) 购票总额
FROM Business
WHERE count(Uno) > =2
GROUP BY Uno
```

程序运行结果如图 5-27 所示。

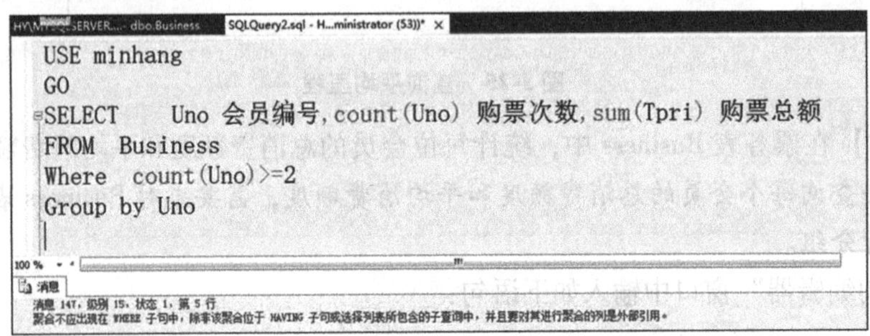

图 5-27　WHERE 子句中使用聚合函数

错误分析：当过滤条件是聚合函数的时候，只能用在 HAVING 中，表示对分组后的数据进行过滤。因此，此处不能用 WHERE 子句，而要使用 HAVING 子句“HAVING count(Uno) > =2”。

在“查询编辑器”窗口中输入如下语句：

```
USE minhang
GO
SELECT Uno 会员编号, count(Uno) 购票次数, sum(Tpri) 购票总额
FROM  Business
GROUP BY Uno
HAVING count(Uno) > =2
```

程序运行结果如图 5-28 所示。

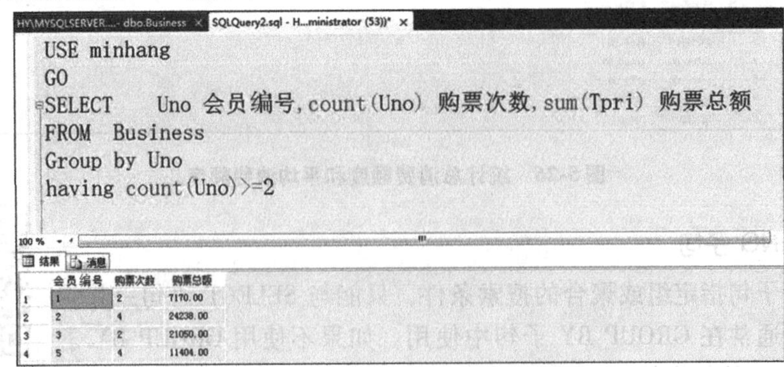

	会员编号	购票次数	购票总额
1	1	2	7170.00
2	2	4	24238.00
3	3	2	21050.00
4	5	4	11404.00

图 5-28　HAVING 子句的用法

本程序的运行步骤如下：

1）执行 FROM Business 子句，把 Business 表中所有数据检索出来。

2）对上一步的数据，按照 GROUP BY Uno 进行分组，统计每位会员购票次数和总额。

3）执行 HAVING count(Uno) >=2 子句，对上一步的分组数据进行过滤，只有购票次数大于等于 2 的数据才能出现在最终的结果集中。

4）按照 SELECT 子句指定的样式显示结果集。

5.3 连接查询

5.3.1 连接查询概述

在实际查询中，如查询各个会员的购票明细表，包括会员名称、真实姓名、购买信息等，就需要在两张或两张以上的表之间进行查询。实现这种从两个或两个以上表中查询数据且结果集中出现的列来自于两个或两个以上表中的检索操作称为连接查询。

连接的类型分为内连接、外连接和交叉连接。其中外连接包括左外连接、右外连接和全外连接。连接的格式有如下两种。

格式一：

```
SELECT <输出列表>
FROM <表1> <连接类型> <表2> [ON (<连接条件>)]
```

格式二：

```
SELECT <输出列表>
FROM <表1>, <表2>
[WHERE <表1>.<列名> <连接操作符> <表2>.<列名>]
```

其中各参数说明如下。

在<输出列表>中使用多个数据表来源且有同名字段时，就必须明确定义字段所在的数据表名称。

连接操作符可以是：=、>、<、>=、<=、!=、<>、!>、!<。当操作符是“=”时表示等值连接。

连接类型用于指定所执行的连接类型：内连接（INNER JOIN）、外连接（OUT JOIN）或交叉连接（CROSS JOIN）。

5.3.2 交叉连接

授课视频 5-16

交叉连接又称笛卡尔积，返回两个表的乘积。例如，表 A 有 13 行数据，表 B 有 11 行数据，那么表 A 和表 B 交叉连接的结果记录集有 143(13×11) 行数据。交叉连接使用 CROSS JOIN 关键字来创建。交叉连接只是用于测试一个数据库的执行效率，在实际应用中是无意义的。交叉连接的使用是比较少的，且不需要连接条件。

【例 5-30】 查询航班表 Flight 与员工表 Employee 的所有组合。

分析： *在没有任何关联的情况下，查询后的结果就是一个笛卡尔积。*

在“查询编辑器”窗口中输入如下语句：

```
USE minhang
GO
SELECT Flight.*, Employee.*
FROM Flight CROSS JOIN Employee
GO
```

程序运行结果如图 5-29 所示。结果集中有 143 行，即 Flight 表的行数和 Employee 表的行数的乘积，查看结果集可以看到，Flight 表中的每一行记录与 Employee 表中的 13 行数据组合得到所示的结果。显而易见，其中大部分行是没有意义的。

SQLQuery1.sql - H...ministrator (55))*　HY\MYSQLSERVER....dbo.View_Flight*

```
USE minhang
GO
Select  Flight.*, Employee.*
From  Flight  cross  join  Employee
GO
```

100 %

结果　消息

	Fid	Fno	City1	City2	Time1	Time2	Airport1	Airport2	Ano	Flag	PlaneModel	Gate	Pno	Pname	Psex	Uage	Post	Department
1	1	3U8869	厦门	成都	2016-04-15 07:55:00.000	2016-04-15 10:20:00.000	高崎国际机场T4	双流国际机场T2	6	正点	波音738	A	2016001	李一涵	女	23	信息员	信息部
2	1	3U8869	厦门	成都	2016-04-15 07:55:00.000	2016-04-15 10:20:00.000	高崎国际机场T4	双流国际机场T2	6	正点	波音738	A	2016002	郭小叶	女	24	信息员	信息部
3	1	3U8869	厦门	成都	2016-04-15 07:55:00.000	2016-04-15 10:20:00.000	高崎国际机场T4	双流国际机场T2	6	正点	波音738	A	2016003	刘枫	男	26	信息员	信息部
4	1	3U8869	厦门	成都	2016-04-15 07:55:00.000	2016-04-15 10:20:00.000	高崎国际机场T4	双流国际机场T2	6	正点	波音738	A	2016004	谢欣然	女	23	信息员	信息部
5	1	3U8869	厦门	成都	2016-04-15 07:55:00.000	2016-04-15 10:20:00.000	高崎国际机场T4	双流国际机场T2	6	正点	波音738	A	2016005	姜云洁	女	22	信息员	信息部
6	1	3U8869	厦门	成都	2016-04-15 07:55:00.000	2016-04-15 10:20:00.000	高崎国际机场T4	双流国际机场T2	6	正点	波音738	A	2016006	苁蓉	女	20	信息员	信息部
7	1	3U8869	厦门	成都	2016-04-15 07:55:00.000	2016-04-15 10:20:00.000	高崎国际机场T4	双流国际机场T2	6	正点	波音738	A	2016007	叶嘉江	男	28	公告长	信息部
8	1	3U8869	厦门	成都	2016-04-15 07:55:00.000	2016-04-15 10:20:00.000	高崎国际机场T4	双流国际机场T2	6	正点	波音738	A	2016008	张妍	女	24	劳资员	劳资科
9	1	3U8869	厦门	成都	2016-04-15 07:55:00.000	2016-04-15 10:20:00.000	高崎国际机场T4	双流国际机场T2	6	正点	波音738	A	2016009	陈皓	男	31	劳资科长	劳资科
10	1	3U8869	厦门	成都	2016-04-15 07:55:00.000	2016-04-15 10:20:00.000	高崎国际机场T4	双流国际机场T2	6	正点	波音738	A	2016010	胡涛	男	24	出纳	劳资科
11	1	3U8869	厦门	成都	2016-04-15 07:55:00.000	2016-04-15 10:20:00.000	高崎国际机场T4	双流国际机场T2	6	正点	波音738	A	2016011	李瑞	男	35	会计	劳资科
12	1	3U8869	厦门	成都	2016-04-15 07:55:00.000	2016-04-15 10:20:00.000	高崎国际机场T4	双流国际机场T2	6	正点	波音738	A	2016012	陈敏	女	28	工程师	工程科
13	1	3U8869	厦门	成都	2016-04-15 07:55:00.000	2016-04-15 10:20:00.000	高崎国际机场T4	双流国际机场T2	6	正点	波音738	A	2016013	周昊	男	36	电工	工程科
14	2	CA1322	广州	北京	2016-04-15 17:40:00.000	2016-04-15 20:20:00.000	新白云国际机场	首都国际机场T3	2	正点	空客A320	A	2016001	李一涵	女	23	信息员	信息部
15	2	CA1322	广州	北京	2016-04-15 17:40:00.000	2016-04-15 20:20:00.000	新白云国际机场	首都国际机场T3	2	正点	空客A320	A	2016002	郭小叶	女	24	信息员	信息部
16	2	CA1322	广州	北京	2016-04-15 17:40:00.000	2016-04-15 20:20:00.000	新白云国际机场	首都国际机场T3	2	正点	空客A320	A	2016003	刘枫	男	26	信息员	信息部

图 5-29　交叉连接产生的笛卡尔积结果

5.3.3　内连接

内连接是组合两个表的常用方法，是指把两个表中的数据通过相同的列，连接生成第 3 个表，仅包含那些满足连接条件的数据行。内连接分为等值连接、非等值连接和自然连接。

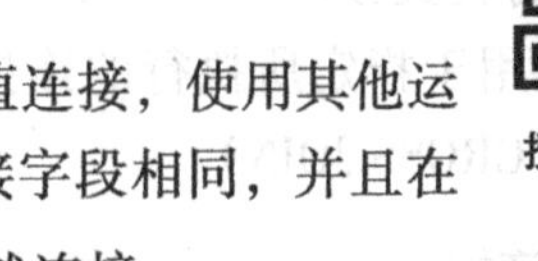

授课视频 5-17

当连接操作符为“ = ”时，称该连接操作称为等值连接，使用其他运算符的连接运算称为非等值连接。当等值连接中的连接字段相同，并且在 SELECT 语句中去除了重复字段时，称该连接操作为自然连接。

【例 5-31】 查询购买了机票的会员编号、姓名，预订票时间、发票号及发票金额。

分析： 会员编号、姓名保存在会员表 Users 中，购买机票的预订票时间、发票号及发票金额存储在票务表 Business 中，由于查询列来自不同的表，特别是会员编号列 Uno 在两个表中都有，因此，需要在 SELECT 子句中写明表名。

在“查询编辑器”窗口中输入如下语句：

```
USE minhang
GO
```

```
SELECT Users.Uno 会员编号, Tname 会员姓名, BookDate 预订时间, Ino 发票号, Tpri 金额
FROM Users INNER JOIN Business ON Users.Uno = Business.Uno
```

程序运行结果如图 5-30 所示。

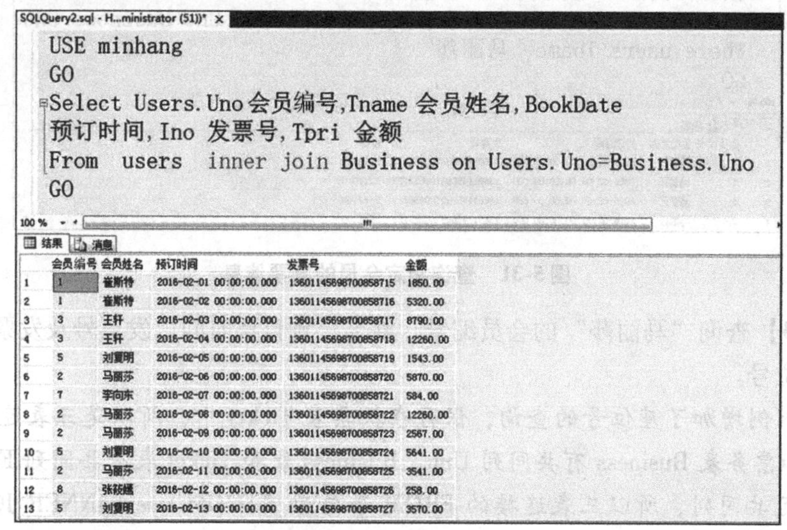

图 5-30　内连接查询

本程序的运行步骤如下：

1）在 Users 表中找到第 1 条记录，然后从头开始扫描 Business 表，从中找到与 Uno 值相同的记录，然后与 Users 表中的第 1 条记录拼接起来，形成查询结果中的第 1 条记录。继续扫描 Business 表，组合记录，直至扫描完成。

2）然后在 Users 表中找到第 2 条记录，然后再从头开始扫描 Business 表，从中找到与 Uno 值相同的记录，然后与 Users 表中的第 2 条记录拼接起来，形成查询结果中的第 2 条记录。

3）以此类推，直到处理完 Users 表中的所有记录。

4）按照 SELECT 子句的要求显示列表。

【例 5-32】 查询会员“马丽莎”的会员编号、姓名，预订票时间、发票号及发票金额。

分析： 会员姓名信息在会员表 Users 中，发票相关信息在票务表 Business 中，所以本例为两个表连接查询，连接条件是会员编号，过滤条件是会员姓名为“马丽莎”。

在“查询编辑器”窗口中输入如下语句：

```
USE minhang
GO
SELECT Users.Uno 会员编号, Tname 会员姓名, BookDate 预订时间, Ino 发票号, Tpri 金额
FROM Users INNER JOIN Business ON Users.Uno = Business.Uno
WHERE Users.Tname = '马丽莎'
GO
```

程序运行结果如图 5-31 所示。

```
USE minhang
GO
Select Users.Uno 会员编号,Tname 会员姓名,BookDate
预订时间,Ino 发票号,Tpri 金额
From  users  inner join Business on Users.Uno=Business.Uno
Where users.Tname='马丽莎'
GO
```

	会员编号	会员姓名	预订时间	发票号	金额
1	2	马丽莎	2016-02-06 00:00:00.000	13601145698700858720	5870.00
2	2	马丽莎	2016-02-08 00:00:00.000	13601145698700858722	12260.00
3	2	马丽莎	2016-02-09 00:00:00.000	13601145698700858723	2567.00
4	2	马丽莎	2016-02-11 00:00:00.000	13601145698700858725	3541.00

图 5-31　查询指定会员的发票信息

【例 5-33】查询“马丽莎”的会员编号、姓名、预订票时间、发票号及发票金额、机票的舱位、座位号。

分析：本例增加了座位号的查询，保存在机票表 Ticket 中，所以是三表连接查询。会员表 Users 和票务表 Business 有共同列 Uno，Business 表和 Ticket 表有共同列 Fno，Users 表和 Ticket 表无共同列，所以三表连接的 FROM 子句为“FROM Users INNER JOIN Business ON Users. Uno = Business. Uno INNER JOIN Ticket ON Ticket. Tno = Business. Tno”。

在“查询编辑器”窗口中输入如下语句：

```
USE minhang
GO
SELECT Users.Uno 会员编号, Tname 会员姓名, BookDate 预订时间, Ino 发票号, Tpri 金额,
seat 座位
FROM Users INNER JOIN Business ON Users.Uno = Business.Uno
         INNER JOIN Ticket ON Ticket.Tno  = Business.Tno
WHERE Users.Tname = '马丽莎'
GO
```

程序运行结果如图 5-32 所示。

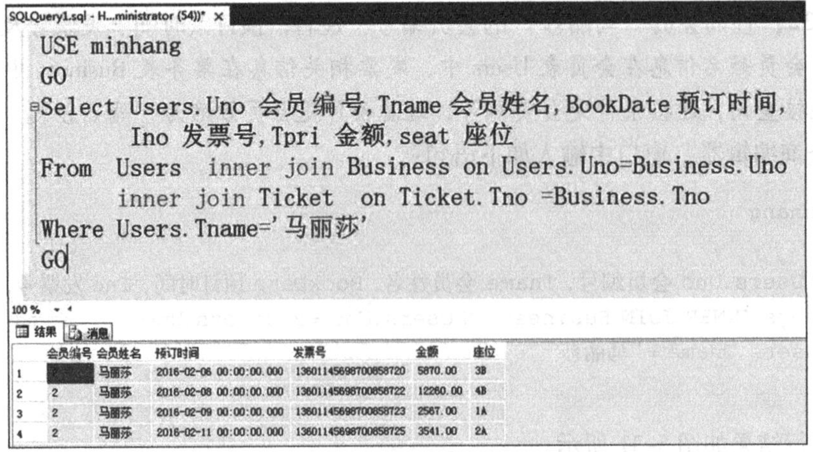

图 5-32　三表连接查询

以上语句也可以写成：

```
USE minhang
GO
SELECT U.Uno 会员编号, Tname 会员姓名, BookDate 预订时间, no 发票号, Tpri 金额, Cabin 舱位, seat 座位
FROM Users U INNER JOIN Business ON Users.Uno = Business.Uno
            INNER JOIN Ticket ON Ticket.Tno = Business.Tno
WHERE Users.Tname ='马丽莎'
GO
```

其中，"Users U"表示给 Users 表一个别名 U；这样可以简化代码书写。Tname 前不需要写表名，因为三表中只有 Users 表中有 Tname，对于在参与连接的多表中唯一的属性，列名前不需要加表名前缀。

说明：在多表查询中，SELECT 子句或 WHERE 子句中的必要的列名前都加上了表名作为前缀，这样可避免来自不同表中的相同属性名发生混淆。

5.3.4 外连接

在内连接中，只有在两个表中匹配的记录才能在结果集中出现。而在外连接中可以只限制一个表，而对另外一个表不加限制（即所有的行都出现在结果集中）。外连接分为左外连接、右外连接和全外连接。只包括左表的所有行，不包括右表的不匹配行的外连接称为左外连接；只包括右表的所有行，不包括左表的不匹配行的外连接称为右向外连接；既包括左表不匹配的行，也包括右表的不匹配的行的连接称为完整外部连接。

授课视频 5－18

1. 左外连接

左外连接的语法格式如下：

```
SELECT <选择列表>
FROM 左表名 LEFT [OUTER] JOIN 右表名
ON 连接条件
```

左外连接的结果集中包括左表（出现在 LEFT JOIN 子句的左边）中的所有行，不包括右表中的不匹配行。

【例 5-34】查询所有会员信息及发票信息、发票联系人、发票联系电话、发票联系地址情况，包括没有购票的会员。

分析：所有会员信息在会员表 Users 中，会员的购票信息在票务表 Business 中，可以使用左外连接把 Users 表中所有信息都显示出来，同时把购买了机票的会员的发票信息、发票联系人、发票联系电话、发票联系地址信息显示出来。

在"查询编辑器"窗口中输入如下语句：

```
USE minhang
GO
```

```
SELECT Users.*, Business.Iidentity_id, Iname, Itel, IAdd
FROM Users LEFT JOIN Business ON Users.Uno = Business.Uno
```

程序运行结果如图 5-33 所示，其中第 9、14、17～23 行记录的 Iidentity_id、Iname、Itel、IAdd 全部是 NULL，表明这些客户没有购买过机票。

HY\MYSQLSERVER....- dbo.Business　SQLQuery2.sql - H...ministrator (51))*

HY\MYSQLSERVER.minhang - dbo.Business

```
GO
SELECT  users.*, Business.Iidentity_id, Iname, itel, IAdd
FROM users LEFT JOIN Business on users.Uno = Business.Uno
```

100 %

结果　消息

	Uno	Uname	Upass	Tname	Usex	Utel	Umail	Uidentity_id	Mileage	Grade	Iidentity_id	Iname	Itel	IAdd
1	1	Cuisite	12345678	崔斯特	男	13907568077	Cuisite@hotmail.com	440101198201022543	32100	3	440101198201022543	崔斯特	13907568077	广州市白云区
2	1	Cuisite	12345678	崔斯特	男	13907568077	Cuisite@hotmail.com	440101198201022543	32100	3	440203198801032545	马丽莎	19545091912	广州市天河区
3	2	Marrisa	12345687	马丽莎	女	19545091912	Marrisa@hotmail.com	440203198801032545	31500	3	440611199101072553	慕容筱筱	15988624952	广州市越秀区
4	2	Marrisa	12345687	马丽莎	女	19545091912	Marrisa@hotmail.com	440203198801032545	31500	3	440815198201092557	张筱嫣	16895588826	广州市白云区
5	2	Marrisa	12345687	马丽莎	女	19545091912	Marrisa@hotmail.com	440203198801032545	31500	3	440917194801102559	刘贵生	18895269744	广州市天河区
6	2	Marrisa	12345687	马丽莎	女	19545091912	Marrisa@hotmail.com	440203198801032545	31500	3	441121198101122563	李慧珍	18986009530	桂林市花都区
7	3	Wangrx	12378945	王轩	男	13871092635	Wangrx@163.com	440305199501042547	55400	5	440305199501042547	王子轩	13871092635	广州市黄埔区
8	3	Wangrx	12378945	王轩	男	13871092635	Wangrx@163.com	440305199501042547	55400	5	440407197101052549	李明宇	13923569877	广州市花都区
9	4	Limingyu	12354788	李明宇	男	13923569877	Limingyu@yahoo.com	440407197101052549	44500	4	NULL	NULL	NULL	NULL
10	5	Liufum	59641384	刘夏明	男	15968792586	Liufum@163.com	440509198101062551	58400	5	440509198101062551	刘夏明	15968792586	广州市从化区
11	5	Liufum	59641384	刘夏明	男	15968792586	Liufum@163.com	440509198101062551	58400	5	441019196301112561	李雷	18986526489	广州市黄埔区
12	5	Liufum	59641384	刘夏明	男	15968792586	Liufum@163.com	440509198101062551	58400	5	441325197901142567	李贵	13565485856	广州市越秀区
13	5	Liufum	59641384	刘夏明	男	15968792586	Liufum@163.com	440509198101062551	58400	5	441427199101152569	韩梅梅	18988665598	广州市番禺区
14	6	Morexia	55922648	慕容筱筱	女	15988624952	Morexia@hotmail.com	440611199101072553	55400	5	NULL	NULL	NULL	NULL
15	7	ZxMao	12357954	李向东	男	16986362289	ZxMao@163.com	440713199001082555	55300	5	440713199001082555	李向东	16986362289	广州市番禺区
16	8	Zhangxy	98625478	张筱嫣	女	16895588826	Zhangxy@yahoo.com	440815198201092557	48000	4	441223197701132565	张国鑫	18599655789	上海市黄浦区
17	9	Liuguix	65599522	刘贵生	男	18895269744	Liuguix@126.com	440917194801102559	42200	4	NULL	NULL	NULL	NULL
18	10	Lilei	2258746	李雷	男	18986526489	Lilei@yahoo.com	441019196301112561	1200	1	NULL	NULL	NULL	NULL
19	11	Lihuiz	25025068	李慧珍	女	18986009530	Lihuiz@163.com	441121198101122563	5000	2	NULL	NULL	NULL	NULL
20	12	Zhanggf	7145689	张国鑫	男	18599655789	Zhanggf@126.com	441223197701132565	5300	2	NULL	NULL	NULL	NULL
21	13	Ligui	86868699	陈贵	男	13565485856	Ligui@tom.com	441325197901142567	42100	4	NULL	NULL	NULL	NULL
22	14	Manmm9	99988866	韩梅梅	女	18988665598	Manmm9@126.com	441427199101152569	1300	1	NULL	NULL	NULL	NULL
23	24	aizho...	65498712	胡润东	男	02086886988	NULL	440101199005125897	NULL	NULL	NULL	NULL	NULL	NULL

图 5-33　左外连接

2. 右外连接

授课视频 5－19

右外连接的语法格式如下：

```
SELECT <选择列表>
FROM 左表名 RIGHT [OUTER] JOIN 右表名
ON 连接条件
```

查询结果包括右表（出现在 RIGHT JOIN 子句的右边）中的所有行，不包括左表中的不匹配行。

【例 5-35】 查询航班所有座位的销售情况，包括没有销售的。

分析： 座位情况在机票表 Ticket 中，销售信息在票务表 Business 中，要将没有被销售机票座位也显示出来，可以使用 RIGHT JOIN 关键字，把 Ticket 表放在右边。

在“查询编辑器”窗口中输入如下语句：

```
USE minhang
GO
SELECT Uno 会员编号, Iname 乘客姓名, Itel 联系电话, IAdd 联系地址, Cabin 舱位, seat 座位
FROM Business RIGHT JOIN Ticket
ON Business.Tno = Ticket.Tno
GO
```

程序运行结果如图 5-34 所示，第 15 行以后的记录出现 NULL，表示该座位还没有被购买。

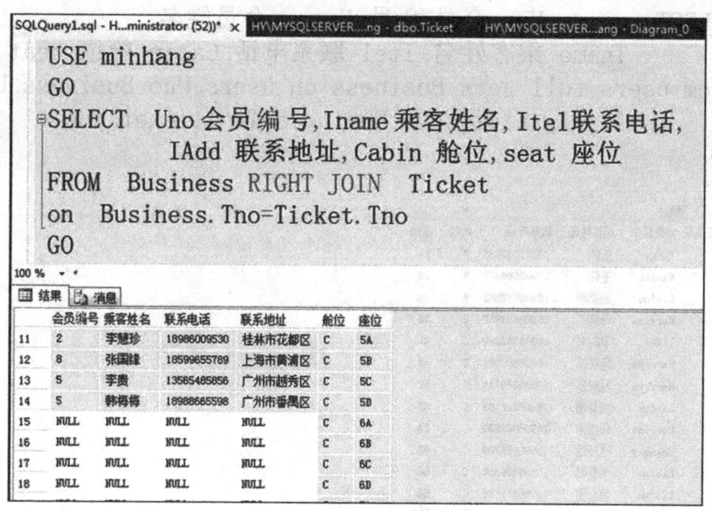

图 5-34　右外连接

3. 全外连接

全外连接的语法格式如下：

```
SELECT <选择列表>
FROM 左表名 FULL [OUTER] JOIN 右表名
ON 连接条件
```

授课视频 5－20

查询结果包括所有连接表中的所有记录，不论它们是否匹配。

【例 5-36】 使用全外连接查询会员和机票的购买情况，包括会员编号、会员姓名、乘客姓名、舱位、座位号。

分析： 把所有会员信息及座位信息都显示出来，包括没有购买机票的会员和没有被购买的座位。因此，可以使用全连接。

在“查询编辑器”窗口中输入如下语句：

```
USE minhang
GO
SELECT Users.Uno 会员编号, Uname 会员姓名, Tname 乘客姓名, Itel 联系电话, Cabin 舱位,
seat 座位
FROM Users FULL JOIN Business ON Users.Uno = Business.Uno
          FULL JOIN ticket ON Business.Tno = Ticket.Tno
GO
```

程序运行结果如图 5-35 所示。第 160 行以后的记录出现 NULL，表示这些座位还没有被销售，第 165 行以后的 NULL 表示这些会员没有购买过机票。

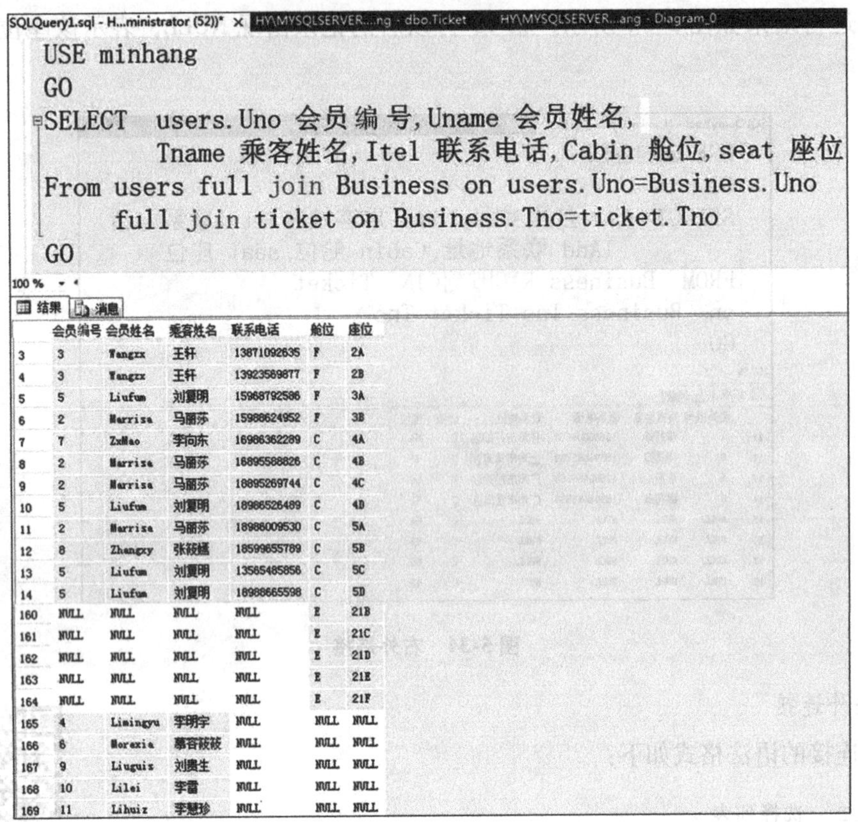

图 5-35　全外连接

5.4　嵌套查询

授课视频 5-21

在实际应用中，经常要用到多层查询。在 T-SQL 语句中，将一条 SELECT 语句作为另一条 SELECT 语句的一部分称为嵌套查询。外层的 SELECT 语句称为外部查询或父查询，内层的 SELECT 语句称为内部查询或子查询。嵌套查询的语法如下：

```
SELECT <语句>                    /* 外层查询或父查询 */
FROM <语句>
WHERE <表达式> IN
( SELECT <语句>                  /* 内层查询或子查询 */
  FROM <语句>
  WHERE <条件>
)
```

5.4.1　单值嵌套

单值嵌套就是通过子查询返回一个单一的数据。当子查询返回的是单值，可以使用 >、<、=、< =、> =、! =、< >、IN 或 LIKE 等比较运算符参加相关表达式的运算。

【例 5-37】查询第一次出现的 3U8869 次航班的座位情况。

分析：座位情况保存在机票表 Ticket 中，只有航班的顺序号 Fid，没有航班号 Fno（航班号可以被重复使用，只是一天内不重复，不能做主键）；航班号 Fno 保存在航班表 Flight 中，因此，可以利用嵌套查询原理。

在“查询编辑器”窗口中输入如下语句：

```
SELECT *
FROM Ticket
WHERE Fid = (SELECT TOP 1 Fid FROM Flight WHERE Fno = '3U8869')
```

程序运行结果如图 5-36 所示。

```
SELECT  *
FROM   Ticket
WHERE  fid = (SELECT top 1  fid  FROM  Flight  WHERE fno='3U8869')
```

100 %

结果　消息

	Tno	Cabin	seat	Tflag	Fid
1	1	F	1A	出售	1
2	2	F	1B	出售	1
3	3	F	2A	出售	1
4	4	F	2B	出售	1
5	5	F	3A	出售	1
6	6	F	3B	出售	1
7	7	C	4A	退票	1
8	8	C	4B	出售	1
9	9	C	4C	出售	1
10	10	C	4D	出售	1
11	11	C	5A	出售	1
12	12	C	5B	退票	1

图 5-36　单值嵌套

5.4.2　多值嵌套

子查询的返回结果是一列值的嵌套查询称为多值嵌套查询。多值嵌套查询经常使用 IN 操作符，其语法格式如下：

<表达式> [NOT] IN (子查询)

【例 5-38】查询所有的 3U8869 次航班的座位情况。

分析：座位情况保存在机票表 Ticket 中，只有航班的顺序号 Fid，没有航班号 Fno；航班号 Fno 保存在航班表 Flight 中，多次出现，会有多个航班的顺序号 Fid，因此，可以将例 5-37 修改一下。

在“查询编辑器”窗口中输入如下语句：

```
SELECT   *
FROM Ticket
WHERE Fid IN (SELECT Fid FROM Flight WHERE Fno = '3U8869')
```

程序运行结果如图 5-37 所示。

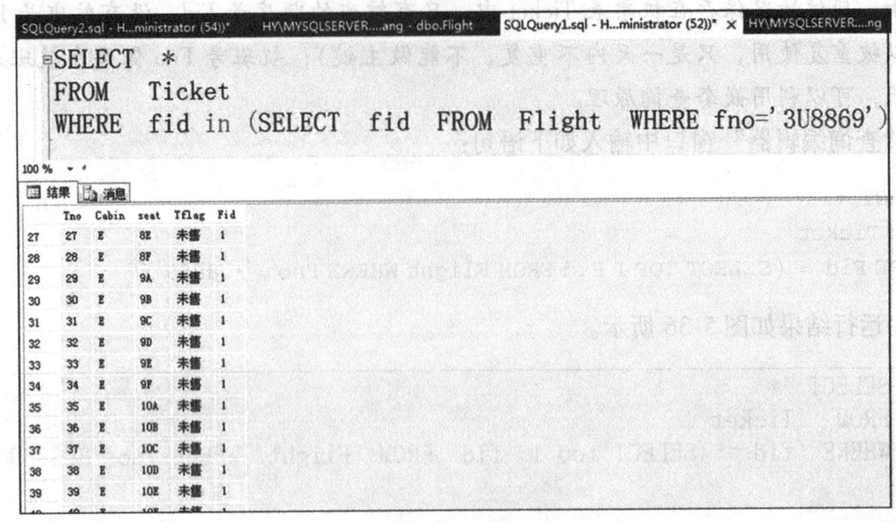

图 5-37　多值嵌套查询

实践训练

【实践目的】

1. 掌握 SELECT 语句的语法格式。
2. 掌握单表查询和多表连接查询。
3. 了解相关子查询，掌握不相关子查询。

【实践内容】

在销售管理数据库 Sale 中完成下列查询操作：

1. 查询每个员工的姓名和性别，并在每人的姓名标题上显示“员工姓名”。
2. 从客户表 Customer 中检索所有的客户的公司名称、联系人姓名、地址。只要求显示前 5% 客户信息。
3. 查询所有员工的工资在提高 10% 后的信息，将提高后的工资列标题为“提高后工资”。
4. 使用 INTO 子句创建一个包含员工姓名和工资，并命名为 new_employee 的新表。
5. 找出所有不姓“李”的员工信息。
6. 在员工表 Employee 中，查询工资在 3400 元以下的女性员工姓名和工资信息。
7. 在销售订单表 Sell_Order 中，查询员工编号为 1、5 和 7 的员工接受订单信息。
8. 查询所有工资在 3000 元至 3500 元之间的员工的姓名和雇佣日期，并按雇佣日期的先后排列。
9. 查找目前有哪些主管位置为不空。
10. 统计公司有多少名员工。
11. 按工资降序显示员工的姓名和工资，工资相同时按姓名升序排序 。
12. 查询男女员工的平均工资。

13. 在销售表 Sell_Order 中，统计目前各种商品的订单总数。

14. 在销售表 Sell_Order 中，查询目前订单中订购总数量超过1000 的商品编号及订购总数量。

15. 查询员工表 Employee 中部门编号为 1 的各员工工资信息，并计算平均工资。

16. 查询每一种商品的订购情况，列出商品名称及订货数量总计。

17. 查询已订购了商品的公司名称、联系人姓名和所订购的商品名称和数量。

18. 查询所有订购了“墨盒”的公司名称和联系方式。

19. 查找订购了“路由器”的客户订购的全部产品的信息。

20. 如果销售订单表 Sell_Order 中订单的订购数量超过1000，则显示顾客表 Customer 中的客户信息。

21. 查询客户和商品的订购信息，包括客户名称、联系人姓名、订购的商品名称、订购的数量和订购日期。

22. 查询工资超过平均水平的员工的姓名。

23. 查询年龄最大的员工的姓名及所在部门。

24. 查询订购牛奶的客户的名称和联系地址。

习题 5

一、判断题

1. LIKE 关键字是一个匹配运算符，它与字符串表达式相匹配，字符串表达式由字符串和通配符组成，其中星号（*）与零个或多个任意字符相匹配。　（　）
2. LIKE 关键字是一个匹配运算符，它与字符串表达式相匹配，字符串表达式由字符串和通配符组成，其中下划线（_）表示与任意单个字符相匹配。　（　）
3. 在查询语句中，判断某列的值是否为空值，不能使用比较运算符等于号（=）或不等号（< >、! =），而只能使用专门用于判断空值的子句来实现。　（　）
4. 当一个表定义了别名后，列名前要求冠以此表名的，在本语句中都得使用其表名，不得再使用原表名。　（　）
5. 在 BETWEEN 子句的语法中，下限值必须大于上限值。　（　）

二、选择题

1. 假定 Num 是 int 数据类型，下列条件表达式，符合语法要求的是（　）。

   A. Num > ='10'　　B. Num < ='100'

   C. Num BETWEEN 10 AND 100　　D. Num BETWEEN 100 AND 10

2. 要查找书名表 bookname 中含汉字“数据”的书名，不正确的条件表达式是（　）。

   A. bookname LIKE '% [数据]% '　　B. bookname LIKE '%数据%'

   C. bookname LIKE '% [数] 据%'　　D. bookname LIKE '%[数][据]% '

3. 与条件表达式 Num NOT BETWEEN 10 AND 100 等价的条件表达式是（　）。

   A. Num > =0 AND Num < =100　　B. Num > =0 OR Num < =100

   C. Num <0 AND Num >100　　D. Num <0 OR Num >100

三、多项选择题

1. 可以当作主查询的语句有（　　）。

A. SELECT 语句　　B. INSERT 语句

C. UPDATE 语句　　D. DELETE 语句

2. LIKE 短语中可以包含的通配符有（　　）。

A. 下划线（_）　　B. 百分号（%）

C. 问号（?）　　D. 星号（*）

3. ORDER 子句中的关键字包含（　　）。

A. ASC，表示按列值从大到小的降序排列

B. ASC，表示按列值从小到大的升序排列

C. DESC，表示按列值从大到小的降序排列

D. DESC，表示按列值从小到大的升序排列

四、填空题

1. 判断列名 tel 为空值的语句为________。

2. 当使用子查询进行比较测试时，要求子查询语句返回的值是________。

3. 多表连接查询，又分为自连接、________和________三种。

4. 在查询语句中，GROUP BY 子句实现________功能，ORDER BY 子句实现对结果表的________功能。

项目六　订票管理的数据库编程应用

知识目标

理解并掌握 SQL Server 变量；掌握 SQL Server 函数的使用方法；了解流程控制语句的概念；掌握顺序结构、选择结构和循环结构。

技能目标

会使用 T-SQL 语言对数据库进行应用编程，以提供数据库应用系统的开发能力。

6.1　T-SQL 语言

T-SQL 语言是熟练使用 SQL Server 的核心。在 SQL Server 2014 中，与实例通信的所有应用程序都通过将 T-SQL 语句发送到服务器，实现数据的检索、操纵和控制等功能。因此，T-SQL 是 SQL Server 与应用程序之间的语言，是 SQL Server 的应用程序开发接口。

用 T-SQL 语言编写程序一般包括常量、变量、表达式、函数、流程控制语句、事务和游标等内容。下面将分别对这些组成部分进行介绍。

6.1.1　T-SQL 语言的分类

T-SQL 语言分为 5 类，具体说明如下。

1）数据定义语言（Data Definition Language，DDL）：用来创建数据库和数据库对象，如 CREATE（创建）、ALTER（修改）、DROP（删除）等。

2）数据操作语言（Data Manipulation Language，DML）：用来操作数据库中各种对象，对数据进行修改和检索，如 SELECT（查询）、INSERT（插入）、UPDATE（更新）、DELETE（删除）等。

3）数据控制语言（Data Control Language，DCL）：用来控制数据库组件的存取许可、权限等，如 GRANT（授权）、REVOKE（取消授权）等。

4）事务控制语言（Transaction Control Language，TCL）：用来管理数据库中的事务，如 SAVEPOINT（设置保存点）、ROLLBACK（回滚）、SET TRANSACTION（事务）等。

5）其他语言元素：如标识符、数据类型、流程控制和函数等。

6.1.2　T-SQL 语言的语法

1. T-SQL 语言的语法格式约定

T-SQL 语言的语法格式约定见表 6-1。

表 6-1　T-SQL 语言的语法格式约定

语法约定	说　明
大写	T-SQL 关键字
斜体	用户提供的 T-SQL 语法的参数
粗体	数据库名、表名、列名、索引名、存储过程、实用工具、数据类型名以及必须按所显示的原样键入的文本
_（下划线）	当语句中省略了包含带下划线的值的子句时应用的默认值
|（竖线）	分隔括号或大括号中的语法项，只能选择其中一项
[ ]（方括号）	可选语法项，注意不要键入方括号
{ }（大括号）	必选语法项，注意不要键入大括号
[, …n]	指示前面的项可以重复 n 次，每一项由逗号分隔
[…n]	指示前面的项可以重复 n 次，每一项由空格分隔
[;]	可选的 T-SQL 语句终止符，注意不要键入方括号
<标签> : : =	语法块的名称。此约定用于对可在语句中的多个位置使用的过长语法段或语法单元进行分组和标记

2. 标识符

标识符就是指用来定义服务器、数据库、数据库对象和变量等的名称。可分为常规标识符和分隔标识符。SQL Server 为对象标识符提供了一系列标准的命名规则：

1）第一个字符必须是字母、下划线（_）、at 符号（@）和数字标记（#）。

2）在第一个字符后可以是字母、来自基本拉丁字母或其他国家/地区脚本的十进制数字、美元符号（$）、下划线（_）、at 符号（@）和数字标记（#）。

3）标识符不能是 T-SQL 的保留字。

4）不允许嵌入空格或其他特殊字符。

5）包含的字符数必须在 1 ~ 128 之间。

3. 续行

在很多情况下，T-SQL 语句都写得很长，可以将一条语句放在多行中进行编写，T-SQL 语言会忽略空格和行尾的换行符号，这样数据开发人员不需要使用特殊的符号就可以编写长达数行的 T-SQL 语句，显著地提高了可读性。

例如，以下的 SELECT 语句：

```
SELECT cabin 舱位, seat 座位号
FROM Ticket
WHERE Tno IN ( SELECT Tno
               FROM Business
               WHERE Bno = ( SELECT Bno
                             FROM Users
                             WHERE Tname = '马莎丽')
               )
GO
```

以上的SELECT语句可以使用一行来表达，也可以使用多行。

4. 注释

在T-SQL语言中，注释语句有"--"和"/*…*/"两种表示方法。

（1）嵌入行内的注释语句

使用"--"可以创建单行文本注释语句。

【例6-1】单行文本注释示例。

在"查询编辑器"窗口中输入如下语句：

```
--查询会员信息
SELECT * FROM Users
```

（2）块注释语句

在注释文本的起始处输入"/*"，在注释语句的结束处输入"*/"，就可以使两个符号间的所有字符成为注释语句，从而可以创建包含多行的块注释语句。

> **注意**："/*"和"*/"一定要配套使用，否则将会出现错误，并且"/"必须和"*"连在一起，中间不能出现空格。

【例6-2】块注释示例。

在"查询编辑器"窗口中输入如下语句：

```
SELECT Tname 真实姓名,Utel 联系电话
FROM Users
/* WHERE Uno IN (SELECT Uno FROM Business) */
```

其中，WHERE子句被注释，不再起作用。

5. 批处理

批处理是由一条或多条T-SQL语句构成的。SQL Server 2014从批中读取所有语句，并把它们编译成可执行的单元（执行计划），然后一次执行计划中的所有语句，这里使用关键字GO结束批处理。

【例6-3】打印自定义变量。

在"查询编辑器"窗口中输入如下语句：

```
DECLARE @aa int
SELECT @aa =10
PRINT @aa
GO
```

GO各语句的含义将在后面再做介绍。

6.1.3 常量

常量也称为文字值或标量值，是表示一个特定数据值的符号。常量的格式取决于它所表示值的数据类型。根据值的不同类型，可以将常量分为以下几种：

授课视频6－1

1）字符串（Character String）常量。一般用单引号括起来，包含字母、数字和特殊字符，如 '!'、'@'、'#' 等。字符常量如果大于 8000 个字节，将被类型化为 varchar（max）数据。

2）统一字符编码（Unicode）字符串常量。格式与普通字符串相似，但前面有一个大写的 N 标识符（代表 SQL-92 标准中的区域语言），采用双字节对字符进行编码。例如，'Michel' 是字符串常量，而 N 'Michel' 是 Unicode 字符串常量。

3）二进制（Binary）常量。具有前辍 0x 并且是十六进制数字字符串，注意不用单引号括起来，如 0xAE、0x12Ef、0x69048AEFDD010E 等。二进制常量大于 8000 个字节，将被类型化为 varbinary(max）数据。

4）位（Bit）常量。由数字 0 或 1 组成，如果使用大于 1 的数字，则该数字将转换为 1。

5）日期（Datetime）常量。用单引号括起来表示日期值，如 'December 5，1985'、'851205'、'12/5/98'、'14:30:24'、'04:24 PM'。

6）整数（Integer）常量。整数值，注意不用单引号括起来，如 125、876。

7）十进制（Decimal）常量。包含小数点的数字字符串，注意不用单引号括起来，如 3.25、-0.7。

8）浮点数（Float）常量和实际（Real）常量。使用科学计数法表示的数值，如 101.5E+5、0.5E-2。

9）货币（Money）常量。带有可选小数点和可选的货币符号作为前缀的数字字符串，注意不用单引号括起来，如 $12 、$542023.14。

10）唯一标识符（Unique Identifier）常量。可以使用字符或二进制字符串格式指定，如 '6F9619FF-8B86-D011-B42D-00C04FC964FF' 、0xff19966f868b11d0b42d00c04fc964ff。

6.1.4 变量

授课视频 6-2

变量在编程中占有重要的地位。利用变量可以存储临时性数据。SQL Server 2014 提供两种变量：用户自己定义的局部变量和系统提供的全局变量。

1. 局部变量

用户自己定义的变量称为局部变量。局部变量用于保存特定类型的单个数据值的对象。

（1）局部变量的定义

定义局部变量的格式如下：

```
DECLARE 局部变量名 数据类型 [ , …n]
```

其中，局部变量名必须以@开头，以与全局变量区别开。局部变量名必须符合有关标识符的规则。用一个 DECLARE 语句可以同时声明多个变量，变量之间用逗号进行分隔。

【例 6-4】 定义一个整型变量。

在“查询编辑器”窗口中输入如下语句：

```
DECLARE @Number int
```

【例 6-5】 定义三个 varchar 类型变量和一个整型变量。

在“查询编辑器”窗口中输入如下语句：

```
/* 定义可变长度字符型变量@name,长度为8,
可变长度的字符型变量@sex,长度为2,
小整型变量@age
可变长度的字符型变量@address,长度为50 */
DECLARE @name varchar(8), @sex varchar(2), @age smallint
DECLARE @address varchar(50)
```

(2) 局部变量的赋值

用 SET 或 SELECT 语句为局部变量赋值，其语法格式如下：

```
SET @局部变量名 = 表达式[, …n]
SELECT @局部变量名 = 表达式[, …n] [FROM 子句] [WHERE 子句]
```

其中，使用 SELECT 语句给变量赋值时，如果省略了 FROM 子句和 WHERE 子句，就等同于 SET 语句赋值。如果有 FROM 子句和 WHERE 子句，若 SELECT 语句返回多个值，则将返回的最后一个值赋给局部变量。

【例 6-6】打印"航班号"。

在"查询编辑器"窗口中输入如下语句：

```
DECLARE @fno varchar(10)         /* 定义可变长度字符型的变量 */
SELECT @fno = '3U8869'           /* 给@fno 赋值 */
PRINT '本次航班号:' + @fno       /* 显示@fno 的内容 */
GO                               /* 批处理结束 */
```

程序运行结果如图 6-1 所示。

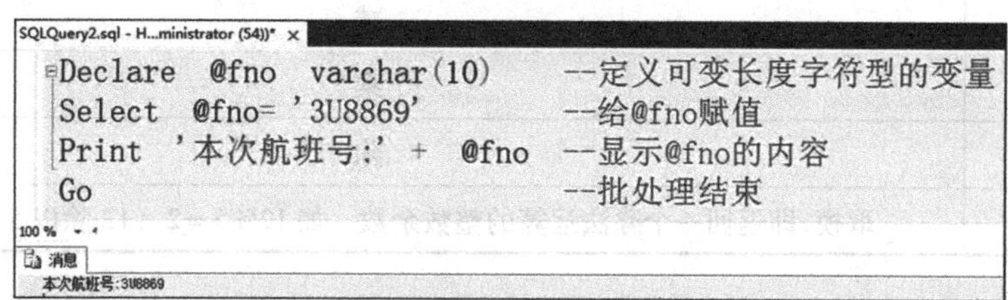

图 6-1　打印"航班号"

【例 6-7】以消息的形式返回 minhang 数据库中的会员人数。

分析：以消息的形式就是使用 PRINT 语句。利用 SELECT 语句查询出会员人数，然后赋值给一个变量，最后用 PRINT 语句把变量打印出来。

在"查询编辑器"窗口中输入如下语句：

```
USE minhang
GO
DECLARE @Number int
SELECT @Number = Count(*) FROM Users
PRINT '会员总人数为:'
PRINT @Number
GO
```

程序运行结果如图 6-2 所示。

2. 全局变量

全局变量是由系统定义和维护的变量，用于记录服务器活动状态的一组数据。全局变量名由@@符号开始。用户不能建立全局变量，也不可能使用 SET 语句去修改全局变量的值。在 SQL Server 2014 中，全局变量以系统函数的形式在使用。

例如，@@version 全局变量将返回当前 SQL Server 服务器的版本和处理器类型，@@language 全局变量将返回当前 SQL Server 服务器的语言。

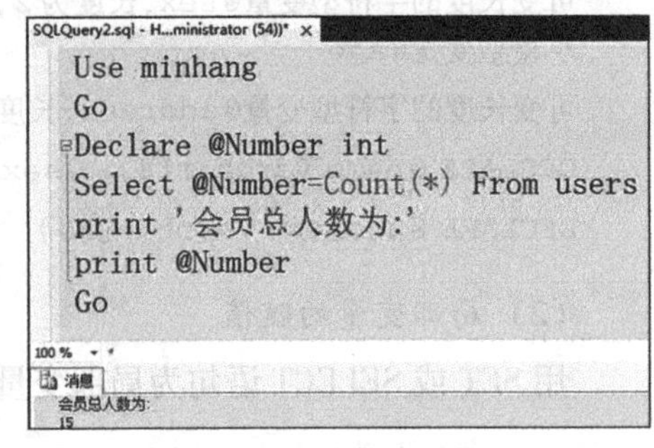

```
Use minhang
Go
Declare @Number int
Select @Number=Count(*) From users
print '会员总人数为:'
print @Number
Go
```


图 6-2　查询会员总人数

6.1.5　表达式和运算符

表达式是标识符、值和运算符的组合。

1. 算术运算符

算术运算符用于两个表达式执行数学运算，这两个表达式可以是数值数据类型类别的一个或多个数据类型，见表 6-2。

表 6-2　算术运算符

运算符	含义
+	加
-	减
*	乘
/	除
%	取模，即返回一个除法运算的整数余数，如 12%5 =2（12 除以 5 余数为 2）

2. 赋值运算符

等号(=)是唯一的 T-SQL 语言中的赋值运算符。

例如，例 6-7 中 SELECT 语句的赋值。

3. 位运算符

位运算符用于在两个表达式之间执行位操作，这两个表达式可以为整数数据类型类别中的任何数据类型，见表 6-3。

表 6-3　位运算符

运算符	含　义
&	位与(两个操作数)
|	位或(两个操作数)
^	位异或(两个操作数)

4. 比较运算符

比较运算符用于测试两个表达式是否相同，见表6-4。除了 text、next 和 image 数据类型的表达式外，比较运算符可以用于所有的表达式。比较运算符的结果有 3 个值：TRUE（真）、FALSE（假）和 UNKNOWN（未知）。

表 6-4　比较运算符

运算符	含　义
=	等于
>	大于
<	小于
> =	大于或等于
< =	小于或等于
< >	不等于
! =	不等于(非 SQL-92 标准)
! <	不小于(非 SQL-92 标准)
! >	不大于(非 SQL-92 标准)

5. 逻辑运算符

逻辑运算符用于对某些条件进行测试，以获得其真实情况，见表 6-5。逻辑运算符和比较运算符一样，返回 TRUE 或 FALSE 值。

表 6-5　逻辑运算符

运算符	含　义
ALL	如果一组的比较都为 TRUE，那么就为 TRUE
AND	如果两个布尔表达式都为 TRUE，那么就为 TRUE
ANY	如果一组的比较中任何一个为 TRUE，那么就为 TRUE
BETWEEN	如果操作数在某个范围之内，那么就为 TRUE
EXISTS	如果子查询包含一些行，那么就为 TRUE
IN	如果操作数等于表达式列表中的一个，那么就为 TRUE
LIKE	如果操作数与一种模式相匹配，那么就为 TRUE
NOT	对任何其他布尔运算符的值取反
OR	如果两个布尔表达式中的一个为 TRUE，那么就为 TRUE
SOME	如果在一组比较中，有些为 TRUE，那么就为 TRUE

6. 字符串串联运算符

加号(+)是字符串串联运算符，将字符串串联起来。例如，'信息部公告长：'+ '叶漓江'的结果就是'信息部公告长：叶漓江'。

7. 一元运算符

一元运算符只对一个表达式执行操作，该表达式可以是 numeric 数据类型类别中的任何一种数据类型，见表 6-6。

表 6-6　一元运算符

运算符	含　义
+	数值为正
-	数值为负
~	返回数字的非

8. 运算符的优先级

当一个复杂的表达式有多个运算符时，由运算符优先级决定运算的先后顺序，在较低级别的运算符之前先对较高级别的运算符进行求值。运算符的优先级别见表 6-7。

表 6-7　运算符优先级

级　别	运算符
1	~（位非）
2	*（乘）、/（除）、%（取模）
3	+（正）、-（负）、+（加）、(+ 连接)、-（减）、&（位与）
4	=、>、<、>=、<=、<>、!=、!>、!<（比较运算符）
5	^（位异或）、|（位或）
6	NOT
7	AND
8	ALL、ANY、BETWEEN、IN、LIKE、OR、SOME
9	=（赋值）

6.2　流程控制语句

授课视频 6-3

流程控制语句主要用于控制程序的顺序。下面逐个介绍 SQL Server 2014 提供的流程控制语句。

1. BEGIN…END 语句

BEGIN…END 语句用于将多个 T-SQL 语句组合为一个逻辑块，相当于一个单一语句，达到一起执行的目的。其语法格式如下：

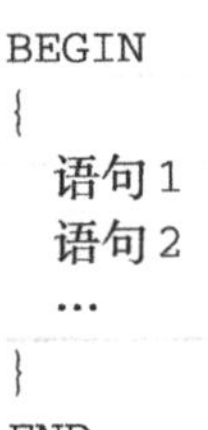

```
BEGIN
{
  语句 1
  语句 2
  …
}
END
```

SQL Server 2014 允许 BEGIN…END 语句嵌套使用。

2. IF…ELSE 语句

IF…ELSE 语句实现程序选择结构。其语法格式如下：

```
IF 逻辑表达式
{ 语句块 1 }
[ELSE
{ 语句块 2 }
]
```

其中，语句块可以是单个语句或语句组。

IF…ELSE 语句的执行过程如下：如果逻辑表达式的值为 TRUE，执行语句块 1；如果有 ELSE 语句，且逻辑表达式的值为 FALSE，则执行语句块 2。在 SQL Server 2014 中允许嵌套使用 IF…ELSE 语句。

【例 6-8】 查询会员的购买机票的平均金额是否超过 6000 元，并显示相关信息。

分析： 可以首先定义一个局部变量@ avg_pri 来保存购买机票的平均金额，然后将查询结果@ avg_pri 与 6000 进行比较，再显示比较结果。

在“查询编辑器”窗口中输入如下语句：

```
USE minhang
GO
DECLARE @avg_pri float
SELECT @avg_pri =avg(Tpri) FROM Business
PRINT '购买机票平均金额为:'
PRINT  @avg_pri
IF @avg_pri >6000
PRINT '购买机票平均金额超过 6000 元'
ELSE
PRINT '购买机票平均金额不超过 6000 元'
GO
```

```
Use minhang
Go
Declare @avg_pri float
Select @avg_pri =avg(Tpri) From Business
print '购买机票平均金额为：'
print  @avg_pri
If @avg_pri>6000
    Print '购买机票平均金额超过6000元'
Else
    Print '购买机票平均金额不超过6000元'
Go

购买机票平均金额为:
4621.71
购买机票平均金额不超过6000元
```

图 6-3　查询购买机票的平均金额结果

程序运行结果如图 6-3 所示。

3. WHILE 语句、CONTINUE 语句和 BREAK 语句

WHILE 语句用于实现循环结构。如果指定的条件为真，就重复执行语句块，直到逻辑表达式为假。其语法格式如下：

授课视频 6-4

```
WHILE 逻辑表达式
  BEGIN
        语句块 1
         [CONTINUE]
         [BREAK]
         语句块 2
END
```

其中各参数说明如下。

BREAK：无条件地退出 WHILE 循环。

CONTINUE：结束本次循环，进入下次循环，忽略 CONTINUE 后面的任何语句。

【例 6-9】 计算并输出 1 +2 +3 +⋯ +100 的和。

在“查询编辑器”窗口中输入如下语句：

```
DECLARE @i int,@sum int
SELECT @sum=0
SELECT @i=1
WHILE @i<=100
    BEGIN
       SET @sum= @sum+ @i
       SET @i= @i+1
END
PRINT @sum
```

程序运行结果为5050。

【例6-10】求1～100之间的奇数和。

在“查询编辑器”窗口中输入如下语句：

```
DECLARE @i int,@sum int
SELECT @sum=0
SELECT @i=1
WHILE @i>=0
    BEGIN
        SET @i=@i+1
        IF @i>100
            BEGIN
            SELECT '1-100之间的奇数和'=@sum
            BREAK
            IF(@i%2)=0
                CONTINUE
            ELSE
                SELECT @sum=@sum+@i
    END
```

程序运行结果为2499。

4. GOTO语句

GOTO语句用于让执行流程跳转到T-SQL语句中的指定标签处，即跳过GOTO之后的语句，在标签处继续执行。其语法格式如下：

```
GOTO 标签名
     语句组1
标签名:
     语句组2
```

当程序执行到GOTO语句时，直接跳到定义的标签名处，执行语句组2，而忽略语句组1。

【例6-11】利用GOTO语句，求5!（阶乘）。

在“查询编辑器”窗口中输入如下语句：

```
DECLARE @i int, @jc int
SELECT @jc =1
SELECT @i =1
Lable1:
    SET @jc = @jc * @i
    SET @i = @i +1
    IF @i < =5
        GOTO Lable1
SELECT '5 的阶乘' = @jc
```

程序运行结果为120。

5. RETURN 语句

RETURN 语句实现从查询或过程中无条件退出的功能，即 RETURN 之后的语句是不执行的。其语法格式如下：

```
RETURN [整数表达式]
```

6. WAITFOR 语句

WAITFOR 语句实现语句延缓一段时间或延迟到某特定的时间执行。其语法格式如下：

```
WAITFOR { DELAY 'time' | TIME 'time' }
```

其中各参数说明如下。

DELAY：指示一直等到指定的时间过去，最长可达24h。

'time'：要等待的时间。可以按 datetime 数据可接受的格式指定 time，也可以用局部变量指定此参数。

TIME：指示 SQL Server 等待到指定时间。

【例6-12】等待40s后执行查询语句。

在“查询编辑器”窗口中输入如下语句：

```
WAITFOR DELAY '00:00:40'
SELECT * FROM Users
```

【例6-13】等到16:33后才执行查询语句。

在“查询编辑器”窗口中输入如下语句：

```
WAITFOR TIME '16:33:00'
SELECT * FROM Users
```

7. PRINT 语句

PRINT 语句用于向客户端返回用户信息。其语法格式如下：

```
PRINT 字符串 | 变量 | 字符串的表达式
```

说明：PRINT 语句只允许显示常量、表达式或变量，不允许显示列名。

【例6-14】查询2016-03-05是否有会员购买机票。

分析： 会员购买机票的信息保存在票务表 Business 中，但该表中没有会员名称，只有会员编号，所以利用嵌套查询，先从 Business 表中查询出 2016-03-05 购买机票的会员编号，然后从会员表 Users 中查询该会员的会员姓名。

在“查询编辑器”窗口中输入如下语句：

```
IF EXISTS(SELECT *
FROM Users
WHERE Uno IN (SELECT Uno
FROM Business
WHERE saledate = '2016-03-05')
)
PRINT '2016-03-05 有会员购买机票'
ELSE
PRINT '2016-03-05 没有会员购买机票'
```

程序运行结果如图 6-4 所示。

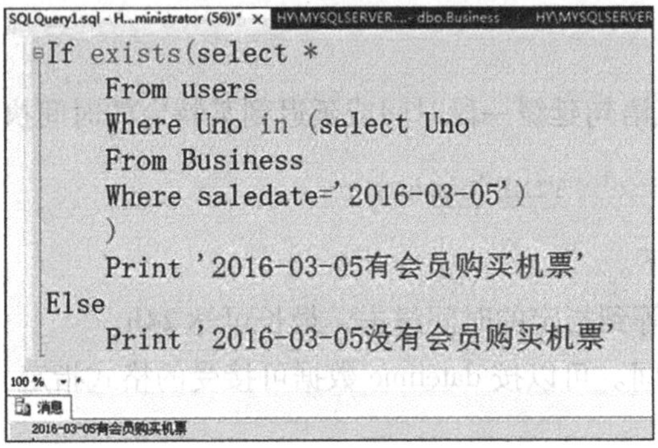

```
SQLQuery1.sql - H...ministrator (56))*   HY\MYSQLSERVER....- dbo.Business   HY\MYSQLSERVER
If exists(select *
    From users
    Where Uno in (select Uno
    From Business
    Where saledate='2016-03-05')
    )
    Print '2016-03-05有会员购买机票'
Else
    Print '2016-03-05没有会员购买机票'
100 %
消息
2016-03-05有会员购买机票
```

图 6-4　查询 2016-03-05 是否有会员购买机票

8. CASE 表达式

CASE 表达式用于实现程序的多分支结构。虽然使用 IF…ELSE 语句也能够实现多分支结构，但是使用 CASE 表达式的程序可读性更强。在 SQL Server 2014 中，CASE 表达式有以下两种格式。

(1) 简单 CASE 表达式

计算条件列表并返回多个可能结果表达式之一。其语法格式如下：

```
CASE 输入表达式
   WHEN 表达式 1 THEN 结果表达式 1
   WHEN 表达式 2 THEN 结果表达式 2
   [...n]
   [ELSE 其他结果表达式]
END
```

简单 CASE 表达式的执行过程是将输入表达式与各 WHEN 子句后面的表达式比较，如果相等，则返回对应的结果表达式的值，然后跳出 CASE 语句，不再执行后面的语句；如果没有

WHEN 子句后面与输入表达式相等的表达式，则返回 ELSE 子句后面的其他结果表达式的值。

【例 6-15】查询每种舱位代码对应的舱位含义。

分析：舱位代码在舱位定价表 Price 中，该表中的 cabin 是舱位代码信息，里面是数字 F、C、Y，要通过头等舱、公务舱、经济舱显示，可以使用 CASE 语句判断，当 cabin 的值是 F 时，显示“头等舱”，当 cabin 的值是 C 时，显示“公务舱”，当 cabin 的值是 Y 时，显示“经济舱”。

在“查询编辑器”窗口中输入如下语句：

```
USE minhang
GO
SELECT pri 价格, discount 折扣, 舱位 =
CASE cabin
    WHEN 'F' THEN '头等舱'
    WHEN 'C' THEN '公务舱'
    WHEN 'Y' THEN '经济舱'
END
FROM Price
```

程序运行结果如图 6-5 所示。

（2）搜索类型的 CASE 语句

搜索类型的 CASE 语句的语法格式如下：

```
CASE
  WHEN 逻辑表达式 1   THEN 结果表达式 1
  WHEN 逻辑表达式 2   THEN 结果表达式 2
  [...n]
  [ELSE 其他结果表达式]
END
```

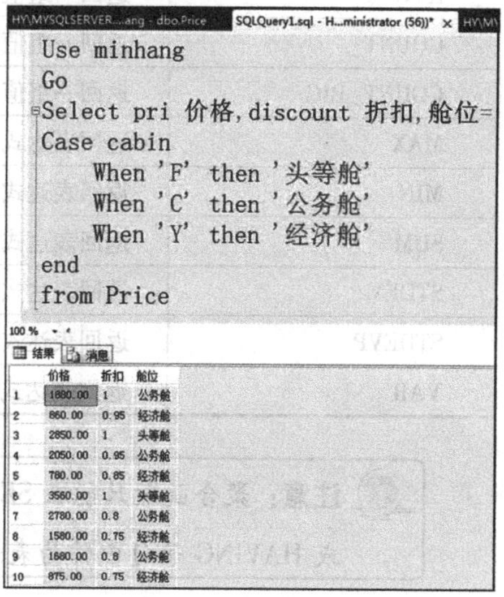

图 6-5　查询每种舱位代码对应的舱位含义

搜索类型的 CASE 语句的执行过程是先计算第一个 WHEN 子句后面的逻辑表达式 1 的值，如果值为真，则 CASE 表达式的值为结果表达式 1 的值；如果为假，则按顺序计算 WHEN 子句后面的逻辑表达式的值，返回计算结果为 TRUE 的第一个逻辑表达式对应的结果表达式的值。在逻辑表达式的计算结果都不为 TRUE 的情况下，如果指定了 ELSE 子句，则返回其他结果表达式的值，如果没有指定的 ELSE 子句，则返回 NULL。

【例 6-16】使用搜索类型的 CASE 语句完成例 6-15。

在“查询编辑器”窗口中输入如下语句：

```
USE minhang
GO
SELECT pri 价格, discount 折扣, 舱位 =
CASE
```

```
        WHEN cabin ='F' THEN' 头等舱 '
        WHEN cabin ='C' THEN' 公务舱 '
        WHEN cabin ='Y' THEN' 经济舱 '
    END
    FROM Price
```

6.3　函数

在 T-SQL 语言中提供了丰富的函数。函数可分系统定义函数和用户定义函数。本节将介绍聚合函数、数学函数、字符串函数、日期时间函数、系统函数等最常见的系统定义函数。

6.3.1　聚合函数

聚合函数用于对一组数据执行某种计算并返回一个结果，经常在 SELECT 语句的 GROUP BY 子句中使用。常用的聚合函数见表 6-8。

表 6-8　常用的聚合函数

函数名	功　能
AVG	返回一组值的平均值
COUNT	返回一组值中项目的数量（返回值为 int 类型）
COUNT_BIG	返回一组值中项目的数量（返回值为 bigint 类型）
MAX	返回表达式或者项目中的最大值
MIN	返回表达式或者项目中的最小值
SUM	返回表达式中所有项的和，或者只返回 DISTINCT 值，只能用于数字列
STDEV	返回表达式中所有值的统计标准偏差
STDEVP	返回表达式中所有值的统计标准偏差
VAR	返回表达式中所有值的统计标准方差

注意： 聚合函数只能在 SELECT 语句的选择列表（子查询或外部查询）中或 HAVING 子句中作为表达式使用。

6.3.2　数学函数

数学函数用于对数字表达式进行数学运算并返回运算结果，包括 decimal、integer、float、money、smallmoney、smallint 和 tinyint 等类型。常用的数学函数见表 6-9。

表 6-9　常用的数学函数

类　别	函　数	功　能
三角函数	SIN(float 表达式)	返回指定角度（以弧度为单位）的三角正弦值
	COS(float 表达式)	返回指定角度（以弧度为单位）的三角余弦值
	TAN(float 表达式)	返回指定角度（以弧度为单位）的三角正切值
	COT(float 表达式)	返回指定角度（以弧度为单位）的三角余切值

（续）

类　别	函　数	功　能
反三角函数	ASIN(float 表达式)	返回指定角度（以弧度为单位）的三角反正弦值
	ACOS(float 表达式)	返回指定角度（以弧度为单位）的三角反余弦值
	ATAN(float 表达式)	返回指定角度（以弧度为单位）的三角反正切值
	ATIN2（float 表达式 1，float 表达式 2）	返回两个值的反正切值
角度弧度转换	DEGREES(数值表达式)	返回弧度值相对应的角度值
	RADINANS(数值表达式)	返回一个角度的弧度值
幂函数	EXP(float 表达式)	返回指定的 float 表达式的指数值
	LOG(float 表达式)	计算以 2 为底的自然对数
	LOG10(float 表达式)	计算以 10 为底的自然对数
	POWER(数值表达式，Y)	幂运算，其中 Y 为数值表达式进行运算的幂值
	SQRT(float 表达式)	返回指定的 float 表达式的平方根
	SQUARE(float 表达式)	返回指定的 float 表达式的平方
	ROUND(float 表达式)	对一个小数进行四舍五入运算，使其具备特定的精度
边界函数	FLOOR(数值表达式)	返回小于等于一个数的最大整数（也称为地板函数）
	CEILING(数值表达式)	返回大于或等于指定数值表达式的最上整数（也称为天花板函数）
符号函数	ABS(数值表达式)	返回一个数的绝对值
	SIGN(float 表达式)	根据参数是正还是负，返回 -1、1 和 0
随机函数	RAND([seed])	返回 float 类型的随机数、该数的值在 0 ~ 1 之间，seed 为提供种子值的整数表达式
PI 函数	PI()	返回以浮点数表示的圆周率

【例 6-17】 求 sin3 和 | -13 | 的值。

分析：要求 sin3 的值，在 SIN() 函数中要求指定角度（以弧度为单位），符合要求，所以直接用 SELECT SIN(3) 语句即可。绝对值函数的变量只能是数值型。

在“查询编辑器”窗口中输入如下语句：

```
SELECT SIN(3), ABS( -13)
```

程序运行结果如图 6-6 所示。

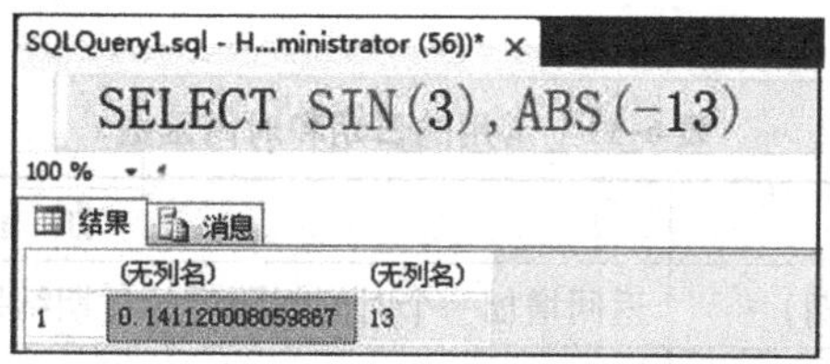

图 6-6　使用 SIN( ) 函数和 ABS( ) 函数

【例 6-18】求大于或等于 35.125 的最小整数；求小于或等于 35.125 的最大整数。

分析： 使用 CEILING( ) 函数可以求大于或等于指定数值表达式的最小整数，使用 FLOOR( ) 函数可以求小于或等于一个数的最大整数。

在“查询编辑器”窗口中输入如下语句：

```
SELECT CEILING(35.125) 最小整数, FLOOR(35.125) 最大整数
```

程序运行结果如图 6-7 所示。

图 6-7　使用 CEILING( ) 函数和 FLOOR( ) 函数

6.3.3　字符串函数

常用的字符串函数见表 6-10。

表 6-10　常用的字符串函数

函　数	功　能
ASCII(字符表达式)	返回最左侧的字符的 ASCII 码值
CHAR(整型表达式)	将 int ASCII 代码转换为字符
LEFT(字符表达式, 整数)	返回从左边开始指定个数的字符串
RIGHT(字符表达式, 整数)	截取从右边开始指定个数的字符串
SUBSTRING(字符表达式, 起始点, n)	截取从起始点开始的 n 个字符
CHARINDEX(字符表达式 1, 字符表达式 2, [开始位置])	求子串位置
LTRIM(字符表达式)	剪去左空格
RTRIM(字符表达式)	剪去右空格
REPLICATE(字符表达式, n)	重复字符串
REVERSE(字符表达式)	倒置字符串
STR(数字表达式)	数值转字符串

6.3.4　日期和时间函数

对日期和时间输入值执行操作，返回一个字符串、数字或日期和时间值。常用的日期和时间函数见表 6-11。

表 6-11　常用的日期和时间函数

函　数	功　能
DATEADD(datepart, 数值, 日期)	返回增加一个时间间隔后的日期结果
DATEDIFF(datepart, 日期 1, 日期 2)	返回两个日期之间的时间间隔，格式为 datepart 参数指定的格式

（续）

函　数	功　能
DATENAME(datepart，日期)	返回日期的文本表示，格式为 datepart 指定格式
DATEPART(datepart，日期)	返回某日期的 datepart 代表的整数值
GETDATE()	返回当前系统日期和时间
DAY(日期)	返回某日期的日 datepart 所代表的整数值
MONTH(日期)	返回某日期的月 datepart 所代表的整数值
YEAR(日期)	返回某日期的年 datepart 所代表的整数值

其中，参数 datepart 用于指定要返回新值的日期的组成部分。表 6-12 列出了 SQL Server 2014 可识别的日期部分及其缩写。

表 6-12　可识别的日期时间部分及其缩写

日期时间部分	缩写	日期时间部分	缩写
year	yy，yyyy	week	wk，ww
quarter	qq，q	weekday	dw，w
month	mm，m	hour	hh
dayofyear	dy，y	minute	mi，n
day	dd，d	second	ss，s

【例 6-19】 输出当前日期。

分析： 使用 GETDATE()函数输出当前日期。

在“查询编辑器”窗口中输入如下语句：

```
PRINT GETDATE()
```

程序运行结果如下：

```
04 24 2016  9:12PM
```

【例 6-20】 输出指定日期的天的数字。

分析： 使用 DAY()函数输出日期中日部分对应的数字。

在“查询编辑器”窗口中输入如下语句：

```
PRINT DAY('06/14/2016')
```

程序运行结果为 14。

【例 6-21】 获得指定时间后的新日期。

在“查询编辑器”窗口中输入如下语句：

```
PRINT DATEADD(DY,'35,''06/14/2016')
```

程序运行结果如下：

```
07 19 2016 12:00AM
```

分析：将2016年6月14日加上35天，到了2016年7月19日。

说明：日期函数用于完成所有的字符串转换操作，并返回SQL Server标准日期格式的输出结果。所有这些日期函数都会自动执行该转换。

【例6-22】计算两个日期之间相关的天数。

在“查询编辑器”窗口中输入如下语句：

```
PRINT DATEDIFF(DY,'9/30/2015','7/14/2016')
```

程序运行结果为288。

6.3.5 系统函数

使用系统函数可以对SQL Server 2014中的值、对象和设置进行操作并返回有关信息。常用系统函数见表6-13。

表6-13　常用系统函数

函　数	功　能
APP_NAME()	返回当前会话的应用程序名称（如果应用程序进行了设置）
CASE 表达式	计算条件列表，并返回表达式的多个可能结果之一
CONVERT(目标数据类型，表达式［日期样式］)	将一种数据类型的表达式显式转换为另一种数据类型的表达式
CAST(表达式 AS 目的数据类型)	将一种数据类型的表达式显式转换为另一种数据类型的表达式
COALESC(表达式［，…n］)	返回其参数中的第一个非空表达式
DATALENGTH(表达式)	返回用于表示任何表达式的字节数
CURRENT_USER	返回当前用户的名称
HOST_NAME ()	返回工作站名
ISNULL(表达式1，表达式2)	判断表达式1的值是否为空，如果是，就用表达式2的值代替
@@ROWCOUNT	返回受上一语句影响的行数
OBJECT_ID(对象名)	返回架构范围内对象的数据库对象标识号

表6-14中的CONVERT()函数的日期样式的取值见表6-14。

表6-14　日期样式的取值

不带世纪数位（yy）	带世纪数位（yyyy）	标准	输入/输出格式
—	0或100	默认设置	mon dd yyyy hh: mi AM（或PM）
1	101	美国	mm/dd/yy
2	102	ANSI	yy. mm. dd
3	103	英国/法国	dd/mm/yy
4	104	德国	dd. mm. yy
5	105	意大利	dd-mm-yy
6	106	—	dd mon yy
7	107	—	mon dd，yy
8	108	—	hh: mm: ss

【例 6-23】显示 5 个 1 ~6 之间的整型随机数。

分析： 要产生随机数必须用 RAND( ) 函数，但是该函数产生的是在 0 ~1 之间 float 类型的数，所以将结果乘以 10 后，利用 FLOOR( ) 函数将产生的随机数转化为 0 ~9 之间的整型数据。但是需要显示的是 5 个 1 ~6 之间的整型随机数，利用% 运算符进行运算可得到所需的 0 ~5 之间的整型数据，利用 +1 运算即可得到 1 ~6 之间的整型随机数。

在"查询编辑器"窗口中输入如下语句：

```
DECLARE @I smallint, @rad smallint
SET @i =1
WHILE @i < =5
BEGIN
SELECT @rad = FLOOR(RAND( ) *10)
        SELECT @rad = @rad% 6 +1
        PRINT @rad
        SET @i = @i +1
        END
GO
```

程序运行结果如图 6-8 所示。注意，由于产生的是随机数，所以每次程序运行结果均不同。

```
SQLQuery1.sql - H...ministrator (56))*
DECLARE @I smallint, @rad smallint
SET @i=1
WHILE @i<=5
    BEGIN
    SELECT @rad=FLOOR(RAND()*10)
    SELECT @rad=@rad%6+1
    PRINT @rad
    SET @i=@i+1
    END
GO
100 %
消息
1
2
5
2
5
```

图 6-8　显示 5 个 1 ~6 之间的整型随机数

【例 6-24】输出当前日期，显示为当前是 XXXX 年。

分析： 可以通过 year(getdate( )) 函数得到当前的年份，再使用转换函数 convert( ) 转换成字符串输出。

在"查询编辑器"窗口中输入如下语句：

```
PRINT '当前是:' + convert(char(4),year(getdate())) +'年'
```

程序运行结果如图 6-9 所示。

```
SQLQuery1.sql - H...ministrator (56))*
print '当前是:'+convert(char(4),year(getdate()))+'年'
100 %
消息
当前是:2016年
```

图 6-9　显示当前年份

6.3.6　元数据函数

元数据函数返回有关数据库和数据库对象的信息，所以元数据函数都具有不确定性。常用的元数据函数见表 6-15。

表 6-15　常用的元数据函数

函　数	功　能
COL_LENGTH(表名, 列名)	返回列的定义长度（以字节为单位）
COL_NAME(表标识号, 列标识号)	根据指定的对应表标识号和列标识号返回列的名称
DB_ID([数据库名称])	返回数据库标识（ID）号
DB_NAME([数据库的标识号])	返回数据库名称

【例 6-25】显示当前数据库的名称和标识号。

分析：利用 DB_NAME()函数得到当前数据库的名称，利用 DB_ID()函数得到标识号。

在“查询编辑器”窗口中输入如下语句：

```
USE minhang
GO
SELECT DB_Name( )
SELECT DB_id( )
GO
```

程序运行结果如图 6-10 所示。

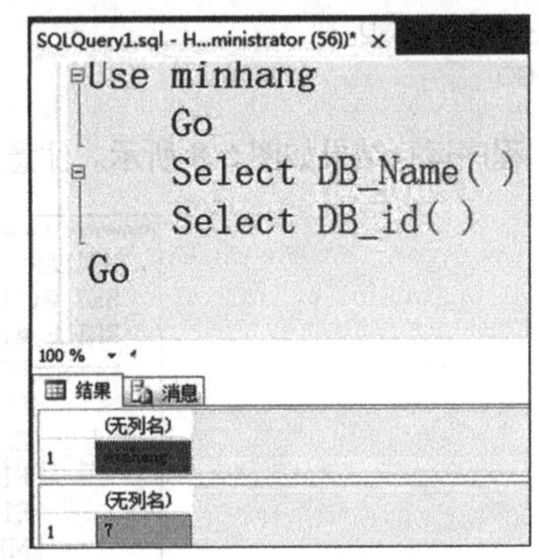

图 6-10　显示当前数据库的名称和标识号

6.3.7　配置函数

配置函数实现返回当前配置选项设置的信息的功能。常用的配置函数见表 6-16。

表 6-16　常用的配置函数

函　数	功　能
@@ DBTS	返回当前数据库的当前 timestamp 数据类型的值
@@ LANGUAGE	返回当前所用语言的名称
@@ MAX_CONNECTIONS	返回 SQL Server 实例允许同时进行的最大用户连接数
@@ TEXTSIZE	返回 SET 语句中 TEXTSIZE 选项的当前值
@@ VERSION	返回当前安装 SQL Server 版本、处理器体系结构、生成日期和操作系统

【例 6-26】显示当前安装的 SQL Server 版本信息。

在“查询编辑器”窗口中输入如下语句：

```
SELECT @@version AS 'SQL Server Version'
```

程序运行结果如图 6-11 所示。

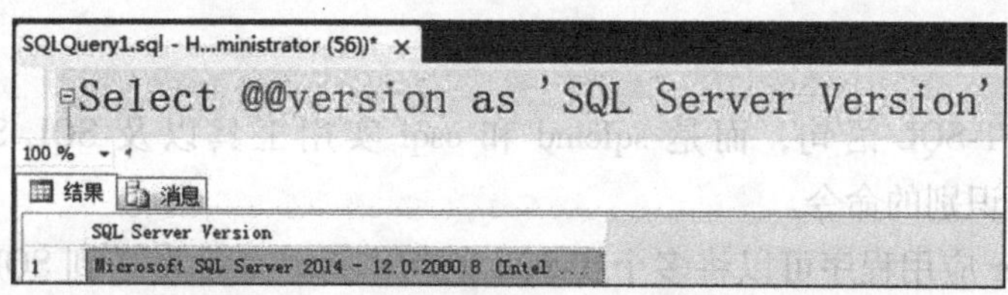

图 6-11　显示当前安装的 SQL Server 版本信息

6.3.8　系统统计函数

在 SQL Server 2014 中，通常以全局变量的形式来表达系统统计函数。常用的系统统计函数见表 6-17。

表 6-17　系统统计函数

函　数	功　能
@@ CONNECTIONS	返回 SQL Server 自上次启动以来尝试的连接数
@@ CPU_BUSY	返回 SQL Server 自上次启动后的工作时间
@@ IDLE	返回 SQL Server 自上次启动后的空闲时间
@@ PACK_RECEIVED	返回 SQL Server 自上次启动后从网络读取的输入数据包数
@@ TOTAL_READ	返回 SQL Server 自上次启动后读取磁盘的次数

说明：由于所有的系统统计函数都具有不确定性，因此这意味着即便使用相同的一组输入值，也不会在每次调用这些函数时都返回相同的结果。

【例 6-27】显示自上次启动以来尝试的连接数。

在“查询编辑器”窗口中输入如下语句：

```
SELECT @@CONNECTIONS AS  '自上次启动以来尝试的连接数'
```

程序运行结果如图 6-12 所示。

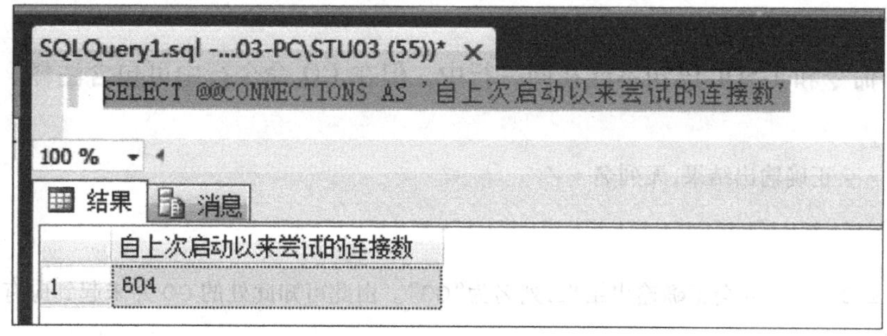

图 6-12　显示自上次启动以来尝试的连接数

6.4　GO 命令

GO 命令用于向 SQL Server 实用工具发出一批 T-SQL 语句结束的信号。其语法格式如下：

```
一批 T-SQL 语句
GO
```

说明：

1）GO 不是 T-SQL 语句，而是 sqlcmd 和 osql 实用工具以及 SQL Server Management Studio 代码编辑器识别的命令。

2）SQL Server 应用程序可以将多个 T-SQL 语句作为一个批发送到 SQL Server 的实例来执行。然后，该批中的语句被编译成一个执行计划。程序员在 SQL Server 实用工具中执行特殊语句，或生成 T-SQL 语句的脚本在 SQL Server 实用工具中运行时，使用 GO 命令作为批结束的信号。

3）如果基于 ODBC 或 OLE DB API 的应用程序试图执行 GO 命令，会收到语法错误。SQL Server 实用工具从不向服务器发送 GO 命令。

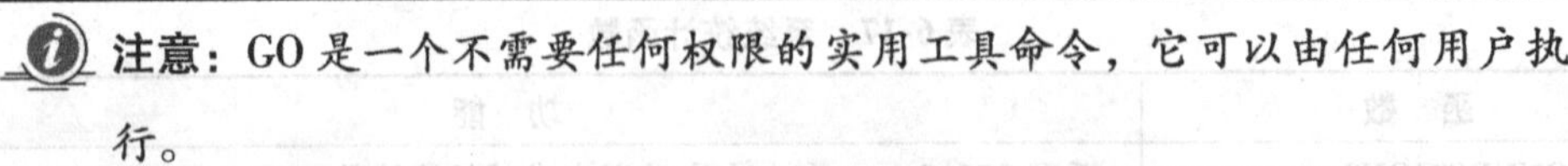

注意： GO 是一个不需要任何权限的实用工具命令，它可以由任何用户执行。

GO 命令的用法如下：

1）SQL Server 实用工具将 GO 解释为应该向 SQL Server 实例发送当前批 T-SQL 语句的信号。当前批语句由上一个 GO 命令后输入的所有语句组成，如果是第一条 GO 命令，则由即席会话或脚本开始后输入的所有语句组成。例如：

```
SELECT 1
SELECT 2
SELECT 3
GO      /* 这是一个批 */
```

又如：

```
SELECT 1
GO
SELECT 2
GO      /* 这是两个批 */
```

2）GO 命令和 T-SQL 语句不能在同一行中，但在 GO 命令行中可包含注释。例如：

```
SELECT 1
GO      /* 会正确输出结果,无列名 */
```

又如：

```
SELECT 1 GO      /* 会正确输出结果,列名为"GO"。由此可知此处的 GO 并未起到应有的作用 */
```

3）用户必须遵照使用批处理的规则。例如，在同一批处理中，创建数据库之后不能直接使用其新建的数据库。局部（用户定义）变量的作用域限制在一个批处理中，不可在 GO 命令后引用。例如：

```
CREATE DATABASE [Roc]
USE [Roc]
GO      /* 运行此批处理后,系统会报错 */
```

把此批处理分成两个批即可正确运行：

```
CREATE DATABASE [Roc]
GO
USE [Roc]
GO
```

又如：

```
DECLARE @Roc varchar(max)
SELECT @Roc = 'aking'
GO
PRINT @Roc
GO  /*此为两个批处理,由于局部变量的作用域要限制在一个批处理中,所以此语句错误*/
```

把这两个批合并为一个批即可正确运行：

```
DECLARE @Roc varchar(max)
SELECT @Roc = 'aking'
PRINT @Roc
GO
```

4）不同批处理是分开执行的，一个查询失败不会影响另外一个查询。例如：

```
SELECT * FROM 不存在的表
SELECT 1     /*查询执行后会报错,并且不返回任何结果*/
```

若改为两批：

```
SELECT * FROM 不存在的表
GO
SELECT 1
GO    /*查询执行会报错,但会返回 SELECT 1 的结果*/
```

5）GO [count]，其中 count 为正整数，指定 GO 之前的批处理执行指定的次数。例如：

```
INSERT [Roc] SELECT 'aking'
GO    /*批处理执行1次,向表 Roc 中插入一行记录*/
```

如果改为：

```
aking INSERT [Roc] SELECT 'aking '
GO 10    /*批处理执行10次,向表 Roc 中插入10行记录 aking*/
```

最后，给出 GO 命令使用中的几个典型错误示例。

示例1：

```
SELECT 1
SELECT * FROM 不存在的表
SELECT 3  /*查询结果会报错,但会返回 SELECT 1 的结果*/
```

示例2：

```
SELECT * FROM 不存在的表
```

```
SELECT 1
SELECT 3    /*查询结果会报错,且不会返回任何查询的结果*/
```

示例3:

```
SELECT 1
SELECT * FROM 不存在的表
SELECT 3     /*查询结果会报错,且不会返回任何查询的结果,因为第三条查询语法错误*/
```

示例4:

```
SELECT 1
SELECT * FROM 不存在的表
GO
SELECT 3
GO     /*查询结果会报错,但会返回 SELECT 1 和 SELECT 3 的查询结果*/
```

示例5:

```
SELECT * FROM 不存在的表
GO
SELECT 1
SELECT 3
GO     /*查询结果会报错,但会返回 SELECT 1 和 SELECT 3 的查询结果*/
```

示例6:

```
SELECT 1
SELECT * FROM 不存在的表
GO
SELECT 3
GO  /*查询结果会报错,但会返回 SELECT 1 的结果*/
```

实践训练

【实践目的】

1. 掌握变量的使用方法。
2. 掌握函数的使用方法。
3. 掌握各种控制语句的使用方法。

【实践内容】

在销售管理数据库 Sale 中完成下列查询操作:

1. 打印“采购部主管”姓名。
2. 以消息的方式返回员工人数（显示格式为“销售管理中员工数量为: xx”)。
3. 查询员工的平均工资是否超过5000元，并显示相关信息。
4. 查询是否有“牛奶”的订单，并显示相关信息。
5. 使用 CASE 语句，查询所有的员工姓名、性别、出生年月和所在部门信息。
6. 在员工表 Employee 中，获取各员工的工龄信息。

习题 6

一、判断题

1. SELECT FROM 是基本的查询语句，可以实现各种形式的数据查询操作。　(　　)
2. 全局变量是由系统提供且预先声明的变量，以“@”开头，用户只能使用，不能进行更改。　(　　)
3. 当一个复杂的表达式有多个运算符时，根据运算符的优先顺序执行运算。　(　　)
4. SQL Server 中的函数分为两种类型：一种是系统提供的内部函数；另一种是用户自定义函数。　(　　)

二、选择题

1. 注释单行语句的符号是（　　）。

   A. --　　B. ##　　C. ~~　　D. /**/

2. 聚合函数中，AVG 函数用于（　　）。

   A. 求和　　B. 求差　　C. 求平均　　D. 求积

3. 日期和时间函数用于对日期和时间数据进行各种不同的处理，如 GETDATA( ) 函数用于（　　）。

   A. 返回系统的时间　　B. 返回系统的月份

   C. 返回系统的日期和时间　　D. 返回系统的年份

4. 循环结构中，用于完全跳出循环的语句是（　　）。

   A. CONTINUE　　B. BREAK　　C. IF…ELSE　　D. WHILE

5. 批处理是从客户机传递到服务器上的一组完整的数据和 T-SQL 语句，以（　　）为结束标志。

   A. BREAK　　B. GOTO　　C. GO　　D. END

6. 语句“SELECT 'AB' + 'CD'”的执行结果是（　　）。

   A. ABC　　B. AD　　C. CD　　D. ABCD

三、多项选择题

1. T-SQL 语言包括（　　）。

   A. DDL　　B. DML　　C. DCL　　D. TCL

2. T-SQL 中用于控制程序的流程的语句有（　　）。

   A. BEGIN…END　　B. IF…ELSE　　C. WHILE　　D. WAITFOR

四、填空题

1. T-SQL 是__________的缩写。
2. T-SQL 语言中有两种类型的变量：__________和__________。
3. 运算符是种语言中不可缺少的部分，T-SQL 的运算符主要有：__________、__________、__________、__________、__________和__________。

项目七　订票管理的视图和索引设计

知识目标

了解视图的作用、概念、特点和类型；掌握创建、修改和删除视图的方法；掌握查看和加密视图定义文本、通过视图修改基本表中的数据以及使用图形工具管理视图的方法。理解索引的优点和缺点；了解聚集索引和非聚集索引的特点；理解索引与约束的关系；掌握创建、查看、删除、修改、分析和维护索引的方法。

技能目标

学会使用视图；在数据库中，结合实际需求灵活地运用视图，提高数据库的开发效率和安全性。学会根据实际需求设计销售管理数据库中的数据表的索引，提高数据检索的速度。

7.1　视图

本节介绍视图的作用以及如何创建和使用视图。

授课视频 7-1

7.1.1　视图概述

1. 视图的定义

视图是一种常用的数据库对象，可以把它看成从一个或几个基本表导出的虚表或存储在数据库中的查询。定义视图的筛选可以来自当前或其他数据库的一个或多个表，或者其他视图。

数据库中只存放视图的定义，而不存放视图对应的数据，数据存放在原来的基本表中。当基本表中的数据发生变化时，从视图中查询出的数据也会随之改变。

2. 视图的作用

视图一经定义后，就可以像基本表一样被查询、删除。视图为查看和存取数据提供了另外一种途径。对于查询完成的大多数操作，使用视图一样可以完成；使用视图还可以简化数据操作，当通过视图修改数据时，相应的基本表的数据也会发生变化；同时，若基本表的数据发生变化，则这种变化也可以自动反映到视图中。

视图的主要作用如下：

1）简化操作。视图大大简化了用户对数据的操作。如果一个查询非常复杂，跨越多个数据表，那么通过将这个复杂查询定义为视图，这样在每一次执行相同的查询时，只要一条简单的查询视图语句即可。可见视图向用户隐藏了表与表之间复杂的连接操作。

2）提高数据安全性。视图创建了一种可以控制的环境，为不同的用户定义不同的视图，使每个用户只能看到他有权看到的数据。那些没有必要的、敏感的或不适合的数据都从视图中排除了，用户只能查询和修改视图中显示的数据。

3）屏蔽数据库的复杂性。用户不必了解数据中复杂的表结构，视图将数据库设计的复杂性和用户的使用方式屏蔽了。数据库管理员可以在视图中将那些难以理解的列替换成数据库用户容易理解和接受的名称，从而为用户使用提供极大便利，并且数据库中表的更改也不会影响用户对数据库的使用。

4）数据即时更新。视图代表的是一致的、非变化的数据库数据，当它所基于的数据表发生变化时，视图能够即时更新，提供与数据表一致的数据。

7.1.2　创建视图

SQL Server 2014 提供了 SQL Server Management Studio 和 CREATE VIEW 语句两种方法来创建视图。

1. 使用 SQL Server Management Studio 创建视图

【例 7-1】 创建视图 View_Flight，要求显示航班号、机型、所属航空公司和联系人。

1）在“对象资源管理器”窗口中展开“数据库”→“minhang”项，右击“视图”项，在弹出的快捷菜单中选择“新建视图”命令，打开“添加表”对话框，如图 7-1 所示。按住 <Ctrl> 键的同时选择 Airline 表和 Flight 表，再单击“添加”按钮。

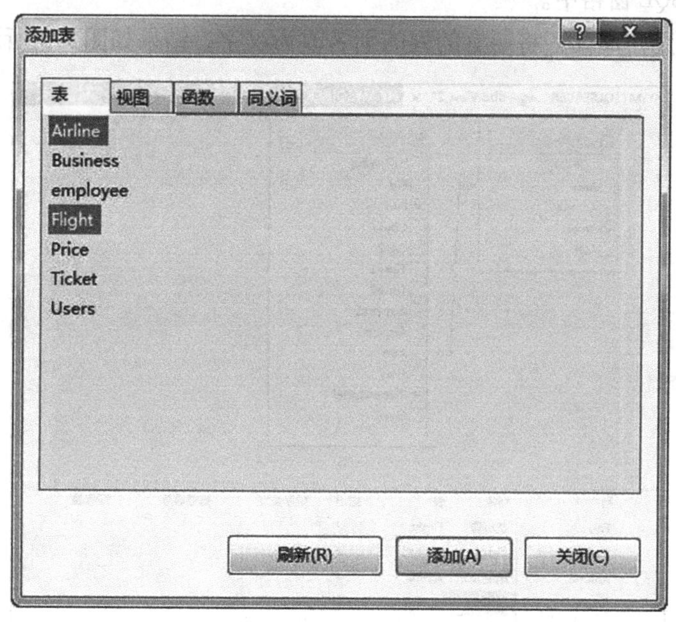

图 7-1　“添加表”对话框

2）打开如图 7-2 所示的视图设计器界面。在该界面中共有 4 个区：关系图窗格、网格窗格、SQL 窗格和结果窗格。

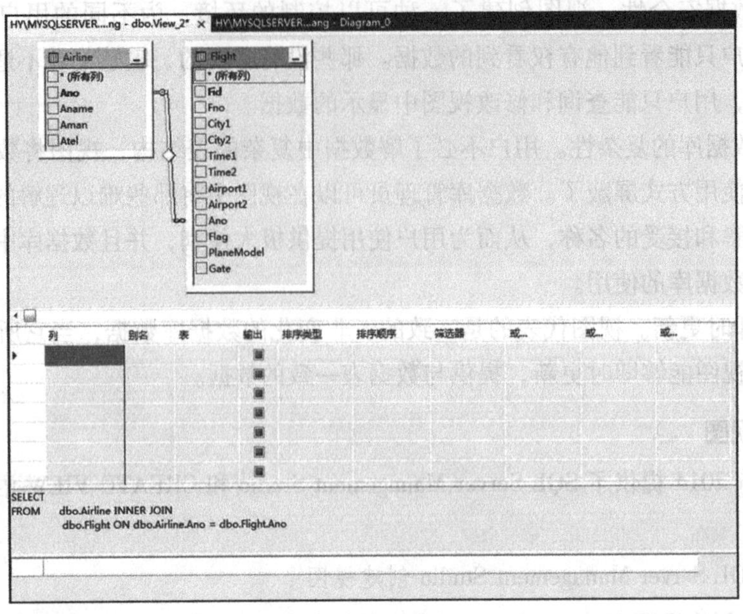

图 7-2　视图设计器

3）在关系图窗格中，选择包含在视图中的数据列。选择 Flight 表中的 Fno 字段和 PlaneModel 字段，再选择 Airline 表中的 Aname 字段和 Aman 字段。此时相应的 SQL Server 脚本便自动显示在 SQL 窗格中。

4）为了便于用户阅读，将所有的列的别名改为汉字，结果如图 7-3 所示。

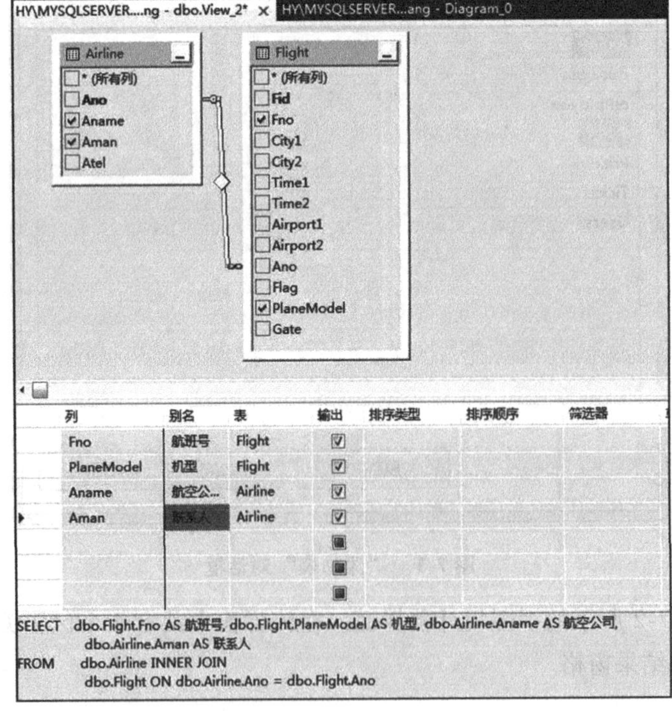

图 7-3　改进后的视图

5）单击工具栏中的“执行”按钮，执行查询语句，在结果窗格中就会显示出包含在视图中的数据行。

6）单击工具栏中的“保存”按钮，保存视图，弹出“选择名称”对话框，输入视图名“View_Flight”并单击“确定”按钮，完成视图的创建工作。

7）在“对象资源管理器”窗口中刷新“视图”项，即可看到创建的 View_Flight 视图。右击该项，在弹出的快捷菜单中选择“打开视图”命令，显示视图内容，如图 7-4 所示。

航班号	机型	航空公司	联系人
3U8869	波音738	厦门航空公司	张文
CA1322	空客A320	南方航空公司	谢欣然
CA4505	空客A321	东方航空公司	李明翰
ZH4950	空客A320	深圳航空公司	刘枫
ZH9673	波音772	中国航空公司	王贵
3U8869	波音738	厦门航空公司	张文
3U8869	波音738	厦门航空公司	张文
3U8869	波音738	厦门航空公司	张文
CA1322	空客A320	南方航空公司	谢欣然
CA4505	空客A321	东方航空公司	李明翰
ZH4950	空客A320	深圳航空公司	刘枫

图 7-4　打开视图

授课视频 7－2

【例 7-2】创建各部门员工平均年龄的视图，该视图包含部门名称和各部门员工平均年龄，并按平均年龄降序排列。

1）在“对象资源管理器”窗口中展开“数据库”→“minhang”项，右击“视图”项，在弹出的快捷菜单中选择“新建视图”命令。在打开的“添加表”对话框中，选择 Employee 表，单击“添加”按钮。

2）在关系图窗格中，选择 Employee 表中的 Department 字段和 Uage 字段。

3）在 Uage 字段上右击，在弹出的快捷菜单中选择“添加分组依据”命令，如图 7-5 所示。

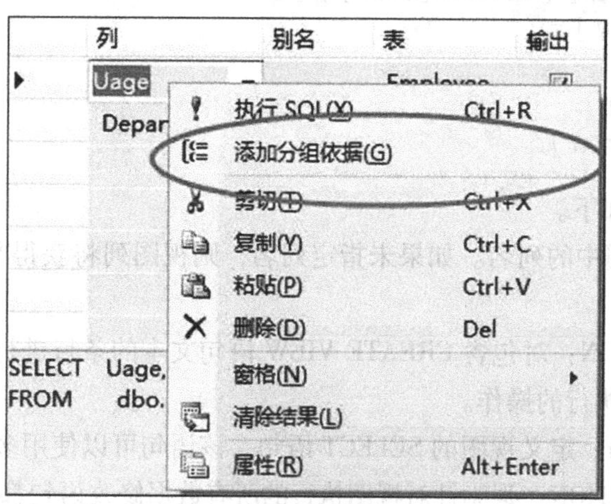

图 7-5　添加分组依据

4）将 Uage 字段的分组依据更改为 Avg，如图 7-6 所示。

列	别名	表	输出	排序类型	排序顺序	分组依据	筛选器
Uage	Expr1	Employee	☑			Avg	
Department		Employee	☑				

分组依据 / Sum / Avg / Min / Max / Count / Count_Big / Checksu...

SELECT AVG(Uage) AS Expr1, Department

图 7-6 更改分组依据

5）将光标定位到 Uage 字段，在“别名”单元格中输入“平均年龄”。在“排序类型”单元格中选择“降序”项，结果如图 7-7 所示。

列	别名	表	输出	排序类型	排序顺序	分组依据	筛选器
Uage	平均年...	Employee	☑	降序	1	Avg	
Department	部门	Employee	☑			分组依据	

图 7-7 修改别名和排序类型

6）单击工具栏中的“执行”按钮，执行查询语句。

7）保存视图名为 view_avg_age，完成视图的创建。

8）在“对象资源管理器”窗口中刷新“视图”项，可以看到刚刚创建的 view_avg_age 视图。右击该项，在弹出的快捷菜单中选择“打开视图”命令，显示结果如图 7-8 所示。

平均年龄	部门
32	工程科
28	劳资科
23	信息部

图 7-8 view_avg_age 视图

2. 使用 CREATE VIEW 语句创建视图

使用 CREATE VIEW 语句创建视图的语法格式如下：

```
CREATE VIEW 视图名 [ ( column [ , …n ] ) ]
[ WITH ENCRYPTION ]
AS
SELECT_statement
[ WITH CHECK OPTION ]
```

授课视频 7-3

其中各参数说明如下。

column：表示视图中的列名。如果未指定列名，则视图列将获得与 SELECT 语句中的列相同的名称。

WITH ENCRYPTION：对包含 CREATE VIEW 语句文本的条目进行加密。

AS：表示视图要执行的操作。

SELECT_statement：定义视图的 SELECT 语句，该语句可以使用多个表和其他视图。

WITH CHECK OPTION：强制针对视图执行的所有数据修改语句都必须符合在 SELECT_statement 中设置的条件。

只有在下列情况下才必须命名 CREATE VIEW 子句中的列名：

1）列是从算术表达式、函数或常量派生的。

2）两个或更多的列可能会具有相同的名称（通常是因为需要连接表），视图中的某列被赋予了不同于派生来源列的名称。当然也可以在 SELECT 语句中指定列名。

【例 7-3】创建信息部员工信息视图，包括姓名、性别、年龄和部门字段。

在“查询编辑器”窗口中输入如下语句：

```
CREATE VIEW view_employee
AS
SELECT Pname, Psex, Uage, Department
FROM Employee
WHERE Department ='信息部'
```

运行程序后，在“对象资源管理器”窗口中刷新“视图”项，可以看到刚创建的 view_employee 视图。

说明：在创建视图前，建议先分析 SELECT 语句（语法中 AS 后面的部分）是否能正确执行，成功后，再加上 CREATE VIEW 语句。

【例 7-4】创建员工信息视图，字段同例 7-3，并对创建视图的文本进行加密。

分析：给创建视图的文本加密，也就是在创建视图的时候使用 WITH ENCRYPTION 语句，让创建后的视图不能通过修改视图的方式查看到创建视图的 T-SQL 语句。

在“查询编辑器”窗口中输入如下语句：

```
CREATE VIEW view_employee2
WITH ENCRYPTION
AS
SELECT Pname, Psex, Uage, Department
FROM Employee
```

运行程序后，在“对象资源管理器”窗口中刷新“视图”项，可以看到刚创建的 view_employee2 视图。右击该项，弹出如图 7-9 所示的快捷菜单，可以看到“设计”命令为灰色，即无法通过设计视图来查看视图文本。

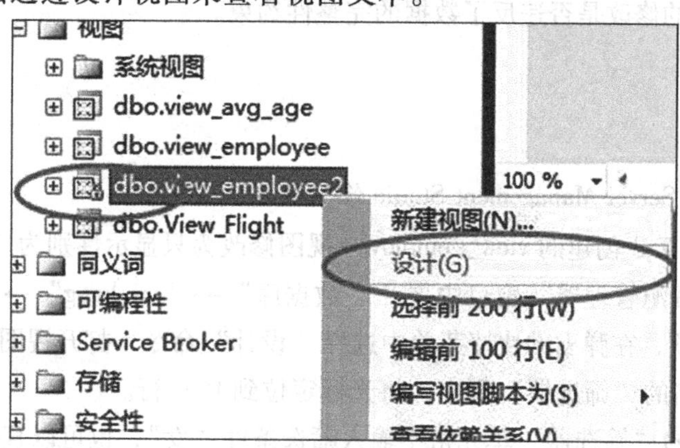

图 7-9　加密视图文本

【例 7-5】统计各航班的机票销售情况。

授课视频 7-4

在“查询编辑器”窗口中输入如下语句：

```
CREATE VIEW ticket_count
AS
SELECT Flight.Fno, Ticket.Tflag AS 机票出售情况, COUNT(Ticket.Fid)
AS 总计
FROM Flight INNER JOIN Ticket ON Flight.Fid = Ticket.Fid
GROUP BY Flight.Fno, Ticket.Tflag
```

运行程序后，在“对象资源管理器”窗口中刷新“视图”项，可以看到刚创建的 ticket_count 视图。右击该项，在弹出的快捷菜单中选择“打开视图”命令，显示结果如图 7-10 所示。

Fno	机票出售情况	总计
3U8869	出售	11
3U8869	退票	3
3U8869	未售	44
CA4505	未售	106

图 7-10　含计算函数的视图

在创建或使用视图时，应当注意以下限制情况：

1）只能在当前数据库中创建视图，在视图中最多只能引用 1024 列。

2）不能在规则、默认值、触发器的定义中引用视图。

3）如果视图引用的表被删除，则当使用该视图时将返回一条错误信息；如果创建具有相同表的结构的新表来替代已删除的表，视图可以使用，否则必须重新创建视图。

4）如果视图中某一列是函数、数学表达式、常量或来自多个表的列名相同，则必须为列定义名字。

5）当通过视图查询数据时，SQL Server 不仅要检查视图引用的表是否存在、有效，而且还要验证对数据的修改是否违反了数据的完整性约束。

7.1.3　管理视图

1. 修改视图

（1）通过 SQL Server Management Studio 修改视图

【例 7-6】将例 7-3 创建的 view_ employee 视图修改为只显示性别为“女”的员工。

1）在“对象资源管理器”窗口中展开“数据库”→“minhang”→“视图”项，右击“view_employee”项，在弹出的快捷菜单中选择“设计”命令，打开视图设计器。

2）在网格窗格的“筛选器”列中，将光标定位到 Psex 行。

3）在 Psex 行的“筛选器”单元格中输入筛选条件“女”，也可以直接在 SQL 窗格修改语句，如图 7-11 所示。

4）单击工具栏中的“执行”按钮，执行查询语句。

5）单击“保存”按钮，保存视图。

列	别名	表	输出	排序类型	排序顺序	筛选器	或...
Pname		Employee	☑				
Psex		Employee	☑			= '女'	
Uage		Employee	☑				
Department		Employee	☑			= '信息部'	

图 7-11 利用视图设计器修改视图

（2）使用 ALTER VIEW 语句修改视图

对于一个已存在的视图，可以使用 ALTER VIEW 语句对其进行修改。语法格式如下：

```
ALTER VIEW 视图名 [(column[, …n])]
[WITH ENCRYPTION]
AS
SELECT_statement
[ WITH CHECK OPTION ]
```

其中各参数说明如下。

column：一列或多列的名称，用逗号分开，将成为给定视图的一部分。

WITH ENCRYPTION：加密 ALTER VIEW 语句文本。

AS：表示视图要执行的操作。

SELECT_statement：定义视图的 SELECT 语句。

WITH CHECK OPTION：强制在视图上执行的所有数据修改语句都必须符合由定义视图的 SELECT_statement 设置的准则。

【例 7-7】 将例 7-3 创建的 view_employee 视图修改为只显示性别为“男”的员工。

在“查询编辑器”窗口中输入如下语句：

```
ALTER VIEW view_employee
AS
SELECT Pname, Psex, Uage, Department
FROM Employee
WHERE (Department = '信息部') AND (Psex = '男')
```

程序运行结果如图 7-12 所示。

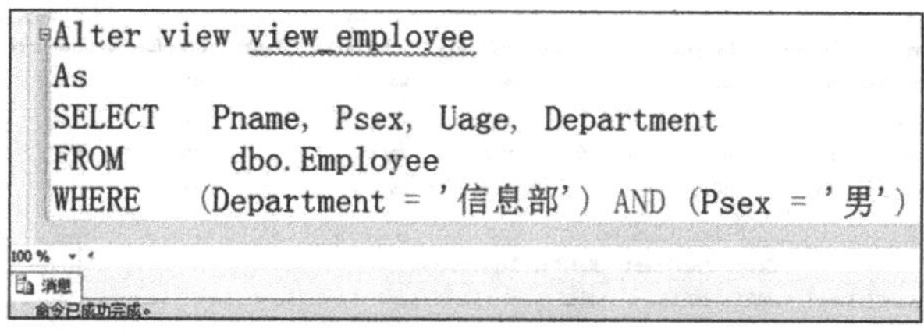

图 7-12 使用 ALTER VIEW 语句修改视图

说明：视图名称中尽量不要使用下划线（_），否则使用 ALTER VIEW 语句时会提示对象名无效，但是运行能够继续。

2. 删除视图

(1) 使用 SQL Server Management Studio 删除视图

如果要删除视图，在“对象资源管理器”窗口中展开“视图”项，右击要删除的视图名，在弹出的快捷菜单中选择“删除”命令，打开“删除对象”对话框，确认无误后单击“确定”按钮，即可成功删除选定视图。

(2) 使用 DROP VIEW 语句删除视图

使用 DROP VIEW 语句删除视图的语法格式如下：

```
DROP VIEW 视图名[ ,…n]
```

【例 7-8】删除 view_employee 视图。

在“查询编辑器”窗口中输入如下语句：

```
DROP VIEW view_employee
```

3. 查看视图信息

SQL Server 提供以下 3 个用于查看视图信息的关键系统存储过程：

(1) sp_help

sp_help 用于返回有关数据库对象的详细信息，如果不针对某一特定对象，则返回数据库中所有对象的信息。其语法格式如下：

```
sp_help 数据库对象名称
```

【例 7-9】查看 view_employee2 视图。

在“查询编辑器”窗口中输入如下语句：

```
sp_help view_employee2
```

程序运行结果如图 7-13 所示。

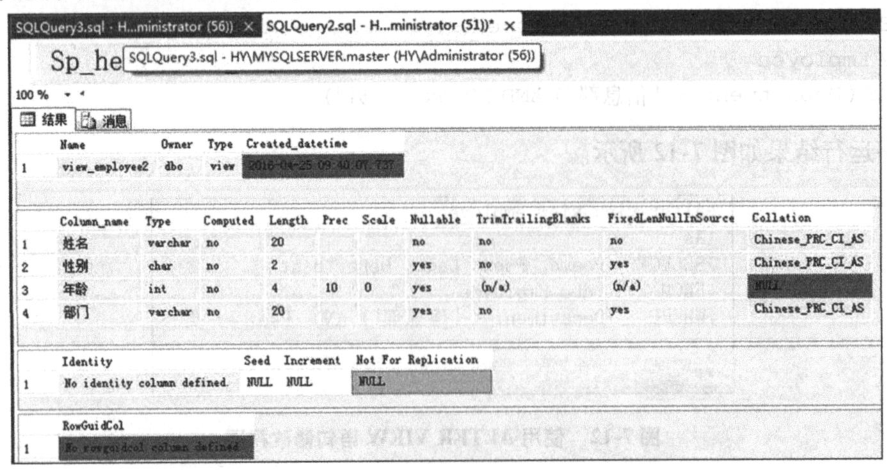

图 7-13　查看 view_employee2 视图的详细信息

(2) sp_depends

sp_depends 可以返回系统表中存储的任何信息，该系统表能够指出该对象所依赖的对象。除视图外，sp_ depends 还可以在任何数据库对象上运行。其语法格式如下：

```
sp_depends 数据库对象名称
```

【例 7-10】查看 view_employee2 视图所依赖的对象。

在“查询编辑器”窗口中输入如下语句：

```
sp_depends view_employee2
```

程序运行结果如图 7-14 所示。

SQLQuery3.sql - H...ministrator (56))　SQLQuery2.sql - H...ministrator (51))* ×

```
Sp_depends view_employee2
```

100 %

结果　消息

	name	type	updated	selected	column
1	dbo.Employee	user table	no	yes	Pname
2	dbo.Employee	user table	no	yes	Psex
3	dbo.Employee	user table	no	yes	Uage
4	dbo.Employee	user table	no	yes	Department

图 7-14　查看 view_employee2 视图所依赖的对象

(3) sp_helptext

sp_helptext 用于检索视图、触发器、存储过程的文本。其语法格式如下：

```
sp_helptext 视图(触发器或存储过程)
```

【例 7-11】查询 view_employee 视图的信息。

在“查询编辑器”窗口中输入如下语句：

```
sp_helptext view_employee
```

程序运行结果如图 7-15 所示。

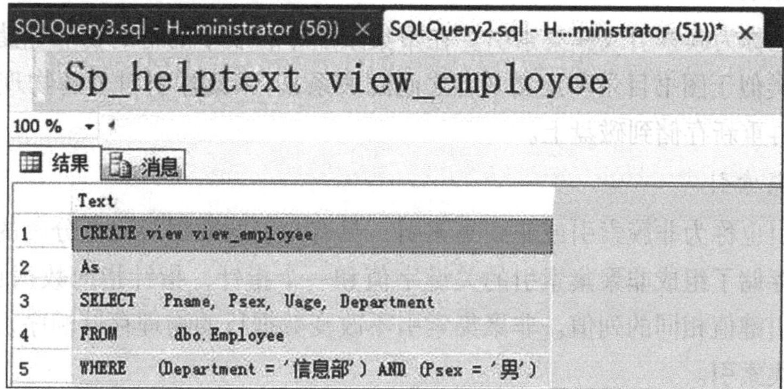

SQLQuery3.sql - H...ministrator (56)) ×　SQLQuery2.sql - H...ministrator (51))* ×

```
Sp_helptext view_employee
```

100 %

结果　消息

	Text
1	CREATE view view_employee
2	As
3	SELECT Pname, Psex, Uage, Department
4	FROM dbo.Employee
5	WHERE (Department = '信息部') AND (Psex = '男')

图 7-15　查看 view_employee 视图的文本信息

 注意：如果视图加密，则无法看到相关信息。

7.1.4 视图应用举例

【例 7-12】利用 View_Flight 视图查询南方航空公司联系人。

分析：在例 7-1 中已经建立了航班号、机型、所属航空公司和联系人的视图，因此，此处只须在此视图的基础上进行筛选。

在“查询编辑器”窗口中输入如下语句：

```
USE minhang
GO
SELECT DISTINCT 航空公司，联系人
FROM View_Flight
WHERE 航空公司 ='南方航空公司'
```

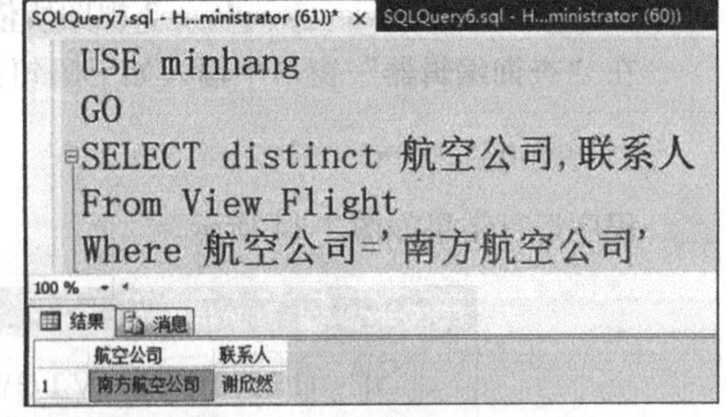

图 7-16　利用视图查询数据

程序运行结果如图 7-16 所示。

7.2 索引

授课视频 7－5

本节介绍索引的作用以及如何创建和维护索引。

7.2.1 索引概述

1. 索引的作用

索引是一种重要的数据对象，它由一行行的记录组成，而每一行记录都包括数据表中一列或若干列的值的集合，而不是数据表中的所有记录，因而能够提高数据的查询效率。此外，索引还确保列的唯一性，从而保证数据的完整性

2. 索引的分类

SQL Server 2014 中包含两种最基本的索引：聚集索引和非聚集索引。此外还有唯一索引、包含性列索引、视图索引、全文索引和 XML 索引。其中，聚集索引和非聚集索引是数据库引擎最基本的索引。

（1）聚集索引

聚集索引也称为簇索引或簇集索引。在聚集索引中，表中的行的物理存储顺序和索引顺序完全相同（类似于图书目录和正文内容之间的关系）。聚集索引对表的物理数据页按列进行排序，然后再重新存储到磁盘上。

（2）非聚集索引

非聚集索引也称为非簇索引或非簇集索引，具有与表的数据行完全分离的结构。非聚集索引的叶节点存储了组成非聚集索引的关键字值和一个指针，指针指向数据页中的数据行，该行具有与索引键值相同的列值。非聚集索引不改变数据行的物理存储顺序，因而一个表可以有多个非聚集索引。

(3) 其他类型索引

1）唯一索引。如果为了保证表或视图的每一行在某种程度上是唯一的，可以使用唯一索引，也就是说索引值是唯一的。创建数据表时如果设置了主键，则 SQL Server 2014 就会默认建立一个唯一索引。

2）包含性列索引。使用包含性列索引可以通过将非键列添加到非聚集索引的叶级来扩展其功能，创建覆盖更多查询的非聚集索引。

3）视图索引。视图索引是为视图创建的索引，其存储方法与带聚集索引的表的存储方法相同。

4）全文索引。全文索引是一种特殊类型的基于标记的功能性索引，由 Microsoft SQL Server 全文引擎（MSFTESQL）服务创建和维护。

5）XML 索引。XML 索引是 XML 数据关联的索引形式，是 XML 二进制 BLOB 的已拆分持久表示形式，可分为主索引和辅助索引。

3. 索引和约束的关系

对列定义主键约束和唯一约束时，会自动创建索引。

(1) 主键约束和索引

如果创建表时，将一个特定列标识为主键，自动对该列创建主键约束和唯一聚集索引。

(2) 唯一约束和索引

默认情况下，创建唯一约束，自动对该列创建唯一非聚集索引。

当用户从表中删除主键约束或唯一约束时，创建在这些约束列上的索引也会被自动删除。

(3) 独立索引

使用 CREATE INDEX 语句或 SQL Server Management Studio 的对象资源管理器中的“新建索引”命令创建独立于约束的索引。

7.2.2 创建索引

创建索引有两种方法：一种是使用 SQL Server Management Studio 创建索引；另一种是使用 CREATE INDEX 语句创建索引。

1. 使用 SQL Server Management Studio 创建索引

【例 7-13】在会员表 Users 上创建会员编号的聚集索引。

1）在“对象资源管理器”窗口中展开“minhang”→“表”→“Users”项，可以发现在“索引”项下系统已默认依据设置的主键自动产生了一个聚集索引 PK_Users，如图 7-17 所示。

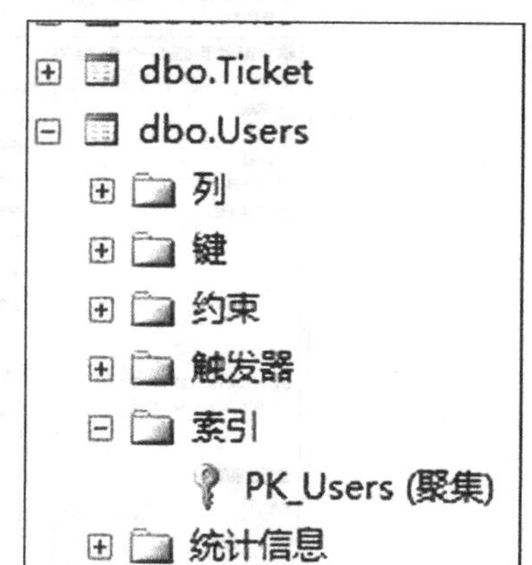

图 7-17　系统默认的聚集索引

说明：当用户在 Users 表中创建主键约束时，SQL Server 2014 数据库引擎自动对该列创建主键约束和唯一聚集索引。

2）双击“PK_Users（聚集）”项，打开“索引属性”对话框，如图 7-18 所示。

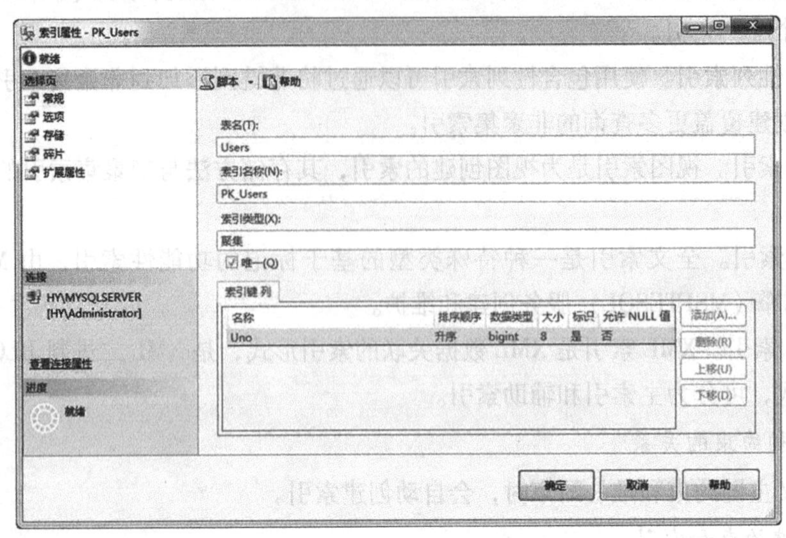

图 7-18 “索引属性”对话框

3）在“常规”选项页中，默认显示该索引相关信息，如基于的数据表、系统默认的名称、索引的类型等。

【例 7-14】经常要使用会员的姓名进行查询，为提高查询效率，请创建姓名列为非聚集索引。

1）在“对象资源管理器”窗口中展开“minhang”→“表”→“Users”项，右击“索引”项，在弹出的快捷菜单中选择“新建索引”命令，打开“新建索引”对话框。在“索引名称”文本框中输入“Tname_index”，在“索引类型”下拉列表框中选择“非聚集”项，如图 7-19 所示。

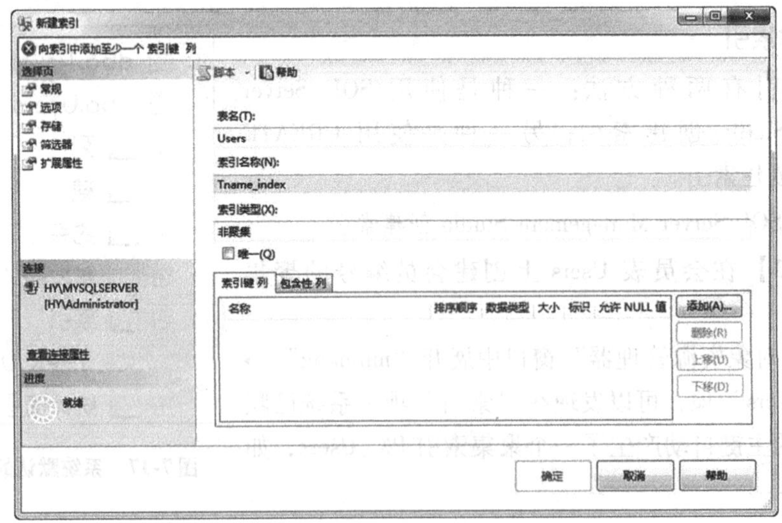

图 7-19 “新建索引”对话框

2）单击“添加”按钮，打开“从‘dbo. Users’中选择列”对话框，勾选“Tname”复选框，再单击“确定”按钮，如图7-20所示。

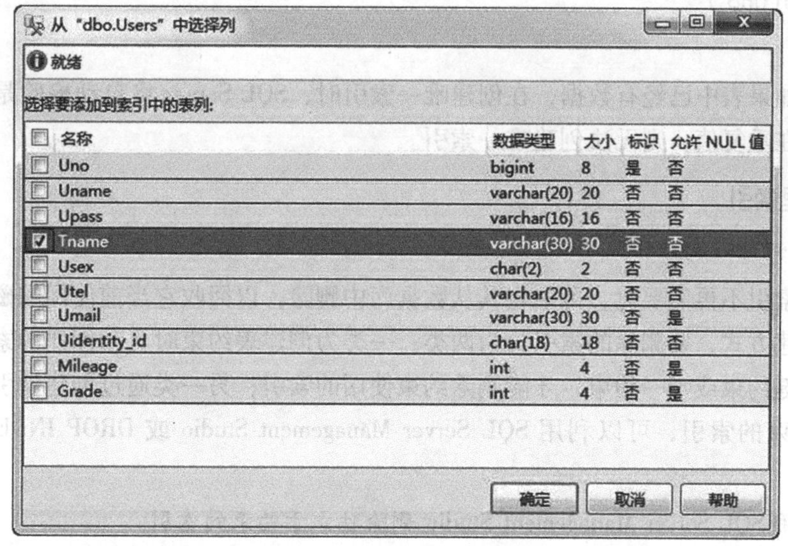

图7-20　选择创建索引的列

3）在“新建索引”对话框中单击“确定”按钮，就在Users表中创建了一个不唯一的非聚集索引Tname_index，如图7-21所示。

dbo.Users
列
键
约束
触发器
索引
PK_Users (聚集)
Tname_index (不唯一，非聚集)
统计信息

图7-21　创建姓名列的非聚集索引

2. 使用CREATE INDEX语句创建索引

使用CREATE INDEX语句既可以创建聚集索引，也可以创建非聚集索引。其语法格式如下：

```
CREATE [UNIQUE] [CLUSTERED | NONCLUSTERED ]
/* 索引的类型 */
INDEX 索引名
ON {表名 | 视图名 } 列名 [ ASC | DESC ] [ , …n])
```

授课视频7-6

其中各参数说明如下。

UNIQUE：用于指定为表或视图创建唯一索引，即不允许存在索引值相同的两行。

CLUSTERED：用于指定创建的索引为聚集索引。

NONCLUSTERED：用于指定创建的索引为非聚集索引。

【例7-15】为会员表Users的Tname列创建非聚集索引。

在“查询编辑器”窗口中输入如下语句：

```
CREATE INDEX Tname_index1
ON Users (Tname)
GO
```

【例7-16】为会员表Users的Uno列（假设）创建唯一聚集索引。

在“查询编辑器”窗口中输入如下语句：

```
CREATE UNIQUE CLUSTERED INDEX Uno_index
ON Users(Uno )
GO
```

说明：如果表中已经有数据，在创建唯一索引时，SQL Server 将自动检验是否存在重复的值，若存在重复值，则无法创建唯一索引。

7.2.3 管理索引

1. 删除索引

当一个索引不再需要时，可以将其从数据库中删除，以回收它当前使用的磁盘空间。根据索引的创建方式，要删除的索引分为两类：一类为创建表约束时自动创建的索引，此时必须先删除主键约束或唯一约束，才能删除约束使用的索引；另一类通过创建索引的方式创建的独立于约束的索引，可以利用 SQL Server Management Studio 或 DROP INDEX 语句直接删除。

（1）使用 SQL Server Management Studio 删除独立于约束的索引

【例 7-17】使用 SQL Server Management Studio 删除例 7-14 中所建立的索引 Tname_index。

1）在“对象资源管理器”窗口展开“minhang”→“表”→“Users”→“索引”项，右击“Tname_index”项，在弹出的快捷菜单中选择“删除”命令。

2）在“删除对象”对话框中单击“确定”按钮。

（2）使用 DROP INDEX 语句删除独立于约束的索引

使用 DROP INDEX 语句删除独立于约束的索引的语法格式如下：

```
DROP INDEX 表名.索引名 | 视图名.索引名[ , …n]
```

【例 7-18】删除会员表 Users 的索引 Tname_index。

在“查询编辑器”窗口中输入如下语句：

```
DROP index Users.Tname_index
GO
```

【例 7-19】删除会员表 Users 中的聚集索引 PK_Users。

在“查询编辑器”窗口中输入如下语句：

```
DROP index Users. PK_Users
GO
```

程序运行结果如图 7-22 所示，提示无法删除创建主键约束时创建的索引。

图 7-22　无法删除创建主键约束时创建的索引

说明：由于聚集索引 PK_Users 是由 Users 表在创建主键约束时自动创建的索引，所以无法利用 DROP INDEX 语句删除。

2. 查看索引

查看索引的方法有两种：一是使用 SQL Server Management Studio 查看索引；另一种是通过系统存储过程查看和更改索引名称。

(1) 使用 SQL Server Management Studio 查看索引

【例 7-20】 查看会员表 Users 中 PK_Users 索引的信息。

在“对象资源管理器”窗口中展开“minhang”→“表”→“Users”→“索引”项，右击“PK_Users”项，在弹出的快捷菜单中选择“属性”命令，打开“索引属性”对话框。通过左侧的“选择页”列表，可以查看索引的所有详细信息，如图 7-23 所示。

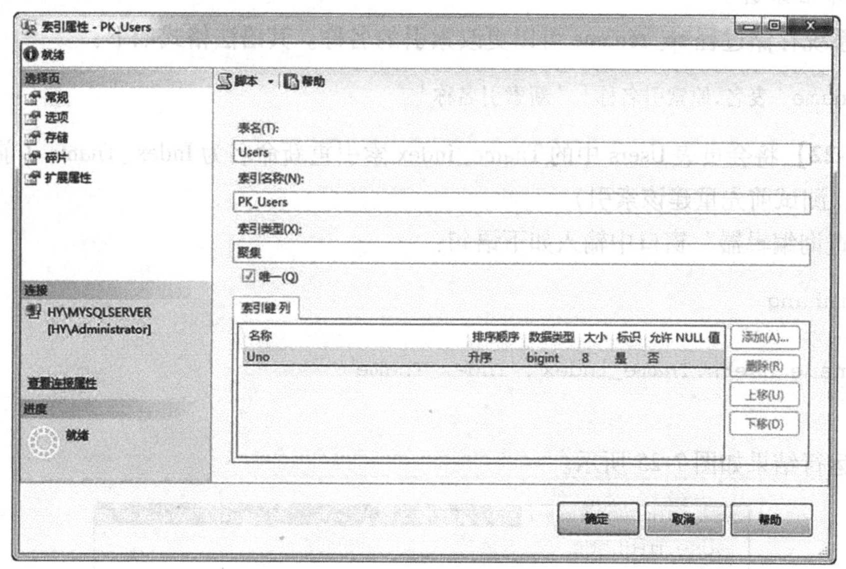

图 7-23　“索引属性”对话框

(2) 通过系统存储过程查看索引信息

系统存储过程 sp_helpindex 可以返回表的所有索引信息。其语法格式如下：

```
sp_helpindex [@objname = ] 'name'
```

其中，[@objname =] 'name' 用于指定当前数据库中的表的名称。

【例 7-21】 使用系统存储过程查看会员表 Users 中索引的信息。

在“查询编辑器”窗口中输入如下语句：

```
USE minhang
GO
Sp_helpindex Users
GO
```

程序运行结果如图 7-24 所示。

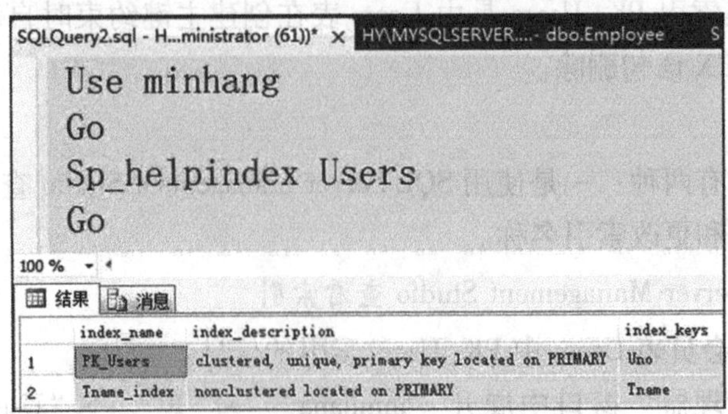
```
Use minhang
Go
Sp_helpindex Users
Go
```

	index_name	index_description	index_keys
1	PK_Users	clustered, unique, primary key located on PRIMARY	Uno
2	Tname_index	nonclustered located on PRIMARY	Tname

图 7-24　会员表 Users 中的索引信息

3. 重命名索引

利用系统存储过程 sp_rename 可以更改索引的名称。其语法格式如下：

```
sp_rename '表名.原索引名称', '新索引名称'
```

【例 7-22】将会员表 Users 中的 Tname_index 索引重新命名为 Index_Tname（前面已经删除该索引，测试前先重建该索引）。

在“查询编辑器”窗口中输入如下语句：

```
USE minhang
GO
sp_rename 'Users.Tname_index', 'Index_Tname'
GO
```

程序运行结果如图 7-25 所示。

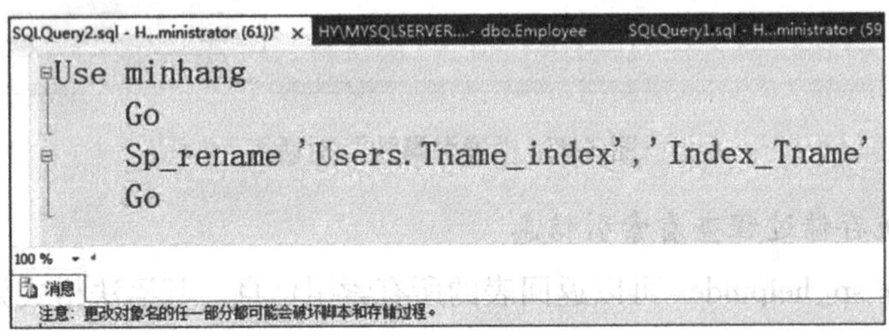

图 7-25　更改索引名称

4. 维护索引

在创建索引之后，由于对数据进行的增加、删除、更新等操作使得索引数据变得支离破碎，因此为了提高系统的性能，必须对索引进行维护。SQL Server 2014 提供了多种工具用于维护索引，包括查看碎片信息、维护统计信息、分析索引性能、删除重建索引等。

（1）查看碎块信息

【例 7-23】使用 SQL Server Management Studio 查看会员表 Users 的PK_Users索引的碎片信息。

在“对象资源管理器”窗口中展开“minhang”→“表”→“Users”→“索引”项，

右击“PK_Users”项，在弹出的快捷菜单中选择“属性”命令，打开“索引属性”对话框。单击左侧“选择页”列表中的“碎片”项，可以详细查看 PK_Users 索引的碎片信息，如图 7-26 所示。

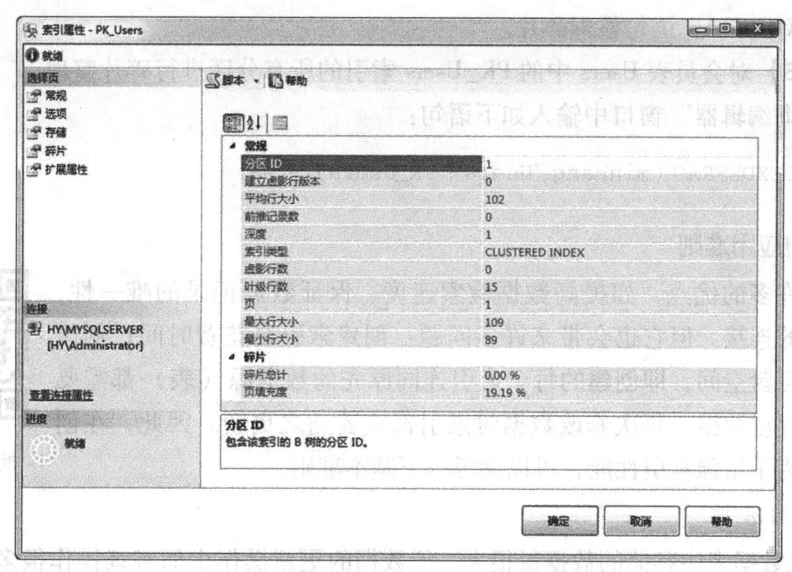

图 7-26 PK_Users 索引的碎片信息

（2）维护统计信息

索引统计信息是查询优化器用来分析和评估查询、确定最优查询计划的基础数据。在创建索引后，SQL Server 会自动存储有关的统计信息。用户可以通过常用的方式访问指定索引的统计信息。使用 DBCC SHOW_STATISTICS 语句可以查看统计信息 。

【例 7-24】查看会员表 Users 的 PK_Users 索引的统计信息。

在“查询编辑器”窗口中输入如下语句：

```
DBCC SHOW_STATISTICS('Users', PK_Users)
```

程序运行结果如图 7-27 所示。

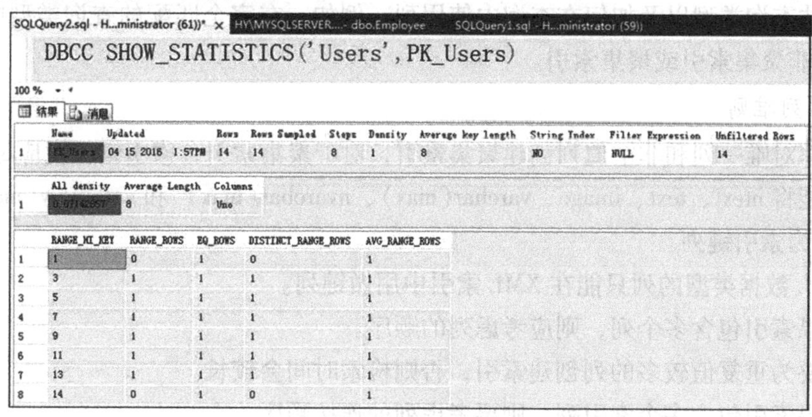

图 7-27 查看 Users 表的 PK_Users 索引的统计信息

(3) 碎片整理

随着时间性推移，对数据执行插入、更新或删除操作可能会导致索引中的信息分散在数据库中（含有碎片）。碎片越多索引性能越低，导致应用程序响应缓慢。用户可以利用 DBCC INDEXDEFRAG 语句整理碎片。

【例 7-25】对会员表 Users 中的 PK_Users 索引的所有分区进行碎片整理。

在“查询编辑器”窗口中输入如下语句：

```
DBCC INDEXDEFRAG (minhang,'Users', PK_Users)
```

7.2.4 索引应用准则

索引有许多的优点，如提高数据检索速度、保证数据记录的唯一性、加速表之间的连接。但它也会带来许多问题：创建索引要花费时间；创建索引要花费磁盘空间，即创建的每个索引连同原先的数据源（表）都需要磁盘空间来存放数据；每次修改数据时索引都需要随之更新。因此，在创建索引时，为了增强索引性能，可以参考以下基本准则。

授课视频 7-7

1. 数据库准则

1）如果数据表中存储的数据量很大，但数据的更新操作少而查询操作很多，可为其创建多个索引以提高检索速度。

2）一个表如果创建有大量索引，则会影响数据库的工作效率，因而应避免对经常更新的表创建过多的索引，并且索引列要尽可能少。

3）对存储数据较少的数据表而言，一般不适宜为其创建索引。

4）视图包含聚合、表连接或聚合和连接的组合时，视图的索引可以显著提升性能。

5）在创建索引之前，可以使用数据库引擎优化顾问来分析数据库并生成索引建议。

2. 查询准则

1）为经常用于查询中的谓词和连接条件的所有列创建非聚集索引。

2）涵盖索引（本身就包含了查询语句所要查询的所有列）可以提高查询性能。

3）将插入或修改可能较多的行的查询写入单个语句内，有利于索引的优化及维护。

4）评估查询类型以及如何在查询中使用列。例如，在完全匹配的查询类型中使用的列就适合用于非聚集索引或聚集索引。

3. 索引列准则

1）推荐对唯一列和非空值列创建聚集索引，对于聚集索引，索引键长度应尽量短。

2）不能将 ntext、text、image、varchar(max)、nvarchar(max) 和 varbinary(max) 数据类型的列指定为索引键列。

3）XML 数据类型的列只能在 XML 索引中用做键列。

4）如果索引包含多个列，则应考虑列的顺序。

5）不要为重复值较多的列创建索引，否则检索时间会较长。

6）如果索引包含多个索引列，则要考虑列的连接顺序。

7）如果查询语句对列产生计算，可考虑对计算列值创建索引。

实践训练

【实践目的】

1. 掌握视图的创建、修改和重命名的方法。
2. 掌握视图中数据的操作。
3. 了解索引的作用。
4. 掌握索引的创建方法。

【实践内容】

在销售管理数据库 Sale 中完成下列查询操作：

1. 创建一个女职工视图，包括员工的编号、姓名、性别、雇佣日期等信息。(使用 SQL Server Management Studio)

2. 创建一个客户订单信息视图，包括客户名称、订购的商品、单价和订购日期，并对创建视图文本进行加密。(使用 WITH ENCRYPTION 语句)

3. 创建一个订单详细信息视图，包括员工姓名、订购商品名称、订购数量、单价和订购日期。(分别使用 SQL Server Management Studio 和 FSQL 语句)

4. 创建一个员工统计订单信息视图，包括员工编号、订单数目和订单总金额。(分别使用 SQL Server Management Studio 和 T-SQL 语句)

5. 创建一个统计商品销售信息视图，包括商品名称、订购总数量。

6. 利用上题视图，查询“牛奶”的订购数量。

7. 在供应商姓名上建立唯一性索引。

8. 查看供应商表 Provider 的索引信息。

习 题 7

一、判断题

1. 在视图上可以完成定义新的基本表的操作。 ( )
2. 因为通过视图可以插入、修改或删除数据，因此视图也是一个实体表，SQL Server 将它保存在 syscommens 系统表中。 ( )
3. 在 SQL Server 2014 中，聚集索引的顺序和数据表的物理顺序相同。 ( )
4. 为数据表创建索引的目的是创建主键。 ( )
5. 在数据库中建立的索引越多越好。 ( )

二、选择题

1. 可以伴随着表的打开而自动打开的索引是（ ）。

   A. 一般索引文件　　B. 复合索引文件

   C. 结构化复合索引文件　　D. 非结构化复合索引文件

2. 打开建立了结构复合索引的数据表，表记录的顺序将按（ ）排列。

   A. 第一个索引标识　　B. 最后一个索引标识

C. 主索引标识　　　　　　　　D. 原顺序

3. 若所建立的索引的字段不允许重复，并且一个表只能创建一个，则应该是（　　）。

A. 主索引　　　　B. 候选索引　　　　C. 唯一索引　　　　D. 普通索引

4. 建立唯一索引后，只允许重复出现记录值的（　　）。

A. 第一个　　　　　　　　　　B. 最后一个

C. 全部　　　　　　　　　　　D. 字段值不唯一，不能存储

5. 以下关于视图的描述错误的是（　　）。

A. 视图可将多个物理数据表抽象为一个逻辑数据表

B. 视图充当着查询中指定的表的筛选器

C. 视图可筛选表中的行

D. 视图不能降低数据库的复杂程度

6. 有关创建视图的描述，以下正确的是（　　）。

A. 可以基于其他数据库中的表创建视图

B. 可以基于其他视图建立视图

C. 即使表被删除，视图的定义也表删除

D. 创建视图时可以使用临时表

7. 一个多源表视图的定义语句中，其子查询语句必定是（　　）语句。

A. 一个简单查询　　　　　　　B. 一个多表连接查询

C. 一个无条件查询　　　　　　D. 有表和视图的查询或多表连接的查询

8. 一个在已有视图上定义的新视图语句中，其子查询语句中（　　）。

A. 数据源中至少有一个视图　　B. 数据源中可能有视图，也可能没有视图

C. 数据源中必须有基本表和视图　D. 不一定出现视图名

9. 删除视图的正确语句是（　　）。

A. DELETE VIEW 视图名　　　　B. DROP VIEW 视图名

C. DROP VIEW 视图名（列名列表）　D. 以上都不对

三、填空题

1. 在执行 SEEK、FIND、LOCATE 语句时，不用首先对表文件进行索引的是________________。

2. 表索引有四种类型：主索引、候选索引、普通索引和________。

3. 为表建立索引，其基本特点是可以提高________速度。

4. 关键字 ASC 和 DESC 分别表示________的含义。

5. 按照主文件名不同，复合索引文件可以分为________和________。

项目八　订票管理的存储过程设计

知识目标

理解存储过程的作用；了解系统存储过程和扩展存储过程；了解存储过程的基本类型；掌握创建、删除、修改、加密以及执行各类存储过程的方法。

技能目标

会创建、删除、修改存储过程；会根据实际需要设计数据库中的存储过程。

8.1　存储过程概述

8.1.1　存储过程的概念

数据库开发人员在进行数据库开发时，为了实现一定的功能，要编写一些 T-SQL 语句，有时为了实现相同的功能，要多次编写相同的 T-SQL 语句。由于这些 T-SQL 语句经常需要跨越传输途径从外部抵达服务器，造成应用程序运行效率低下，还会造成数据库的安全隐患。使用存储过程可以解决这一问题。存储过程（Stored Procedure）是一组完成特定功能的 T-SQL 语句集，经编译后存储在数据库中，用户通过调用过程名和给出参数来调用它们。

授课视频 8－1

在 SQL Server 中编写的存储过程，类似于其他编程语言中的过程。比如，接收输入参数，并以输出参数的形式为调用过程语句返回一个或多个结果集。在存储过程中也可以调用存储过程，返回执行存储过程的状态值，以表示执行存储过程的成功或失败。

说明：可以将存储过程想象成一个可以重复执行的应用程序，可以带有参数，也可以有返回值，方便用户执行重复的工作。

8.1.2　存储过程的特点

在 SQL Server 2014 中，使用存储过程和在客户端计算机中使用 T-SQL 程序相比，具有许多优点：

1）允许模块化程序设计。存储过程可由在数据库编程方面有专长的人员创建，并存储在数据库中，以后可在程序中任意次地调用该过程，实现应用程序统一访问数据库。存储过程独立于程序源代码，而且可以单独修改，这可以改进应用程序的可维护性。

2）执行速度快 。存储过程在创建时被编译和优化了。程序调用一次存储过程以后，相关信息就保存在内存中，下次调用时可以直接执行。而批处理的 T-SQL 语句在每次运行时都要进行编译和优化，因此速度相对较慢。

3）能够有效降低网络流量。一个需要数百行 T-SQL 代码的操作可以通过一条执行存储过程代码的语句来完成，而不需要在网络中发送数百行代码，因而有效地降低了网络流量，提高了应用程序的执行效率。

4）提高数据库的安全性。存储过程具有安全特性（如权限）和所有权链接，以及可以附加到它们的证书。用户可以被授予权限来执行存储过程而不必直接对存储过程中引用的对象具有权限。存储过程可以强制应用程序的安全性。参数化存储过程有助于保护应用程序不受 SQL Injection 攻击。

8.1.3　存储过程的分类

在 SQL Server 2014 中，存储过程分为以下 3 类：

（1）系统存储过程

在 SQL Server 2014 中的许多管理活动都是通过一种特殊的存储过程执行的，这种存储过程称为系统存储过程。系统存储过程的名字一般都以“sp_”为前缀。例如，sp_help 就是一个系统存储过程，用来显示系统对象的信息。

在物理意义上，系统存储过程主要存储在源数据库 Resource 中，但在逻辑上，它们出现在每个数据库的 sys 架构中。在 SQL Server Management Studio 中可以查看系统存储过程，如打开 minhang 数据库查看系统存储过程，如图 8-1 所示。

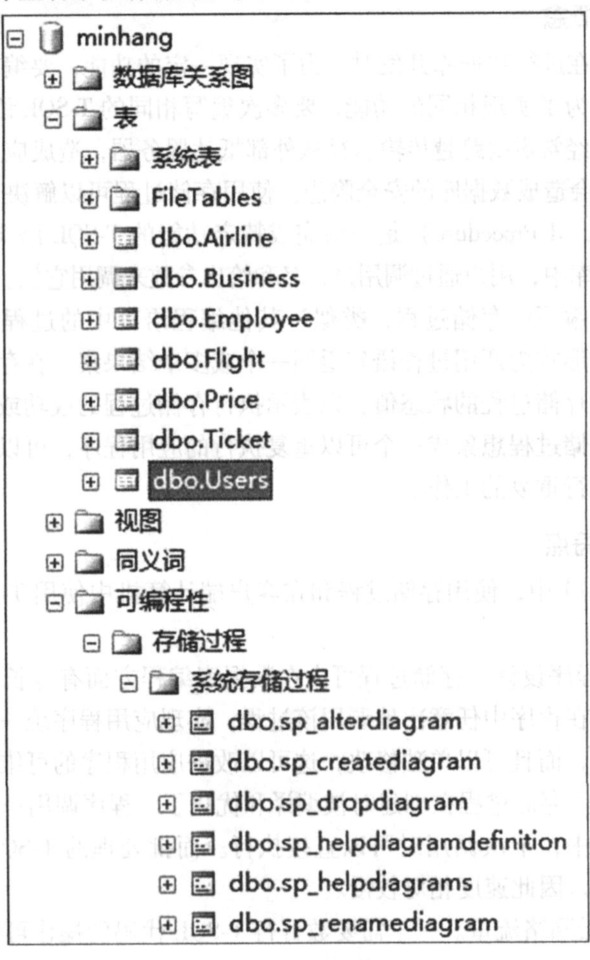

图 8-1　系统存储过程

（2）用户自定义存储过程

用户自定义存储过程是指由用户创建的、能完成某一特定功能的可重用代码的模块或例程。在 SQL Server 2014 中，用户自定义存储过程有两种类型：T-SQL 或 CLR。T-SQL 存储过程是指保存的 T-SQL 语句集合。CLR 存储过程指对 Microsoft. NET Framework 公共语言运行时（CLR）方法的引用，可以接收和返回用户提供的参数。

（3）扩展存储过程

扩展存储过程是指使用编程语言创建自己的外部例程，即 SQL Server 的实例可以动态加载和运行的 DLL。扩展存储过程直接在 SQL Server 实例的地址空间中运行，可以使用 SQL Server 扩展存储过程 API 完成编程。

8.2　创建和执行用户存储过程

授课视频 8－2

存储过程的定义中包含如下两个主要组成部分。

1）过程名称及其参数的说明：包括所有的输入参数以及传给调用者的输出参数。

2）过程的主体：也称为过程体，针对数据库的操作语句（T-SQL 语句），包括调用其他存储过程的语句。

在 SQL Server 2014 中，利用 CREATE PROCEDURE 语句创建存储过程的语法格式如下：

```
CREATE [ PROC | PROCEDURE] 存储过程名
[ { @参数名称  参数数据类型 } [ =参数的默认值]
[ OUTPUT ]  ]
[ , …n ]
[WITH ENCRYPTION]
[WITH RECOMPILE]
AS
sql_statement
```

其中各参数说明如下。

@参数名称：存储过程可以没有参数，也可以声明一个或多个参数。参数名称必须以@作为第一个字符。参数后面带 OUTPUT，表示为输出参数。

WITH ENCRYPTION：对存储过程加密，其他用户无法查看存储过程的定义。

WITH RECOMPILE：每次执行该存储过程都重新进行编译。

sql_statemen：该存储过程中定义的编程语句。

根据存储过程定义中的参数形式，可以把存储过程分为不带任何参数的存储过程、带输入参数的存储过程和带输出参数的存储过程 3 种。

8.2.1　不带参数的存储过程

1. 创建不带参数的存储过程

创建不带参数的存储过程时，其简化后的语法格式如下：

```
CREATE [ PROC | PROCEDURE] 存储过程名
```

```
[WITH ENCRYPTION] [WITH RECOMPILE]
AS
sql_statement
```

【例 8-1】 创建一个名为 P_Flight 的存储过程，用于查询航班信息。

分析： 由于没有指定任何查询条件，该存储过程查询所有航班信息。

在“查询编辑器”窗口中输入如下语句：

```
USE minhang
GO
CREATE procedure P_Flight       /* 定义过程名 */
AS
SELECT * FROM Flight            /* 过程体 */
GO
```

【例 8-2】 创建综合 SELECT 语句的存储过程：查询乘客购买机票的相关信息，包括乘客姓名，身份证号，航班号，舱位，座位号，登机口，起飞及降落的城市、时间和机场。

分析： 存储过程的功能是查询乘客购买机票的情况，信息来源于票务表 Business、航班表 Flight 和机票表 Ticket，条件固定，因此，该存储过程为不带参数的存储过程。

在创建存储过程前，最好先在“查询编辑器”窗口中执行存储过程中的查询语句，如果能够得到预期结果，如图 8-2 所示，再创建存储过程。

在“查询编辑器”窗口中输入如下语句：

```
CREATE procedure p_Flight_Ticket
AS
SELECT Iname, Iidentity_id, Flight.Fno, Cabin, seat, City1, Time1, Airport1, 
City2, Time2, Airport2, Gate
FROM Business INNER JOIN Ticke ON Business.Tno = Ticket.Tno
              INNER JOIN Flight ON Ticket.Fid = Flight.Fid
```

Iname	Iidentity_id	Fno	Cabin	seat	City1	Time1	Airport1	City2	Time2	Airport2	Gate
王子轩	44030519950...	3U8869	F	2A	厦门	2016-04-15 0...	高崎国际机场T4	成都	2016-04-15 1...	双流国际机场T2	A
李明宇	44040719710...	3U8869	F	2B	厦门	2016-04-15 0...	高崎国际机场T4	成都	2016-04-15 1...	双流国际机场T2	A
刘昊明	44050919810...	3U8869	F	3A	厦门	2016-04-15 0...	高崎国际机场T4	成都	2016-04-15 1...	双流国际机场T2	A
慕容筱筱	44061119910...	3U8869	F	3B	厦门	2016-04-15 0...	高崎国际机场T4	成都	2016-04-15 1...	双流国际机场T2	A
李向东	44071319900...	3U8869	C	4A	厦门	2016-04-15 0...	高崎国际机场T4	成都	2016-04-15 1...	双流国际机场T2	A
张婉嫣	44081519820...	3U8869	C	4B	厦门	2016-04-15 0...	高崎国际机场T4	成都	2016-04-15 1...	双流国际机场T2	A
刘奥生	44091719480...	CA4505	F	1A	南京	2016-04-15 1...	南京禄口国际...	成都	2016-04-15 1...	双流国际机场T2	C
李雷	44101919630...	CA4505	F	1B	南京	2016-04-15 1...	南京禄口国际...	成都	2016-04-15 1...	双流国际机场T2	C
李慧珍	44112119810...	CA4505	F	2A	南京	2016-04-15 1...	南京禄口国际...	成都	2016-04-15 1...	双流国际机场T2	C

图 8-2　查询乘客购买机票情况

2. 执行不带参数的存储过程

存储过程创建成功后，用户可以执行存储过程来检查存储过程的返回结果。可以使用 EXECUTE 语句来调用它，其语法格式如下：

```
EXEC[UTE] 存储过程名
```

【例 8-3】 执行创建的 p_Flight_Ticket 存储过程。

在“查询编辑器”窗口中输入如下语句：

```
EXEC p_Flight_Ticket
```

程序运行结果如图 8-3 所示，与图 8-2 所示完全相同，表示存储过程创建成功。

Iname	Iidentity_id	Fno	Cabin	seat	City1	Time1	Airport1	City2	Time2	Airport2	Gate
王子轩	44030519950...	3U8869	F	2A	厦门	2016-04-15 0...	高崎国际机场T4	成都	2016-04-15 1...	双流国际机场T2	A
李明宇	44040719710...	3U8869	F	2B	厦门	2016-04-15 0...	高崎国际机场T4	成都	2016-04-15 1...	双流国际机场T2	A
刘耀明	44050919810...	3U8869	F	3A	厦门	2016-04-15 0...	高崎国际机场T4	成都	2016-04-15 1...	双流国际机场T2	A
慕容筱筱	44061119910...	3U8869	F	3B	厦门	2016-04-15 0...	高崎国际机场T4	成都	2016-04-15 1...	双流国际机场T2	A
李向东	44071319900...	3U8869	C	4A	厦门	2016-04-15 0...	高崎国际机场T4	成都	2016-04-15 1...	双流国际机场T2	A
张筱曦	44081519820...	3U8869	C	4B	厦门	2016-04-15 0...	高崎国际机场T4	成都	2016-04-15 1...	双流国际机场T2	A
刘贵生	44091719480...	CA4505	F	1A	南京	2016-04-15 1...	南京禄口国际...	成都	2016-04-15 1...	双流国际机场T2	C
李雪	44101919630...	CA4505	F	1B	南京	2016-04-15 1...	南京禄口国际...	成都	2016-04-15 1...	双流国际机场T2	C
李慧珍	44112119810...	CA4505	F	2A	南京	2016-04-15 1...	南京禄口国际...	成都	2016-04-15 1...	双流国际机场T2	C

图 8-3　执行 p_Flight_Ticket 存储过程的结果

8.2.2　带输入参数的存储过程

1. 创建带输入参数的存储过程

输入参数是指由调用程序向存储过程传递的参数，在创建存储过程语句中定义输入参数，而在执行该存储过程中给出相应的变量值。创建带输入参数的存储过程的语法格式如下：

```
CREATE [ PROC | PROCEDURE] 存储过程名
[ { @参数名称 参数数据类型 } [ = 参数的默认值 ] [ , …n ]
[WITH ENCRYPTION]
[WITH RECOMPILE]
AS
sql_statement
```

其中，“{@参数名称 参数数据类型} [=参数的默认值]”用于定义局部变量为存储过程中参数，例如@ i int =1，局部变量整型的@ i 为参数，@ i 的默认值为 1，也就是如果在执行存储过程中未提供参数值，则使用默认值 1。

【例 8-4】创建一个存储过程，实现根据乘客身份证号查询乘客基本信息，包括乘客姓名、联系电话、地址、工作单位等。

分析：根据乘客的身份证号来确定存储过程的执行，所以本例是带输入参数的存储过程，参数为身份证号 Iidentity_id，定义变量用来接收输入的身份证号@ Iidentity_id。

在“查询编辑器”窗口中输入如下语句：

```
SELECT Iname, Itel, IAdd, WorkUnit
FROM Business
WHERE Iidentity_id = @Iidentity_id
```

(1) 测试过程体的正确性

为了测试方便，假定输入参数@ Iidentity_id ='440101198201022543'，则相应的查询语句为：

```
SELECT Iname, Itel, IAdd, WorkUnit
FROM Business
WHERE Iidentity_id ='440101198201022543'
```

程序运行结果如图 8-4 所示。

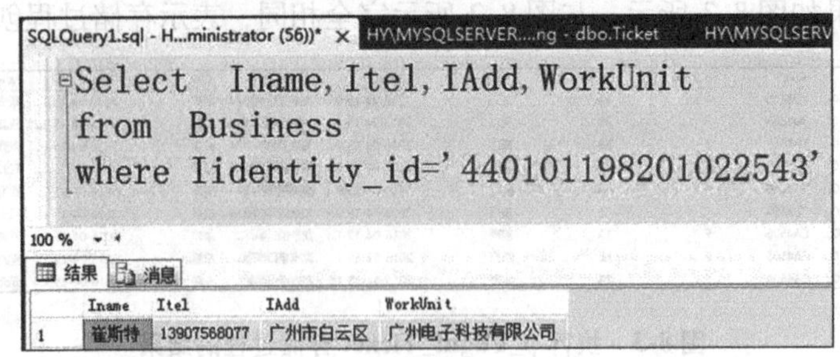

图 8-4　查询身份证号为“440101198201022543”的乘客信息

(2) 创建存储过程

在“查询编辑器”窗口中输入如下语句：

```
CREATE procedure P_passenger
@Iidentity id char(18)
AS
SELECT Iname, Itel, IAdd, WorkUnit
FROM Business
WHERE Iidentity_id = @Iidentity_id
```

【例 8-5】根据乘客身份证号，查询乘客购买机票的信息，包括乘客姓名，身份证号，航班号，舱位，座位号，登机口，起飞及降落的城市、时间和机场。

分析：存储过程的功能是查询乘客购买机票的情况，信息来源于票务表 Business、航班表 Flight 和机票表 Ticket，条件为乘客身份证查询，因此，该存储过程为带参数的存储过程。

在“查询编辑器”窗口中输入如下语句：

```
CREATE procedure P_passenger2
@Iidentity_id char(18)
AS
SELECT Iname, Iidentity_id, Flight.Fno, Cabin, seat, City1, Time1, Airport1,
City2, Time2, Airport2, Gate
FROM Business INNER JOIN Ticket ON Business.Tno = Ticket.Tno
              INNER JOIN Flight ON Ticket.Fid = Flight.Fid
WHERE Iidentity_id = @Iidentity_id
```

2. 执行输入参数的存储过程

执行带输入参数的存储过程，有两种方法：一种是使用参数名传递参数值；另一种是按位置传递参数值。

(1) 使用参数名传递参数值

语法格式如下：

```
EXEC 存储过程名
[@参数名 = 参数值 ][DEFAULT]
[, …n]
```

【例 8-6】使用存储过程 P_passenger2 获得乘客购买机票的信息。

分析：查询乘客购买机票的信息，在已经有存储过程 P_passenger2 的基础上，只需要让存储过程中的参数@ Iidentity_id 的值为一个有效值。

在“查询编辑器”窗口中输入如下语句：

```
EXEC P_passenger2 @Iidentity_id = '440509198101062551'
```

程序运行结果如图 8-5 所示。

图 8-5 执行存储过程 P_passenger2 的结果

(2) 按位置传递参数值

在执行过程中，按照输入参数的位置直接给出参数的传递值。当存储过程有多个参数时，值的顺序必须与创建存储过程语句中定义参数的顺序相一致。也就是说，参数传递的顺序就是参数定义的顺序。参数是字符类型或日期类型，需要将这些参数值用引号引起来。按位置传递参数的语法格式如下：

```
EXEC 存储过程名
[参数值1，参数值2，…]
```

说明：当使用按位置传递参数时，也可以忽略允许空值和具有默认值的参数输入，但不能破坏输入参数的顺序。

【例 8-7】创建一个带通配符参数的存储过程 Users_name，用于查询指定姓氏的会员信息。

分析：可以定义变量@ Tname 用于获得传入的姓氏，如果没有提供具体的参数，则默认为“%”，即查询所有姓氏的会员信息。

在“查询编辑器”窗口中输入如下语句：

```
CREATE procedure Users_name
@Tname varchar(30) = '%'
AS
SELECT *
FROM Users
WHERE Tname like @Tname
```

【例 8-8】利用存储过程 Users_name 查询所有会员信息和姓“陈”的会员信息。

在“查询编辑器”窗口中输入如下语句：

```
EXEC Users_name
EXEC Users_name '陈%'
```

程序运行结果如图 8-6 所示。

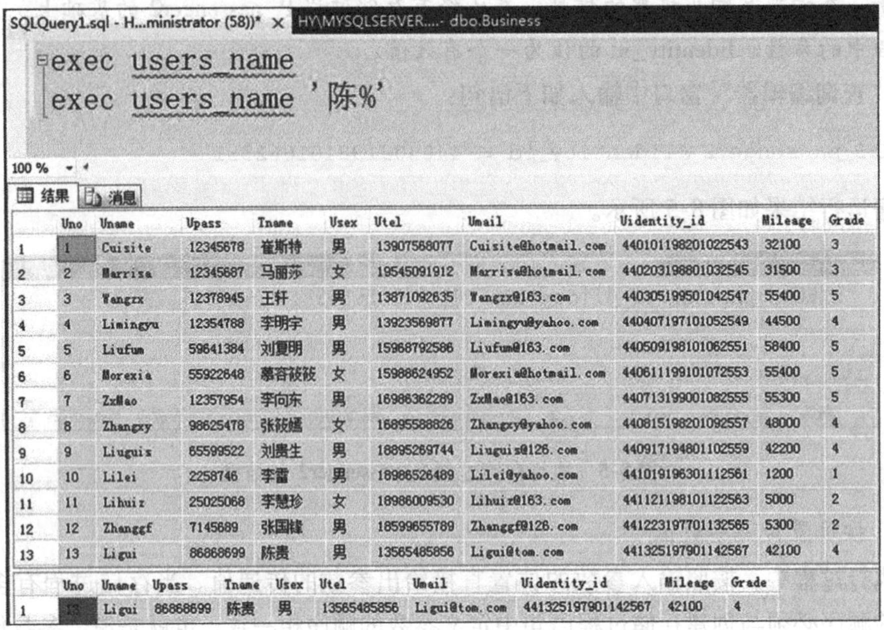

SQLQuery1.sql - H...ministrator (58))* × HY\MYSQLSERVER....- dbo.Business

```
exec users_name
exec users_name '陈%'
```

100 %

结果 消息

	Uno	Uname	Upass	Tname	Usex	Utel	Umail	Uidentity_id	Mileage	Grade
1	1	Cuisite	12345678	崔斯特	男	13907568077	Cuisite@hotmail.com	440101198201022543	32100	3
2	2	Marrisa	12345687	马丽莎	女	19545091912	Marrisa@hotmail.com	440203198801032545	31500	3
3	3	Wangzx	12378945	王轩	男	13871092635	Wangzx@163.com	440305199501042547	55400	5
4	4	Limingyu	12354788	李明宇	男	13923569877	Limingyu@yahoo.com	440407197101052549	44500	4
5	5	Liufum	59641384	刘夏明	男	15968792586	Liufum@163.com	440509198101062551	58400	5
6	6	Morexia	55922648	慕容筱筱	女	15988624952	Morexia@hotmail.com	440611199101072553	55400	5
7	7	ZxMao	12357954	李向东	男	16986362289	ZxMao@163.com	440713199001082555	55300	5
8	8	Zhangxy	98625478	张筱嫣	女	16895588826	Zhangxy@yahoo.com	440815198201092557	48000	4
9	9	Liuguis	65599522	刘贵生	男	18895269744	Liuguis@126.com	440917194801102559	42200	4
10	10	Lilei	2258746	李蕾	男	18986526489	Lilei@yahoo.com	441019196301112561	1200	1
11	11	Lihuiz	25025068	李慧珍	女	18986009530	Lihuiz@163.com	441121198101122563	5000	2
12	12	Zhanggf	7145689	张国峰	男	18599655789	Zhanggf@126.com	441223197701132565	5300	2
13	13	Ligui	86868699	陈贵	男	13565485856	Ligui@tom.com	441325197901142567	42100	4

	Uno	Uname	Upass	Tname	Usex	Utel	Umail	Uidentity_id	Mileage	Grade
1	13	Ligui	86868699	陈贵	男	13565485856	Ligui@tom.com	441325197901142567	42100	4

图 8-6　带通配符的存储过程的执行

说明：此处会员姓名参数@ Tname 类型为 varchar(30) 而不用 char(30)，原因是如果定义为 char(30) 则@ Tname 的默认值系统会认为是 '%'（30 个定长字符），这样无法查询出正确结果。

8.2.3　带输出参数的存储过程

1. 创建带输出参数的存储过程

从存储过程中返回一个或多个值是通过在创建存储过程的语句中定义输出参数来实现的。参数定义的具体语法格式如下：

授课视频 8-3

```
@参数名 数据类型[ =默认值] OUTPUT
```

其中，保留字 OUTPUT 指明这是一个输出参数。值得注意的是，输出参数必须位于所有输入参数说明之后。

2. 执行带输出参数的存储过程

为了接收某一存储过程的返回值，在调用该存储过程的程序中，也必须声明作为输出的传递参数。这个输出传递参数声明为局部变量，用来存放返回参数的值。具体语法格式如下：

```
EXEC[UTE] 存储过程名
[[@参数名 =]{参数值|@变量 [ OUTPUT ]|[默认值]}][,…n]
```

【例 8-9】计算两个数的乘积，将计算结果用输出参数返回给调用者。

分析：存储过程的功能是求两个数的乘积，所以需要两个输入参数@ var1 int、@ var2 int，执行存储过程后要求返回结果，则需要定义一个变量作为输出参数。

在“查询编辑器”窗口中输入如下语句：

```
CREATE PROCEDURE p_Sum
@var1 int, @var2  int,
@res int output
AS
SET @res = @var1 * @var2
```

【例 8-10】执行例 8-9 创建的存储过程。

在“查询编辑器”窗口中输入如下语句：

```
DECLARE @res int
EXECUTE p_Sum 3, 8, @res output
PRINT @res
```

8.3　管理存储过程

8.3.1　查看存储过程

存储过程被创建之后，它的名字被存储在系统表 sysobjects 中，源代码被存放在系统表 syscomments 中。用户可以使用系统存储过程来查看所创建的存储过程的相关信息。

1）sp_help 用于显示存储过程的参数及其数据类型。其语法格式如下：

```
sp_help [[@ objname =] 存储过程名 ]
```

【例 8-11】查看 P_grade2 存储过程的参数和数据类型。

在“查询编辑器”窗口中输入如下语句：

```
USE minhang
GO
sp_help P_passenger2
```

程序运行结果如图 8-7 所示。

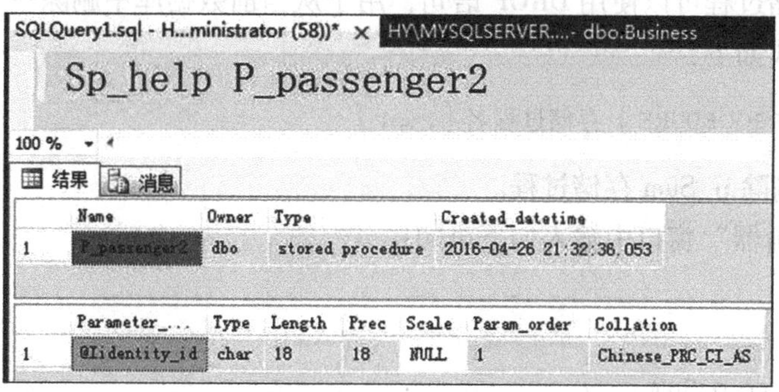

图 8-7　查看存储过程的参数和数据类型

2）sp_helptext 用于显示存储过程的源代码。其语法格式如下：

```
sp_helptext [[@objname =]存储过程]
```

【例 8-12】查看 P_passenger2 存储过程的源代码。

在“查询编辑器”窗口中输入如下语句：

```
USE minhang
GO
sp_helptext P_passenger2
```

程序运行结果如图 8-8 所示。

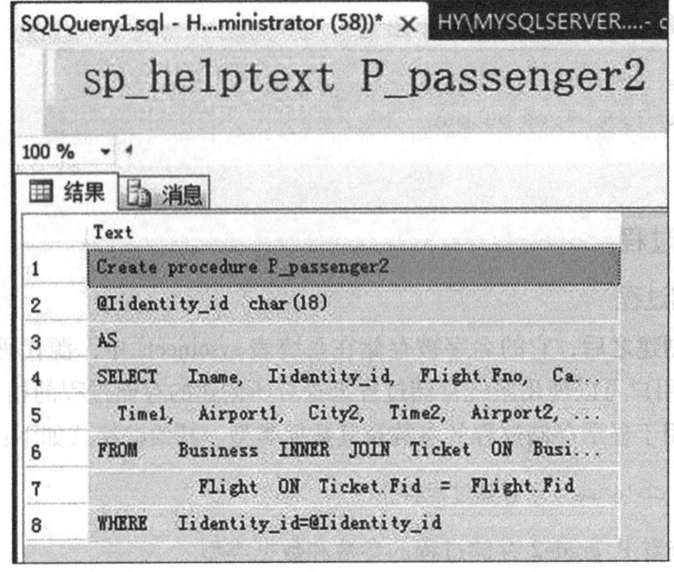

图 8-8　查看 P_passenger2 存储过程的源代码

说明：如果在创建存储过程的时候使用了 WITH ENCRYPTION 选项，那么使用 sp_helptext 将无法看到存储过程的源代码。

8.3.2　删除用户存储过程

删除用户存储过程可以使用 DROP 语句，用于从当前数据库中删除一个或者多个存储过程组。其语法格式如下：

```
DROP {PROC | PROCEDURE} 存储过程名 [ , …n ]
```

【例 8-13】删除 p_Sum 存储过程。

在“查询编辑器”窗口中输入如下语句：

```
USE minhang
GO
DROP procedure p_Sum
```

【例 8-14】使用 SQL Server Management Studio 删除 p_Sum 存储过程。

1）在“对象资源管理器”中展开“数据库”→“minhang”→“可编程性”→“存储过程”项，右击“p_Sum”项，在弹出的快捷菜单中选择“删除”命令。

2）打开“删除对象”对话框，单击“确定”按钮，删除 p_Sum 存储过程。

8.3.3 修改存储过程

如果需要修改存储过程，可以先删除存储过程，再重建存储过程；或者使用 ALTER PROCEDURE 语句，更改先前通过执行 CREATE PROCEDURE 语句创建的过程。使用 ALTER PROCEDURE 语句是为了保持存储过程的权限。其语法格式如下：

```
ALTER [ PROC | PROCEDURE] 存储过程名
[ { @参数名称 参数数据类型 } [ = 参数的默认值 ]
[ OUTPUT ]]
[,…n ]
[WITH ENCRYPTION]
[WITH RECOMPILE]
AS
sql_statement
```

【例 8-15】 修改例 8-7 中创建的存储过程 Users_name，使其能够根据提供的姓名模糊查询会员信息，并要求存储过程代码不能查看。

1）在“对象资源管理器”窗口中展开“数据库”→“minhang”→“可编程性”→“存储过程”项，右击“Users_name”项，在弹出的快捷菜单中选择“设计”命令。

2）在打开的“查询编辑器”窗口中，对代码做如下修改：

```
SET ANSI_NULLS ON
SET QUOTED_IDENTIFIER ON
GO
ALTER PROCEDURE [dbo].[Users_name]
@Tname varchar(30)    /* 去掉" = % " * /
WITH ENCRYPTION       /* 加密 * /
AS
SELECT *
FROM Users
WHERE Tname LIKE '%' + @ Tname + '%'   /* 模糊查询 * /
```

3）单击工具栏中的“执行”按钮，修改存储过程。执行存储过程效果如图 8-9 所示。

HY\MYSQLSERVER...ang - dbo.Users   SQLQuery3.sql - H...ministrator (57))*

```
exec users_name '明'
```

100 %

结果 消息

	Uno	Uname	Upass	Tname	Usex	Utel	Umail	Uidentity_id	Mileage	Grade
1	4	Limingyu	12354788	李明宇	男	13923569877	Limingyu@yahoo.com	440407197101052549	44500	4
2	5	Liufum	59641384	刘复明	男	15968792586	Liufum@163.com	440509198101062551	58400	5
3	14	Hanmm9	99988866	韩明	女	18988665598	Hanmm9@126.com	441427199101152569	1300	1

图 8-9 测试执行模糊查询会员名字中带“明”字的存储过程

8.4 系统存储过程和扩展存储过程

8.4.1 系统存储过程

系统表是 SQL Server 2014 用来存放各种对象信息的地方，用户系统表存放在 master 和 msdb 数据库中，且大部分以字符 sp_ 打头。系统表中存放的信息大部分是数字数据。SQL Server 2014 提供了大约 1230 个系统存储过程，帮助用户修改系统表。下面对常用系统存储过程做简单的介绍。

sp_tables：返回可在当前环境中查询的对象列表，即可在 FROM 子句中出现的任何对象。

sp_stored_procedures：返回当前环境中的存储过程列表。

sp_rename：在当前数据库中更改用户创建对象的名称。此对象可以是表、索引、列、别名数据类型。

sp_renamedb：更改数据库的名称。

sp_help：报告有关数据库对象（sys. sysobjects 兼容视图中列出的所有对象）、用户定义数据类型或 SQL Server 2014 提供的数据类型的信息。

sp_helptext：显示用户定义规则的定义、默认值、未加密的 T-SQL 存储过程、用户定义 T-SQL 函数、触发器、计算列、CHECK 约束、视图或系统对象（如系统存储过程）。

sp_who：提供有关 Microsoft SQL Server Database Engine 实例中的当前用户和进程的信息。

sp_password：为 Microsoft SQL Server 登录名添加或更改密码。

【例 8-16】返回可在当前环境中查询的对象列表。

在“查询编辑器”窗口中输入如下语句：

```
USE minhang
GO
EXEC sp_tables
```

程序运行结果如图 8-10 所示。

HY\MYSQLSERVER...ang - dbo.Users　SQLQuery3.sql - H...ministrator (57))* ×

```
Exec sp_tables
```

100 %

结果　消息

	TABLE_QUALIFIER	TABLE_OWNER	TABLE_NAME	TABLE_TYPE	REMARKS
8	minhang	dbo	Users	TABLE	NULL
9	minhang	sys	trace_xe_action_map	TABLE	NULL
10	minhang	sys	trace_xe_event_map	TABLE	NULL
11	minhang	dbo	view_avg_age	VIEW	NULL
12	minhang	dbo	view_employee	VIEW	NULL
13	minhang	dbo	view_employee2	VIEW	NULL
14	minhang	dbo	View_Flight	VIEW	NULL
15	minhang	INFORMATION_SCHEMA	CHECK_CONSTRAINTS	VIEW	NULL
16	minhang	INFORMATION_SCHEMA	COLUMN_DOMAIN_USAGE	VIEW	NULL
17	minhang	INFORMATION_SCHEMA	COLUMN_PRIVILEGES	VIEW	NULL
18	minhang	INFORMATION_SCHEMA	COLUMNS	VIEW	NULL

图 8-10　sp_tables 系统存储过程

8.4.2　扩展存储过程

使用扩展存储过程能够在编辑语言（如 C 语言）中创建自己的外部例程。扩展存储过程是 SQL Server 实例可以动态加载和运行的 DLL，扩展了 SQL Server 2014 的性能，常以“xp_”开头。常用的扩展存储过程如下。

xp_cmdshell：用来运行平常从命令提示符下执行的程序，如 DIR（显示目录）和 MD（更改目录）等。

xp_sscanf：将数据从字符串读入时每个格式参数所指定的参数位置。

xp_sprintf：设置一系列字符和值的格式并将其存储到字符串输出参数中。每个格式参数都用相应的参数替换。

【例 8-17】使用 xp_cmdshell 扩展存储过程返回指定 C:\Windows 文件夹下的文件列表。

1）在“查询编辑器”窗口中输入如下语句：

```
EXEC xp_cmdshell 'DIR C:\Windows\*.*'
```

单击工具栏中的“执行”按钮，结果如图 8-11 所示。系统提示出错信息“此组件已作为此服务器安全配置的一部分而被关闭”，所以需要通过配置外围应用配置器来启动该功能。

2）配置外围应用配置器。在“对象资源管理器”窗口中右击“MYSQLSERVER”项，在弹出的快捷菜单中选择“方面”命令，如图 8-12 所示，打开“查看方面”对话框。在“方面”下拉列表框中选择“外围应用配置器”项，“XPcmdShellEnable”属性选择为 True，如图 8-13 所示。再展开“Database Engine”项，在“xp_cmdshell”属性右侧勾选“启用 xp_cmdshell”复选框，最后单击“确定”按钮。

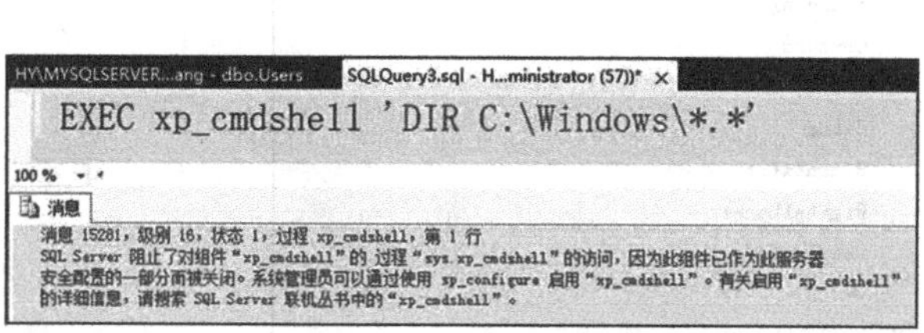

图 8-11　xp_cmdshell 被禁用时的系统提示信息

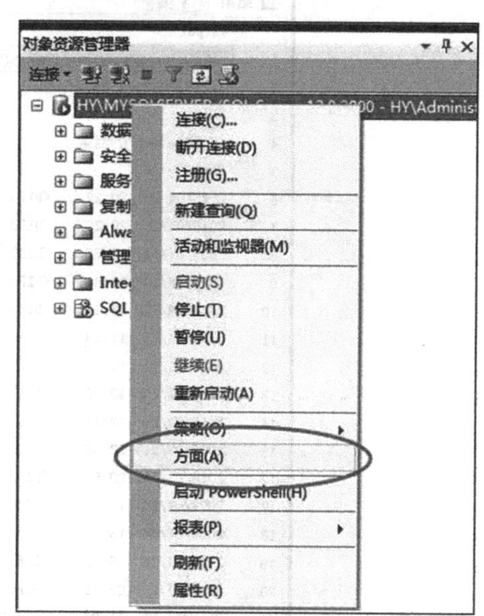

图 8-12　配置外围应用配置器

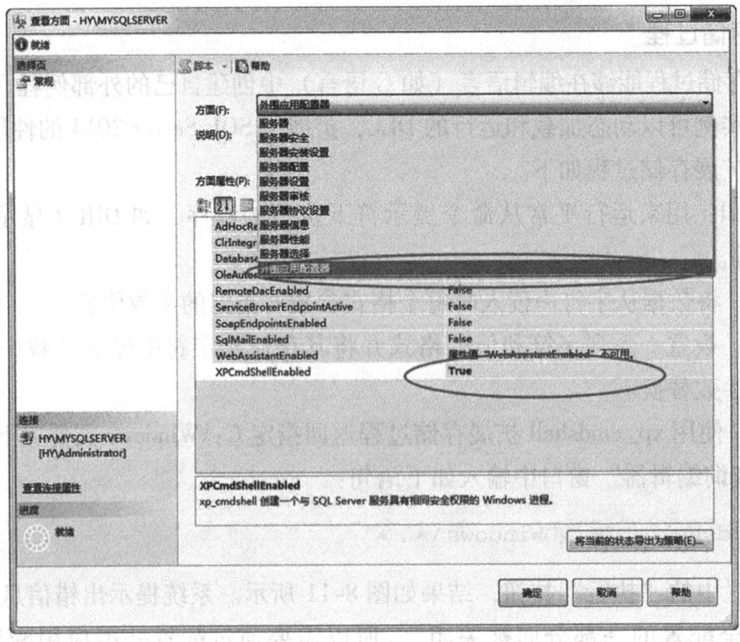

图 8-13　“查看方面”对话框

3）重复步骤 1，使用 xp_cmdshell 扩展存储过程查看 C:\Windows 文件夹下的文件列表信息，程序运行结果如图 8-14 如示。

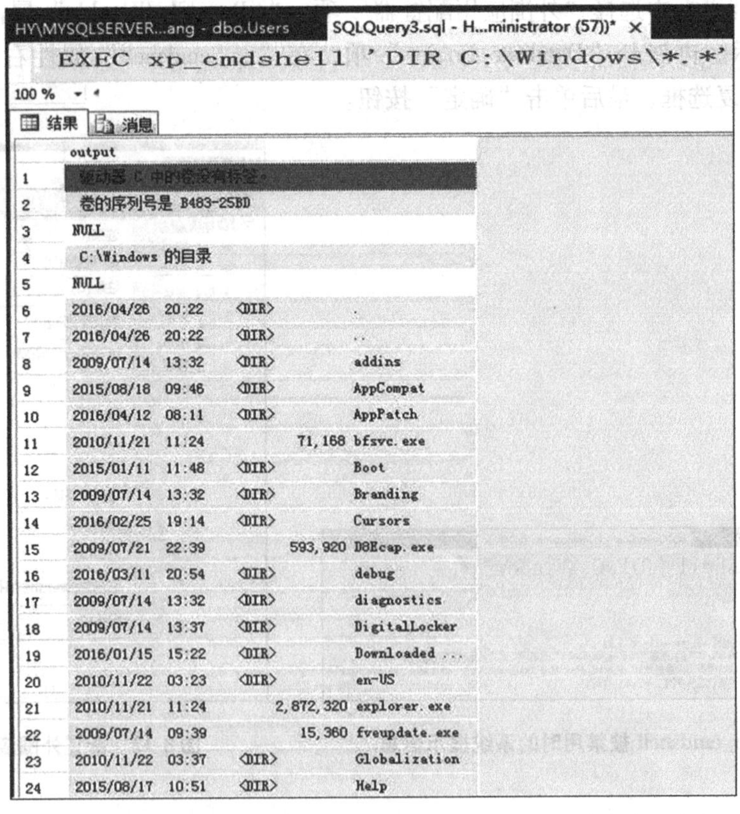

	output
1	驱动器 C 中的卷没有标签。
2	卷的序列号是 B483-25BD
3	NULL
4	C:\Windows 的目录
5	NULL
6	2016/04/26 20:22 <DIR> .
7	2016/04/26 20:22 <DIR> ..
8	2009/07/14 13:32 <DIR> addins
9	2015/08/18 09:46 <DIR> AppCompat
10	2016/04/12 08:11 <DIR> AppPatch
11	2010/11/21 11:24 71,168 bfsvc.exe
12	2015/01/11 11:48 <DIR> Boot
13	2009/07/14 13:32 <DIR> Branding
14	2016/02/25 19:14 <DIR> Cursors
15	2009/07/21 22:39 593,920 DBEcap.exe
16	2016/03/11 20:54 <DIR> debug
17	2009/07/14 13:32 <DIR> diagnostics
18	2009/07/14 13:37 <DIR> DigitalLocker
19	2016/01/15 15:22 <DIR> Downloaded ...
20	2010/11/22 03:23 <DIR> en-US
21	2010/11/21 11:24 2,872,320 explorer.exe
22	2009/07/14 09:39 15,360 fveupdate.exe
23	2010/11/22 03:37 <DIR> Globalization
24	2015/08/17 10:51 <DIR> Help

图 8-14　使用 xp_cmdshell 扩展存储过程查看 C:\Windows 文件夹的信息

8.5　存储过程的应用

在一个数据库中创建存储过程，需要考虑以下因素：

1）一个存储过程完成一个任务。

2）不要使用“sp_”来命名用户存储过程。

3）可以使用 WITH ENCRYPTION 语句加密存储过程，以免存储过程的源代码被人查阅。

4）在存储过程的开始执行 SET 语句。

5）在服务器上创建、测试存储过程。

8.5.1　操作表的存储过程

在数据库中经常要对各类表进行插入、删除和更新操作。

【例 8-18】创建一个存储过程，能将指定会员的里程增加 1000 分，作为奖励。

分析：将指定会员的里程增加 1000 分，需要使用输入参数，假定为@ Uno。

在“查询编辑器”窗口中输入如下语句：

```
CREATE PROC p_UpdateMileage
@Uno bigint
AS
UPDATE Users SET Mileage = Mileage + 1000
WHERE Uno = @Uno
```

【例 8-19】创建一个存储过程，能将指定会员的里程增加 1000 分作为奖励，但是要求指定值必须在 1000 ~ 3000 之间，否则不予修改。

分析：既要指定会员，又要指定里程，所以本题需要两个输入参数@ Uno、@ mileage；要求指定里程在 1000 ~ 2000 之间，可以使用 IF 语句进行判断。

在“查询编辑器”窗口中输入如下语句：

```
CREATE PROC p_UpdateMileage2
@Mileage int,
@Uno bigint
AS
IF @Mileage BETWEEN 1000 AND 2000
UPDATE Users SET Mileage = Mileage + 1000
WHERE Uno = @Uno
```

8.5.2　获取信息的存储过程

在数据库中可以创建查询符合指定条件的信息的存储过程。

【例 8-20】修改 P_passenger2 存储过程，使其能查询里程大于 50000km 的会员相关详细。

分析：修改存储过程可以直接使用 ALTER PROCEDURE 语句进行。

在“查询编辑器”窗口中输入如下语句：

```
ALTER PROCEDURE P_passenger2
@Iidentity_id char(18)
AS
SELECT Iname, Iidentity_id, Flight.Fno, Cabin, seat, City1, Time1, Airport1,
City2, Time2, Airport2, Gate
FROM Business INNER JOIN Ticket ON Business.Tno = Ticket.Tno
INNER JOIN Flight ON Ticket.Fid = Flight.Fid
WHERE Iidentity_id =@Iidentity_id AND mileage >=50000
```

实践训练

【实践目的】

1. 掌握存储过程的概念，了解存储过程的类型。
2. 掌握存储过程的创建方法。
3. 掌握存储过程的执行方法。
4. 掌握存储过程的查看、修改、删除的方法。

【实践内容】

在销售管理数据库 Sale 中完成下列查询操作：

1. 创建一个名为 Cu_information 的存储过程，用于查询所有客户的信息，并执行（不带参数)。

2. 创建一个名为 Cu_tonghen_Order 的存储过程，用于查询“通恒机械有限公司”的联系人姓名、联系方式以及该公司订购产品的明细表，并执行（不带参数)。

3. 创建一个存储过程，实现根据销售订单号获取该订单的信息的功能（输入参数)。

4. 创建一个名 customer_order 的存储过程，用于获取指定客户的信息，包括联系人姓名、联系方式以及该公司订购产品的明细表（输入参数)。

5. 创建名为 listEmployee 的存储过程，其功能为：在员工表 Employee 中查找符合性别和超过指定工资条件的员工详细信息（输入参数)。

6. 使用 4 中创建的存储过程 customer_order，获取“三川实业有限公司”的信息，包括联系人姓名、联系方式以及该公司订购产品的明细表。

7. 按参数名存储过程 listEmployee 查找工资超过 4000 元的男员工和工资超过 3000 元的女员工的详细信息。

8. 创建一个带有通配符参数的存储过程 name_employee，用于查询指定姓氏的员工信息。

9. 查看 8 中所定义的存储过程。

习题 8

一、判断题

1. 当用户修改数据时一种特殊形式的存储过程被自动执行是对存储过程的正确描述。（   ）

2. 创建存储过程时必须注意不能在存储过程中使用 CREATE VIEW 语句。(　　)
3. 执行存储过程用 CREATE 语句。(　　)
4. 创建存储过程用 EXECUTE 语句。(　　)

二、填空题

1. 创建存储过程的关键字是__________________。
2. 执行存储过程使用____________________语句。
3. 删除存储过程使用____________________语句。
4. 存储过程必须先____________后______________。

三、简答题

1. 简述使用存储过程有哪些优缺点？
2. 创建存储过程有哪些方法？执行存储过程使用什么语句？
3. 执行存储过程时，在什么情况下可以省略 EXECUTE 关键字？
4. 说明存储过程重新编译的作用和 3 种重新编译的方法。

项目九　订票管理的触发器设计

知识目标

了解触发器的概念、功能和类型；掌握创建、执行、修改和删除触发器的方法；掌握 INSERTED 表和 DELETE 表的使用方法；了解 DML 触发器的类型；掌握触发器的禁用和启动方法。

技能目标

学会根据实际需要开发数据库中的触发器，以完成系统整体设计的目的。

9.1　触发器概述

授课视频 9－1

9.1.1　触发器的作用

触发器是一种特殊类型的存储过程。一般的存储过程通过使用存储过程名称即可直接调用执行，而触发器不需要用 EXEC 语句调用，在某个指定的事件执行时被激活。触发器通常可以完成一定的业务规则，用于 SQL Server 约束、默认值和规则的完整性检查，还可以完成难以用普通约束实现的复杂功能的限制。

9.1.2　触发器的分类

SQL Server 2014 提供了两种类型的触发器：DML 触发器和 DDL 触发器。

1. DML 触发器

当数据库中发生数据操作语言（DML）事件时将调用 DML 触发器 。DML 事件包括在指定表或视图中修改数据的 INSERT 语句、UPDATE 语句或 DELETE 语句，DML 触发器有助于在表或视图中修改数据强制业务规则，扩展数据的完整性。

（1）DML 触发器的应用

应用 DML 触发器可以实现以下的功能：

1）实现数据库中数据的级联更改。

2）防止恶意或错误的 INSERT、UPDATE 以及 DELETE 操作，并强制执行比检查约束定义的限制更为复杂的其他限制。

3）引用其他表中的列。

4）评估数据修改前后表的状态，并根据该差异采取措施。

5）一个表中的多个同类 DML 触发器（INSERT、UPDATE 或 DELETE）允许采取多个不同的操作来响应同一个修改语句。

（2）DML 触发器的分类

DML 触发器通常分为以下 3 类。

1）AFTER 触发器：在数据修改完成后触发器被激活。执行顺序是：数据表约束检查→修改表中的数据→激活触发器。

2）INSTEAD OF 触发器：取代原来要进行的操作，在数据更改之前发生，数据如何更改完全取决于触发器的内容。执行顺序是：激活触发器→若触发器涉及数据更改，则检查表约束。

3）CLR 触发器：可以是 AFTER 触发器或 INSTEAD OF 触发器，还可以是 DDL 触发器。CLR 触发器将执行在托管代码（在 .NET Framework 中创建并在 SQL Server 中上传的程序集的成员）中编写的方法，而不用执行 T-SQL 存储过程。

2. DDL 触发器

在 CREATE、ALTER、DROP 和其他 DDL 语句上操作时发生的触发器称为 DDL 触发器。DDL 触发器用于执行管理任务，并强制影响数据库的业务规则。它们通常在数据库或服务器中某一类型的所有语句执行时被激活。

9.1.3 DML 触发器与约束比较

DML 触发器和约束在特殊情况下各有优点：DML 触发器的主要优点在于它们可以包含使用 T-SQL 语句的复杂处理逻辑；DML 触发器可以支持约束的所有功能，但对于给定的功能并不总是最恰当的方法。

当约束支持的功能无法满足应用程序的功能要求时，DML 触发器非常有用。例如，除非 REFERENCES 子句定义了级联引用操作，否则外键约束只能用与另一列中的值完全匹配的值来验证列值。DML 触发器可以将更改通过级联方式传播给数据库中的相关表；不过，通过级联引用完整性约束可以更有效地执行这些更改。

约束只能通过标准化的系统错误消息来传递错误消息。如果应用程序需要（或能受益于）使用自定义消息和较为复杂的错误处理，则必须使用触发器。

DML 触发器可以禁止或回滚违反引用完整性的更改，从而取消所尝试的数据修改操作。当更改外键且新值与其主键不匹配时，这样的触发器将生效。但是，外键约束通常用于此目的。

如果触发器表上存在约束，则在 INSTEAD OF 触发器执行后但在 AFTER 触发器执行前检查这些约束。如果违反了约束，则回滚 INSTEAD OF 触发器操作并不执行 AFTER 触发器。

9.1.4 INSERTED 表和 DELETED 表

授课视频 9-2

在进行数据更新操作时，会产生两个临时的用于记录更改前后变化的表：INSERTED 表和 DELETED 表。这两张表存在于高速缓存中，它们的结构与创建触发器的表的结构相同。触发器类型不同，创建的两张临时表的情况和记录都不同，见表 9-1。

表 9-1　INSERTED 表和 DELETED 表

操作类型	INSERTED 表	DELETED 表
INSERT	插入的记录	不创建
DELETE	不创建	删除的记录
UPDATE	修改后的记录	修改前的记录

从表 9-1 中可以看出，对具有触发器的表进行 INSERT、DELETE 和 UPDATE 操作时，过程分别如下。

1）INSERT 操作：插入到表中的新行被复制到 INSERTED 表中。

2）DELETE 操作：从表中删除的行转移到了 DELETED 表中。

3）UPDATE 操作：先从表中删除旧行，然后向表中插入新行。其中，删除后的旧行转移到 DELETED 表中，插入到表中的新行被复制到 INSERTED 表中。

9.2 DML 触发器

授课视频 9－3

创建触发器的语法格式如下：

```
CREATE TRIGGER 触发器名
ON 表名或视图名
{FOR | AFTER | INSTEAD OF }
{INSERT[,]| UPDAT E[,]| DELETE }
[WITH ENCRYPTION]
AS
[IF UPDATE (列名 1)
[{AND | OR } UPDATE(列名 2)[…n]
sql_statements
```

其中各参数含义如下。

FOR | AFTER | INSTEAD OF：选择创建触发器的类型，如果仅指定 FOR 关键字，则 AFTER 为默认值。FOR 与 AFTER 同义，表示为后操作触发，即仅在触发 T-SQL 语句中指定的所有操作都已成功执行时才被触发，然后再执行 sql_statements 部分的语句，可以为一个表创建多个此类触发器；INSTEAD OF 表示替换触发，即原触发 T-SQL 语句不执行，转而执行 sql_statements 部分的语句。

INSERT [,] | UPDATE [,] | DELETE：指明哪种数据操作将激活触发器。

IF UPDATE（列名）：测定对某一确定列进行插入操作还是更新操作，但不与删除操作用在一起。

WITH ENCRYPTION：表示对 CREATE TRIGGER 语句的文本进行加密处理，防止将触发器作为 SQL Server 复制的一部分进行发布。

9.2.1 创建 DML 触发器

1. 创建 INSERT 触发器

INSERT 触发器通常被用来验证被触发器监控的字段中的数据满足要求的标准，以确保数据完整性。

【例 9-1】创建一个触发器，当向会员表中插入数据的时候，发出消息提示“插入一条记录！”（AFTER 触发）。

分析：本题要求插入数据时给出消息提示，所以需要使用 INSERT 触发器。

（1）创建触发器

在“查询编辑器”窗口中输入如下语句：

```
CREATE TRIGGER tr_InsertUser
ON Users
FOR INSERT
AS
PRINT '插入一条记录! '
```

(2) 测试触发器

在“查询编辑器”窗口中输入如下语句:

```
INSERT INTO Users VALUES('小鱼儿','123456','张明明','男','13868543584',
'zhangmingmin@163.com','440103199408065314','','1')
```

程序运行结果如图9-1所示。在“消息”窗口中，除插入记录时常见的提示“(1行受影响)”以外，还显示“插入一条记录!”，这正是触发器中设定的，说明触发器被激发了。

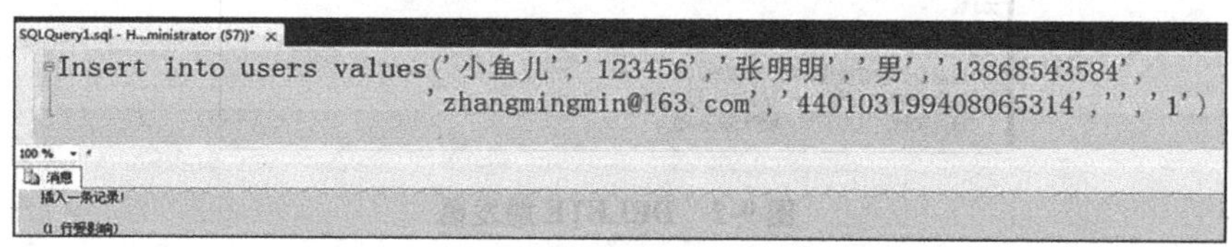

图9-1　INSERT触发器

2. 创建DELETE触发器

DELETE触发器通常用于两种情况：第一种情况是为了防止那些确实需要删除但会引起数据一致性问题的记录被删除；第二种情况是删除主记录时执行子记录的级联删除操作。

当激发DELETE触发器后，SQL Server 2014将被删除的记录转移到DELETED表中。在使用DELETE触发器时，用户需注意，当删除的记录被转移到DELETED表中的时候，数据表中将不再存在该记录，也就是说，数据表和DELETED表中不可能有相同的记录信息；临时表DELETED存放在内存中，以提高系统性能。

【例9-2】在会员表中创建触发器tr_deluser，当指导删除某会员信息时，如果该会员没有里程记录，可以删除，如果有里程记录，则撤销删除，并显示无法删除的信息（AFTER触发）。

分析：本题要求在删除数据时激发触发器，所以应采用DELETE触发器。判断会员是否有里程记录，只需要判断DELETED表中的会员milcage是否为空，如果不为空，则不能删除，并提示“当前会员存在里程记录，不能删除!”同时使用ROLLBACK撤销删除操作。

(1) 创建触发器

在“查询编辑器”窗口中输入如下语句:

```
CREATE TRIGGER tr_deluser
ON Users
FOR DELETE
AS
IF EXISTS(SELECT * FROM DELETEd WHERE mileage is not null)
```

```
BEGIN
PRINT '当前会员存在里程记录,不能删除!'
ROLLBACK
END
```

(2) 测试触发器

在“查询编辑器”窗口中输入如下语句:

```
DELETE FROM Users WHERE Uno =27
```

程序运行结果如图 9-2 所示。在“消息”窗口中显示“当前删除会员存在里程记录,不能删除!”查看 Users 表发现要删除的数据还在,表示触发器被激活,阻止了删除。

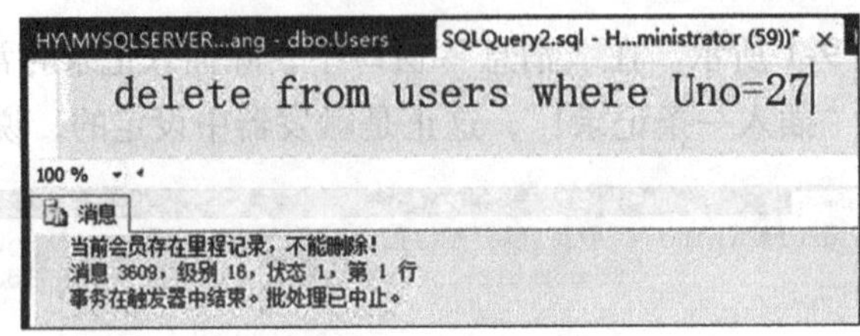

图 9-2 DELETE 触发器

【例 9-3】在票务表 Business 中创建触发器 tr_ofdel,实现如下功能:当从 Business 表中删除记录时,不允许删除表中的数据,并给出提示信息(INSTEAD OF 触发)。

分析:当删除表数据时,不允许删除,可以采用 INSTEAD OF 触发器实现。

(1) 创建触发器

在“查询编辑器”窗口中输入如下语句:

```
CREATE TRIGGER tr_ofdel
ON Business
INSTEAD OF DELETE
AS
PRINT '本表中的数据为票务数据,不允许删除!'
```

(2) 测试触发器

在“查询编辑器”窗口中输入如下语句:

```
DELETE FROM Business WHERE Bno =71
```

程序运行结果如图 9-3 所示,原数据并没有被删除。

图 9-3 INSTEAD OF 触发器

3. 创建 UPDATE 触发器

UPDATE 触发器的工作过程相当于删除一条旧的记录，插入一条新的记录。因此，可将 UPDATE 语句分成两步操作，即捕获原始行的 DELETE 语句和捕获更新行的 INSERT 语句。当在定义有触发器的表上执行 UPDATE 语句时，原始行被移入到 DELETED 表，更新行被移入到 INSERTED 表。

【例 9-4】 创建一个修改触发器 tr_up，防止用户修改 Business 表中的发票金额。

分析： 发票金额为 Tpri 列。为防止修改，要用到 UPDATE 触发器。

在“查询编辑器”窗口中输入如下语句：

（1）创建触发器

```
CREATE TRIGGER tr_up
ON Business
FOR UPDATE
AS
IF update(Tpri)
BEGIN
PRINT '禁止修改发票金额！'
ROLLBACK
END
```

（2）测试触发器

在“查询编辑器”窗口中输入如下语句：

```
Update Business set Tpri =1550 WHERE Bno =71
```

程序运行结果如图 9-4 所示，出现“禁止修改发票金额！”的信息。

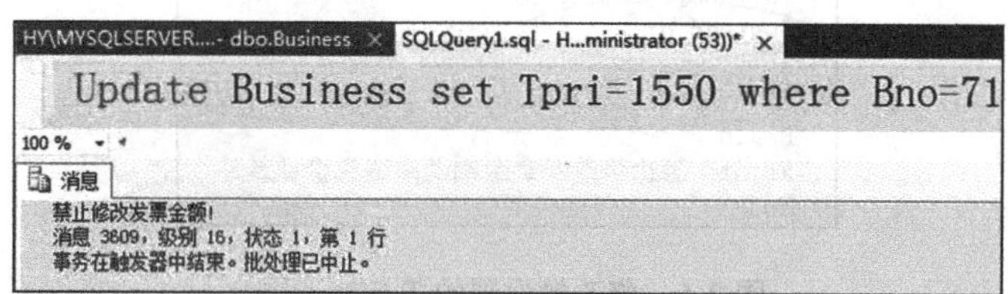

图 9-4　测试修改触发器

9.2.2　修改触发器

对已有的触发器进行修改，有如下两种方法。

1. 使用 SQL Server Management Studio 修改触发器

【例 9-5】 修改例 9-4 创建的 tr_up 触发器，防止用户修改 Business 表中的发票金额和会员身份证信息。

分析： 身份证信息为 Iidentity_id 列。防止修改身份证信息，只需要使用 INSTEAD OF 语句在 Iidentity_id 列上建立触发器。

1）在“对象资源管理器”中展开“数据库”→“minhang”→“表”→“Business”→“触发器”项，右击“tr_up”项，在弹出的快捷菜单中选择“设计”命令，如图 9-5 所示。

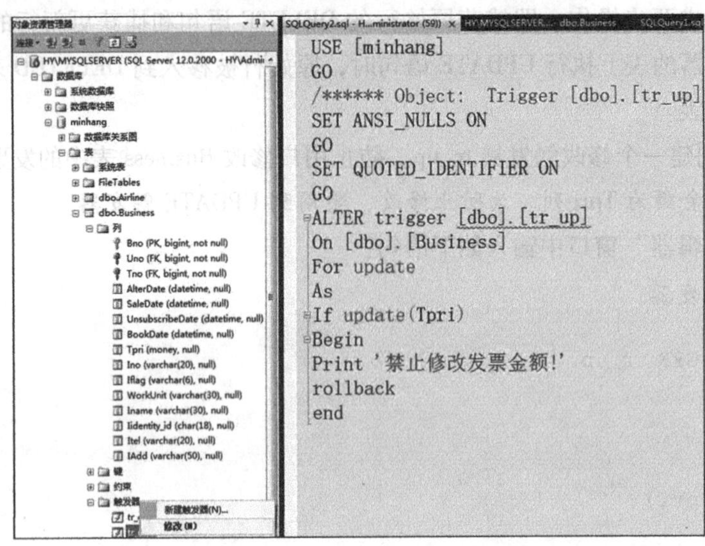

图 9-5　使用 SQL Server Management Studio 修改触发器

2）在打开的“查询编辑器”窗口中，修改相应的 T-SQL 语句，如图 9-6 所示。

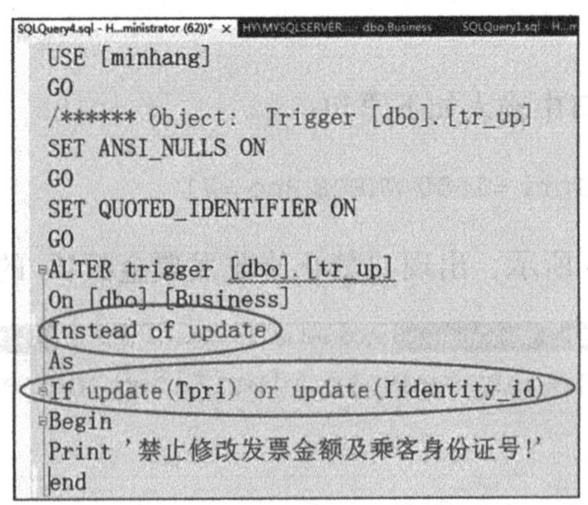

图 9-6　修改触发器的 T-SQL 语句

3）单击工具栏中的“执行”按钮，修改触发器。

2. 使用 ALTER TRIGGER 语句修改触发器

使用 ALTER TRIGGER 语句修改触发器的语法格式如下：

```
ALTER TRIGGER 要修改的触发器名
ON 表名或视图名
[ WITH ENCRYPTION ]
( FOR | AFTER | INSTEAD OF )
{ [ DELETE ] [ , ] [ INSERT ] [ , ] [ UPDATE ] }
AS
sql_statements
```

9.3　DDL 触发器

授课视频 9-4

与 DML 触发器类似，DDL 触发器将激发存储过程以响应事件。但与 DML 触发器不同的是，DDL 触发器响应数据定义语言（DDL），如 CREATE、ALTER 和 DROP 开头的语句，而 DML 触发器响应数据操作语言（DML），如 UPDATE、INSERT 和 DELETE 语句。

DDL 触发器常用于如下情况：

1）防止对数据库架构进行某些更改。

2）响应数据库架构中的更改。

3）记录数据库架构中的更改或事件。

创建 DDL 触发器的语法格式如下：

CREATE TRIGGER 触发器名

```
ON { ALL SERVER | DATABASE }
[WITH ENCRYPTION ]
{ FOR | AFTER } { DDL 事件} [ , …n ]
AS
sql_statement
```

其中，每一个 DDL 事件都对应一个 T-SQL 语句，DDL 事件名称是由 SQL 语句中的关键字以及在这些关键字之间所加的下划线（_）构成的。例如，删除表事件为 DROP_TABLE，修改表事件为 ALTER_TABLE，修改索引事件为 ALTER_INDEX，删除索引事件为 DROP_INDEX。

【例 9-6】创建一个用于防止用户删除 minhang 数据库中任何数据表的触发器。

（1）创建触发器

在“查询编辑器”窗口中输入如下语句：

```
CREATE TRIGGER tr_DROP_TABLE
ON DATABASE
FOR DROP_TABLE
AS
PRINT '禁止在该数据库删除表！'
ROllBACK
```

程序运行结果如图 9-7 所示，可以看到创建好的 tr_DROP_TABLE 触发器。

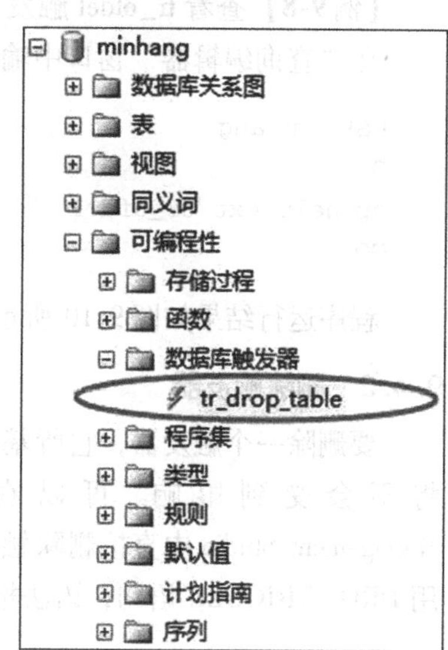

图 9-7　数据库触发器

（2）测试触发器

在“查询编辑器”窗口中输入如下语句：

```
DROP TABLE Users
```

执行结果如图 9-8 所示，系统提示“事务在触发器中结束。”在“对象资源管理器”中刷新“表”项，发现 Users 表依然存在。

图 9-8　DDL 触发器

9.4　管理触发器

9.4.1　查看触发器

使用系统存储过程 sp_help、sp_helptext 和 sp_depents 可以分别查看触发器的不同信息。

sp_help：显示触发器的所有者和创建时间。

sp_helptext：显示触发器的源代码。

sp_depends：显示该触发器参考的对象清单。

【例 9-7】查看触发器 tr_ofdel 的所有者和创建时间等信息。

在“查询编辑器”窗口中输入如下语句：

```
USE minhang
GO
sp_help 'tr_ofdel'
GO
```

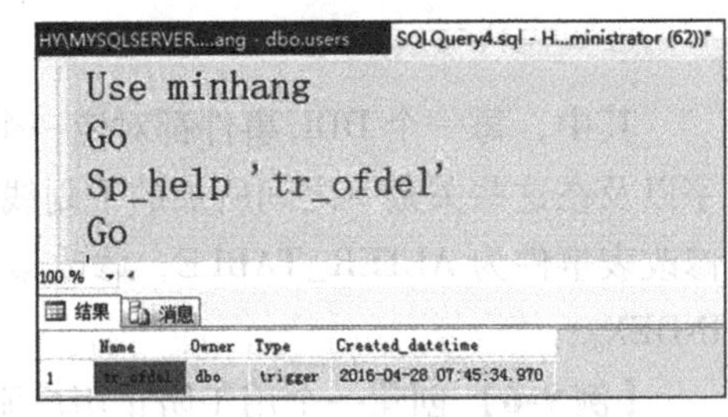

图 9-9　sp_help 查看触发器

程序运行结果如图 9-9 所示。

【例 9-8】查看 tr_ofdel 触发器的源代码。

在“查询编辑器”窗口中输入如下语句：

```
USE minhang
GO
sp_helptext 'tr_ofdel'
GO
```

程序运行结果如图 9-10 所示。

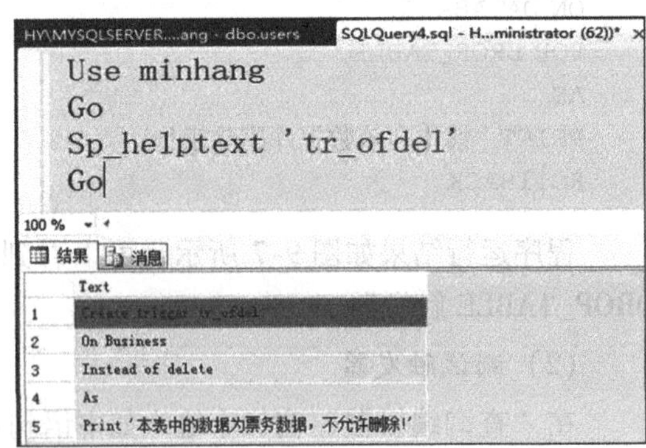

图 9-10　查看触发器源代码

9.4.2　删除触发器

要删除一个触发器，它所基于的表和数据将不会受到影响。可以在 SQL Server Management Studio 中直接删除触发器，也可使用 DROP TRIGGER 语句，语法格式如下：

```
DROP TRIGGER TRIGGER_name [ , …n ]
ON { DATABASE | ALL SERVER } [ ; ]
```

另外，当参照的表被删除时，触发器也会被自动删除。

【例 9-9】删除 tr_ofdel 触发器。

在“查询编辑器”窗口中输入如下语句：

```
USE minhang
GO
DROP TRIGGER tr_ofdel
GO
```

9.4.3　禁止或启用触发器

1. 禁用触发器

当不再需要某个触发器时，可将其禁用或删除。禁用触发器后，触发器仍存在于该表上，但是，当执行任意 INSERT、UPDATE 或 DELETE 语句时，只是触发器的动作不再执行。

禁用触发器的语法格式如下：

```
DISABLE TRIGGER {ALL | 触发器名[ , …n]}
ON { object_name | DATABASE | ALL SERVER }
```

【例 9-10】使用 SQL Server Management Studio 禁用 tr_ DROP_ table 触发器。

在“对象资源管理器”窗口中展开“数据库”→“minhang”→“表”→“Users”→“触发器”项，右击“tr_DROP_table”项，在弹出的快捷菜单中选择“禁用”命令。

【例 9-11】使用 T-SQL 语句禁用会员表 User 中的 tr_InsertUser 触发器和数据库中的 tr_DROP_table 触发器。

在“查询编辑器”窗口中输入如下语句：

```
USE minhang
GO
DISABLE TRIGGER tr_DROP_TABLE
ON DATABASE
GO
DISABLE TRIGGER tr_InsertUser
ON UserS
```

程序运行后，在“对象资源管理器”窗口中刷新“触发器”项，显示效果如图 9-11所示。

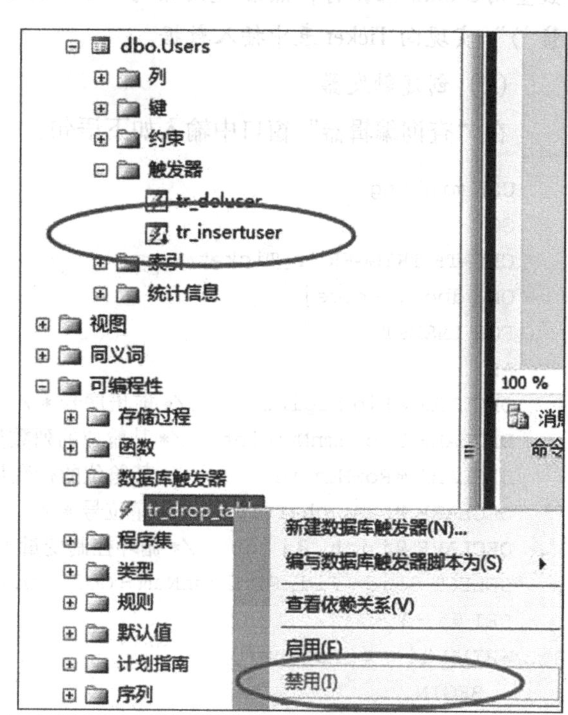

图 9-11　数据库触发器和数据表触发器的禁用情况

2. 启用触发器

已禁用的触发器可以被重新启用，触发器会以最初被创建的方式激发。在默认情况下，创建触发器后会启用触发器。启用触发器的语法格式如下：

```
ENABLETRIGGER {ALL | 触发器名[ , …n]}
```

```
ON { object_name | DATABASE | ALL SERVER }
```

【例 9-12】使用 SQL Server Management Studio 启用会员表 Users 中的 tr_InsertUser 触发器。

在“对象资源管理器”窗口中展开“数据库”→“minhang”→“表”→“Users”→“触发器”项，右击“tr_InsertUser”项，在弹出的快捷菜单中选择“启用”命令。

【例 9-13】使用 T-SQL 语句启用 tr_DROP_table 触发器。

在“查询编辑器”窗口中输入如下语句：

```
USE minhang
GO
ENABLE tr_DROP_TABLE ON DATABASE
```

9.5 触发器应用示例

授课视频 9-5

【例 9-14】创建一个触发器，当在仓位定价表 Price 中添加一个新航班舱位定价信息时，自动在机票表 Ticket 中插入这个机票，并将机票状态 Tflag 设置为未售。

分析：本题要求在 Price 表添加一个新航班舱位定价信息时，同时向 Ticket 表中插入数据。显然，需要在 Price 表中创建 INSERT 触发器，实现对 Ticket 表的操作。正在插入的数据在 INSERTED 表中，从该表中取出插入 Price 表的航班序号 Fid 赋值给变量@ Fid，舱位的数量用@ num 来保存，然后使用语句“INSERT INTO Ticket VALUES（@ seat，@ Fid，'未售'）”实现向 Ticket 表中插入数据。

（1）创建触发器

在“查询编辑器”窗口中输入如下语句：

```
USE minhang
GO
CREATE TRIGGER in_Ticket
ON [dbo].[Price]
FOR INSERT
AS
DECLARE @Fid bigint          /*航班序号*/
DECLARE @ColumnNum int       /*某舱位的列数量*/
DECLARE @RowNum int          /*某舱位的行数量*/
DECLARE @seat char(10)       /*座位号*/
DECLARE @i int, @j int       /*循环控制变量*/
SELECT @Fid = Fid, @ColumnNum = Columnnum, @RowNum = RowNum FROM INSERTED
SET @i =1
WHILE @i < =@RowNum
  BEGIN
  SET @j =1
  WHILE @j < =@ColumnNum     /*产生座位号,第 i 排的第 n 个位置*/
    BEGIN
```

```
      IF @j=1 SET @seat=cast(@ i AS varchar(3))  +'A'
      IF @j=2 SET @seat=cast(@ i AS varchar(3)) +'B'
      IF @j=3 SET @seat=cast(@i AS varchar(3)) +'C'
      IF @j=4 SET @seat=cast(@i AS varchar(3)) +'D'
      IF @j=5 SET @seat=cast(@i AS varchar(3)) +'E'
      IF @j=6 SET @seat=cast(@i AS varchar(3)) +'F'
      IF @j=7 SET @seat=cast(@i AS varchar(3)) +'G'
      IF @j=8 SET @seat=cast(@i AS varchar(3)) +'H'
      IF @j=9 SET @seat=cast(@i AS varchar(3)) +'J'
      IF @j=10 SET @seat=cast(@i AS varchar(3)) +'K'
      INSERT INTO Ticket VALUES(@seat,@Fid,'未售')
      SET @j=@j+1
    END
      SET @i=@i+1
      END
GO
```

(2) 测试触发器

向 Price 表中插入一条记录，语句如下：

```
INSERT INTO Price VALUES('F',2,4,2580,1,8)
```

程序运行后效果如图 9-12 所示。插入了头等舱，每排两个座位，共有 4 排，出现“插入一条记录!”和 8 次“（1 行受影响）”提示，说明触发器 in_Ticket 起到作用。

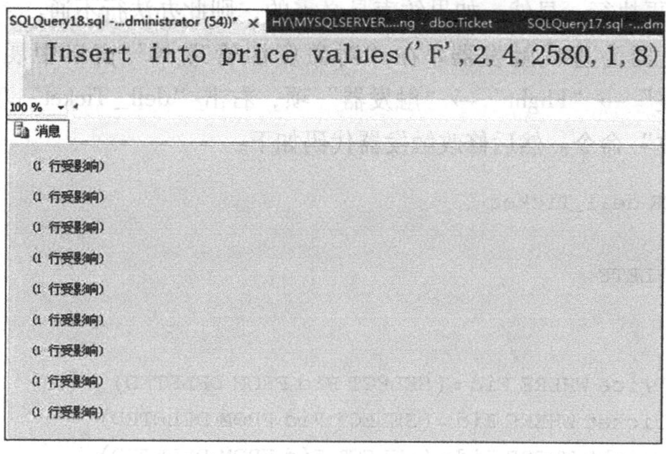

图 9-12　in_Ticket 触发器触发

【例 9-15】创建一个触发器，当删除航班信息时，同时删除机票表 Ticket 的相关信息。

分析：*在删除航班信息时实现相应功能，应该在航班表 Flight 上建立 DELETE 触发器，即将删除的航班序号 Fid 在 DELETED 表里，从 Ticket 表里删除这些 Fid 的机票信息即可。*

(1) 创建触发器

在“查询编辑器”窗口中输入如下语句：

```
USE minhang
GO
CREATE TRIGGER dell_Ticket
ON Flight
FOR DELETE
AS
DELETE FROM Ticket
WHERE Fid = (SELECT Fid FROM DELETED)
```

(2) 测试触发器

删除刚插入的航班序号 9，测试触发器，语句如下：

```
DELETE FROM Flight WHERE Fid = '9'
```

程序运行出现如图 9-13 所示的错误，说明约束先于触发器起到作用。

图 9-13　约束先于触发器起作用

解决上述问题有以下两种方法：

1) 删除约束再执行，显然，如果约束是必需的，则此办法行不通。

2) 修改触发器为替代触发器。在"对象资源管理器"窗口中展开"数据库"→"minhang"→"表"→"Flight"→"触发器"项，右击"dell_ Ticket"项，在弹出的快捷菜单中选择"修改"命令。然后修改触发器代码如下：

```
ALTER TRIGGER dell_Ticket
ON Flight
INSTEAD OF DELETE
AS
BEGIN
DELETE FROM Price WHERE Fid = (SELECT Fid FROM DELETED)
DELETE FROM Ticket WHERE Fid = (SELECT Fid FROM DELETED)
DELETE FROM Flight WHERE Fid = (SELECT Fid FROM DELETED)
END
```

再次执行语句：

```
DELETE FROM Flight WHERE Fid = 9
```

程序运行结果如图 9-14 所示。

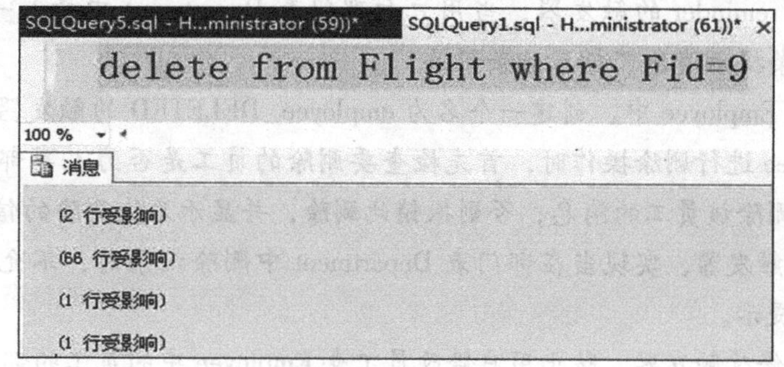

图 9-14　触发器 dell_Ticket 触发

在“查询编辑器”窗口中输入如下语句：

```
SELECT * FROM Price WHERE Fid = 9
SELECT * FROM Ticket WHERE Fid = 9
SELECT * FROM Flight WHERE Fid = 9
```

程序运行结果如图 9-15 所示，实现了本例要求的功能。

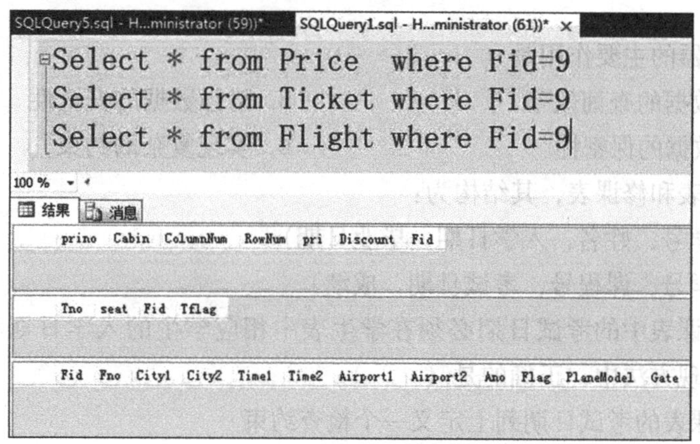

图 9-15　验证触发器 dell_Ticket 激发的结果

实践训练

【实践目的】

1. 掌握触发器的概念，了解触发器的类型。
2. 掌握触发器的创建方法。
3. 掌握触发器的执行方法。
4. 掌握查看、修改、删除触发器的方法。

【实践内容】

在销售管理数据库 Sale 中完成下列查询操作：

1. 创建名为 reminder 的触发器，当用户向部门表 Department 中插入一条部门记录时，向客户端发送一条提示消息“插入一条记录!”。

2. 在员工表 Employee 中，创建一个名为 employee_DELETED 的触发器，其功能为：当对员工表 Employee 进行删除操作时，首先检查要删除的员工是否为人事部门的员工，如果不是的话，可以删除该员工的消息；否则撤销此删除，并显示无法删除的信息。

3. 创建一个触发器，实现当在部门表 Department 中删除记录时，不允许删除表中的数据，并给出信息提示。

4. 创建一个修改触发器，防止用户修改员工表 Employee 中的员工的部门编号。

5. 创建一个触发器，防止用户删除或更改数据库中的任一数据表。

6. 在销售订单表 Sell_Order 中创建一个触发器，实现在订单表上添加一条记录时，对应的商品在商品表的已销售量数据同时更新。

7. 删除 employee_DELETED 触发器。

习题 9

一、选择题

1. 定义触发器的主要作用是（　　）。

   A. 提高数据的查询效率　　B. 增强数据的安全性

   C. 加强数据的保密性　　D. 实现复杂的约束

2. 现有学生表和修课表，其结构为：

   学生表(学号，姓名，入学日期，毕业日期)

   修课表(学号，课程号，考试日期，成绩)

   现要求修课表中的考试日期必须在学生表中相应学生的入学日期和毕业日期之间。则下列实现方法中，正确的是（　　）。

   A. 在修课表的考试日期列上定义一个检查约束

   B. 在修课表上建立一个插入和更新操作的触发器

   C. 在学生表上建立一个插入和更新操作的触发器

   D. 在修课表的考试日期列上定义一个外码引用约束

3. 设有教师表（教师号，教师名，职称，基本工资），其中基本工资的取值范围与教师职称有关，例如，教授的基本工资是 6000 ~ 10000，副教授的基本工资是 4000 ~ 8000。下列实现该约束的方法中，可行的是（　　）。

   A. 可通过在教师表上定义插入和修改操作的触发器实现

   B. 可通过在基本工资列上定义一个检查约束实现

   C. A 和 B 都可以

   D. A 和 B 都不可以

4. 设在 SC(Sno，Cno，Grade) 表中定义了触发器：

   CREATE TRIGGER tri1 ON SC INSTEAD OF INSERT …

   当执行语句“INSERT INTO SC VALUES('s001', 'c01', 90)”，会引发该触发器执行。

下列关于触发器执行时表中数据的说法，正确的是（　　）。

A. SC 表和 INERTED 表中均包含新插入的数据

B. SC 表和 INERTED 表中均不包含新插入的数据

C. SC 表中包含新插入的数据，INERTED 表中不包含新插入的数据

D. SC 表中不包含新插入的数据，INERTED 表中包含新插入的数据

5. 当执行由 UPDATE 语句引发的触发器时，下列关于该触发器临时工作表的说法，正确的是（　　）。

A. 系统会自动产生 UPDATED 表来存放更改前的数据

B. 系统会自动产生 UPDATED 表来存放更改后的数据

C. 系统会自动产生 INSERTED 表和 DELETED 表，用 INSERTED 表存放更改后的数据，用 DELETED 表存放更改前的数据

D. 系统会自动产生 INSERTED 表和 DELETED 表，用 INSERTED 表存放更改前的数据，用 DELETED 表存放更改后的数据

二、填空题

1. SQL Server 支持两种类型的触发器：________和________。

2. 在一个表上针对每个操作，可以定义________个前触发型触发器。

3. 如果在某个表的 INSERT 操作上定义了触发器，则当执行 INSERT 语句时，系统产生的临时工作表是________。

4. 对于后触发型触发器，当触发器执行时，引发触发器的操作语句（已执行完/未执行）是________。

5. 对于后触发型触发器，当在触发器中发现引发触发器执行的操作违反了约束时，需要通过________语句撤销已执行的操作。

项目十　订票管理的数据安全性管理

知识目标

掌握 SQL Server 2014 的安全机制；掌握登录名、用户名、角色之间的联系和区别；掌握管理服务器、管理数据库、管理数据对象安全。

技能目标

会利用登录名、用户名、角色确保服务器、数据库和数据对象的安全性。

10.1　SQL Server 2014 的安全机制

授课视频 10－1

保护数据的安全性与现实生活的保安工作类似。例如，有一家公司的办公地点在一幢大楼内，公司不希望公众能随便进出这栋大楼，但员工应当能够进出，然而对员工能够自由进出的区域也要施加一定的限制，比如只有会计才有权进出财务部，公司的任何人都不得随意进出领导的办公室，因此需要实施各种安全措施。

在 SQL Server 2014 中，数据的安全保护由 4 个层次构成：远程网络主机通过 Internet 访问 SQL Server 2014 服务器所在的网络；网络中的主机访问 SQL Server 2014 服务器；访问 SQL Server 2014 数据库；访问 SQL Server 2014 数据库中的数据库对象。

SQL Server 2014 提供安全控制，可以用“登堂入室”形象地比喻数据库的安全性管理。服务器好比一幢办公大楼，楼内有许多房间（数据库），每个房间中放着不少的文件（数据库对象，如表\ 视图、过程\ 函数、字段等）。如果要查看财务文件（访问数据库对象），则必须经过以下几个步骤：

1）通路——计算机连接。要到达办公大楼（数据库服务器），必须要有通路，也就是说搜索登录到安装 SQL Server 服务器的计算机。客户机和服务器之间数据的传输必然要经过网络，SQL Server 2014 支持采用 SSL（安全套接字层）的 TCP/IP 来对数据进行加密传输，以有效避免黑客对数据的截获，这属于网络的传输安全。

2）登堂——登录服务器。用户到达办公大楼，必须通过保安的检查，才可以进入。用户要访问 SQL Server 2014 服务器，必须提供一个合法的登录名和密码才能登录。

3）入室——访问数据。进入到大楼后，还必须有一把进入房间（数据库）的钥匙才能进入房间。也就是说用户使用登录名和密码登录服务器后，并不意味着能够访问服务器上的数据库，只有将登录名映射成指定的数据库的用户，才能访问指定数据库。

4）查看文件——访问数据库对象。用户只允许查看允许的文件，比如只有会计才允许查看财务报表。用户登录服务器的最终目的是为了查看或修改数据库中指定的数据对象，如数据表、报表等。在 SQL Server 2014 中可以指定不同的登录名对同一数据库中的数据对象具有不同的访问权限，也就是说有的用户只拥有查看权限，有的用户则拥有查看和修改权限。

为了远程访问 SQL Server 实例，需要一个网络协议以建立到 SQL Server 服务器的连接。为了避免系统资源的浪费，只需要激活自己需要的网络连接协议。

10.2　服务器安全管理

SQL Server 2014 服务器的安全建立在对服务器登录名和密码的控制基础之上，用户在登录服务器时所采用的登录名和密码，决定了用户在成功登录服务器后所拥有的访问权限。

授课视频 10－2

10.2.1　登录模式

SQL Server 2014 服务器的登录模式是指服务器如何处理登录名和密码。它提供了以下两种模式：

1）Windows 身份验证模式。在该模式中，SQL Server 2014 依赖于 Windows 操作系统提供的登录安全机制，SQL Server 2014 检验登录用户是否被 Windows 验证身份，并根据这一验证来决定是否允许该登录用户访问 SQL Server 2014 服务器。也就是说，登录名一旦通过操作系统的验证，便可以不通过其他任何凭证来访问 SQL Server 2014 服务器。

2）混合身份验证模式。该模式即采用 Windows 身份验证和 SQL Server 身份验证两种验证模式，登录过程如下：首先用户登录到客户端网络，然后使用登录名和密码打开与 SQL Server 2014 服务器的连接，此时的连接是一个不安全的连接，因为 SQL Server 2014 服务器指定的是混合验证模式，而不是 Windows 身份验证模式，SQL Server 2014 服务器将登录名和密码与预先存储在数据库中的登录名和密码进行比较和验证，如果一致，则允许登录用户访问相应资源。

【例 10-1】 修改 minhang 数据库服务器的登录模式为混合模式。

1）在“对象资源管理器”窗口中右击“MYSQLSERVER”项，在弹出的快捷菜单中选择“属性”命令。

2）在打开的“服务器属性”对话框的“选择页”列表中选择“安全性”项，如图 10-1所示。

3）在右侧的“服务器身份验证”区域选择“SQL Server 和 Windows 身份验证模式”单选按钮。

4）单击“确定”按钮，完成设置。

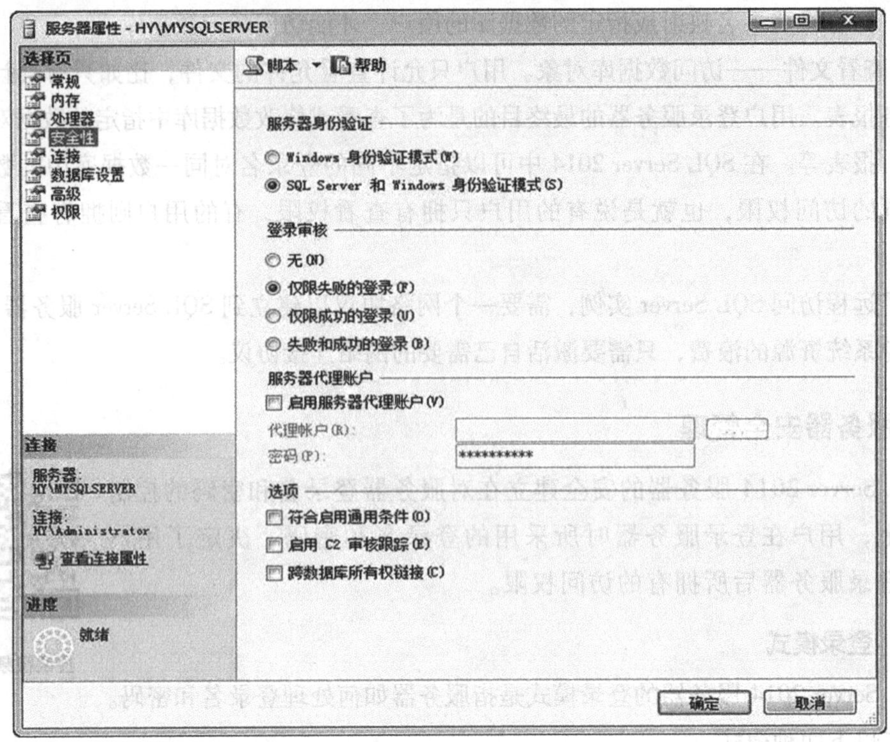

图 10-1　更改服务器身份验证模式

说明：更改身份验证模式后，需要重新启动 SQL Server 实例才能生效。

10.2.2　创建登录名

【例 10-2】在 minhang 数据库所在的服务器中，创建 SQL Server 身份验证的登录名。

1）在“对象资源管理器”窗口中展开“安全性”项，右击“登录名”项，在弹出的快捷菜单中选择“新建登录名”命令，如图 10-2 所示。

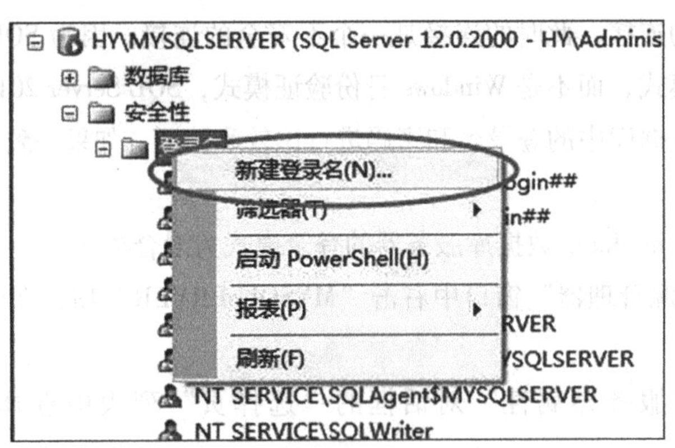

图 10-2　新建登录名

2）打开“登录名 - 新建”对话框，在左侧“选择页”列表中选择“常规”项。

3）在“登录名”文本框中输入“MYuser”，登录方式选择“SQL Server 身份验证”，在“密码”文本框中输入“123456”并再次输入确认密码。

4）取消勾选“强制实施密码策略”复选框，设置效果如图 10-3 所示。

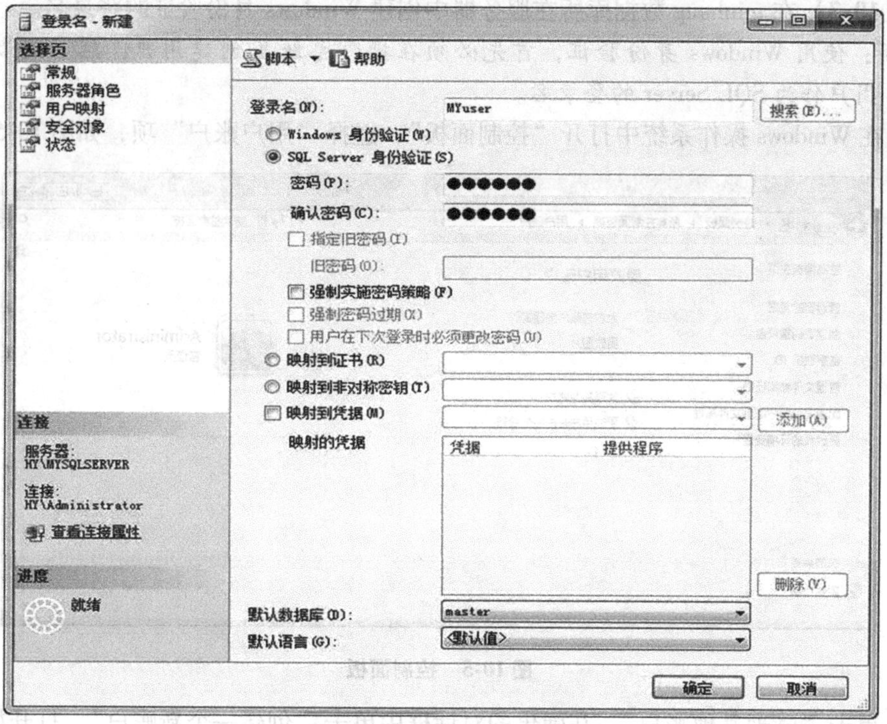

图 10-3　设置新的登录名

5）在左侧“选择页”列表中选择“状态”项。设置“是否允许接到数据库引擎”为“授予”，设置“登录”设置为“已启用”，如图 10-4 所示。

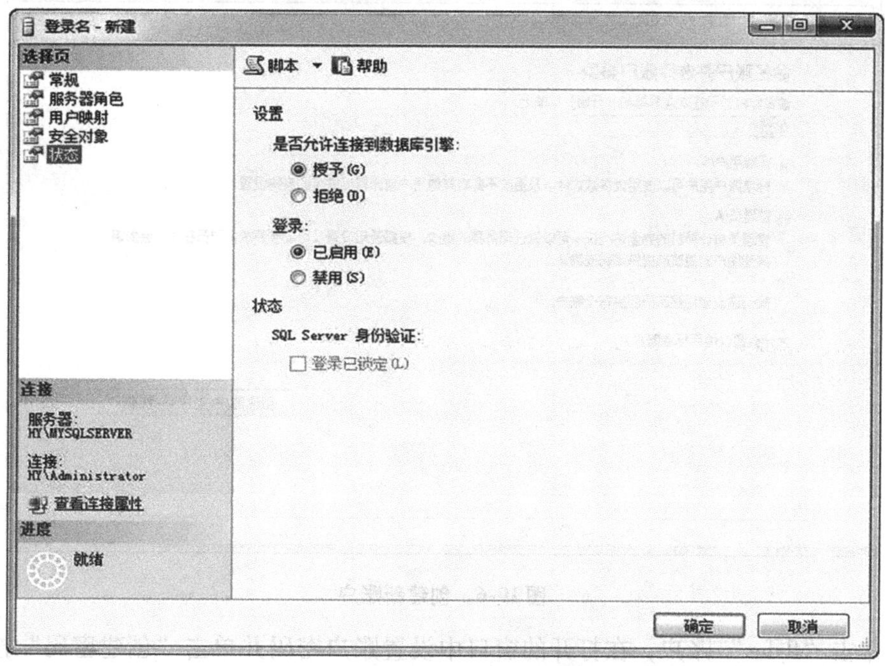

图 10-4　设置登录名状态

6）单击“确定”按钮，完成登录名的创建。

【例 10-3】在 minhang 数据库所在服务器中创建 Windows 身份验证的登录名。

分析：使用 Windows 身份验证，首先必须在操作系统里创建用户，然后将新创建的 Windows 用户作为 SQL Server 的登录名。

1）在 Windows 操作系统中打开“控制面板”，选择“用户账户”项，如图 10-5 所示。

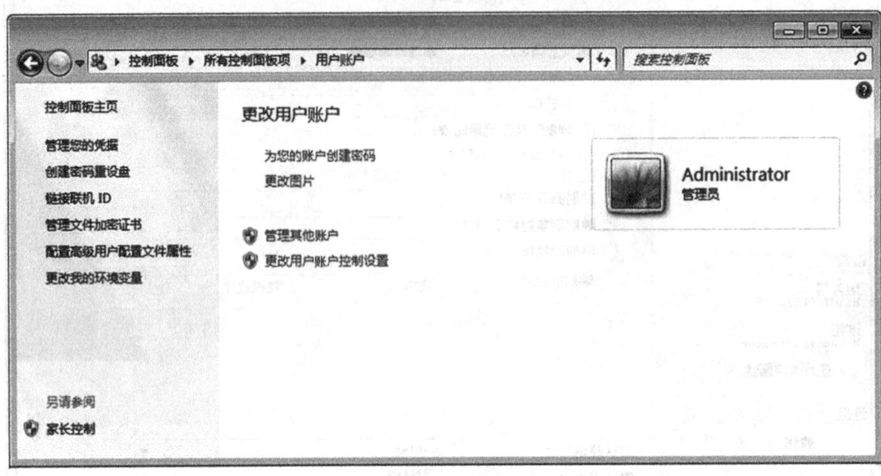

图 10-5　控制面板

2）单击“管理其他账户”，在弹出的对话框中单击“创建一个新账户”，打开如图 10-6 所示的窗口，输入账户名“flyfox”，然后单击“创建账户”按钮。

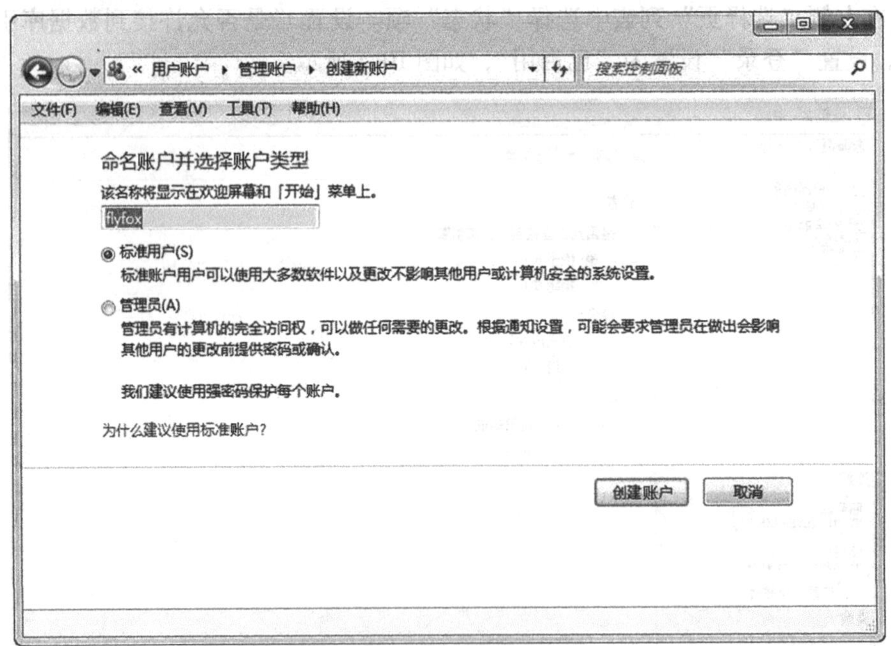

图 10-6　创建新账户

3）单击“flyfox”账户，在打开的窗口中设置账户密码并单击“创建密码”按钮，如图 10-7 所示。

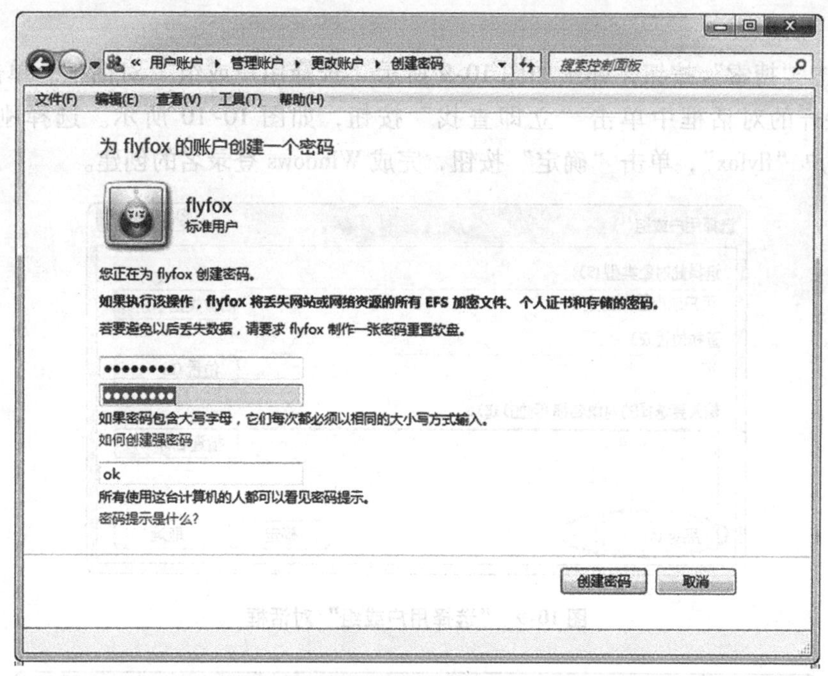

图 10-7　设置新账户密码

4）启动 SQL Server Management Studio，在“对象资源管理器”中展开“安全性”项，右击“登录名”项，在弹出菜单中选择“新建登录名”命令。

5）打开“登录名 - 新建”对话框，在左侧“选择页”列表中选择“常规”项，选择登录方式为“Windows 身份验证”，如图 10-8 所示。

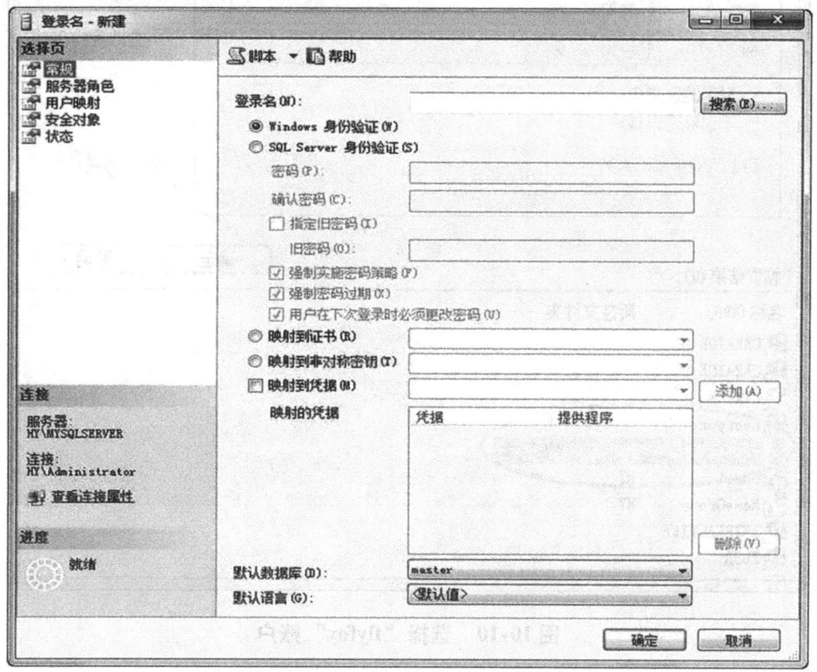

图 10-8　新建 Windows 登录名

6）单击“搜索”按钮，弹出如图 10-9 所示“选择用户或组”对话框。单击“高级”按钮，在展开的对话框中单击“立即查找”按钮，如图 10-10 所示。选择刚刚创建的 Windows 账户“flyfox”，单击“确定”按钮，完成 Windows 登录名的创建。

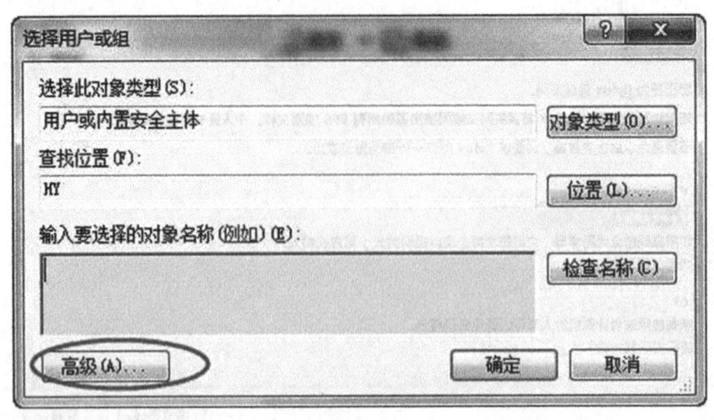

图 10-9 “选择用户或组”对话框

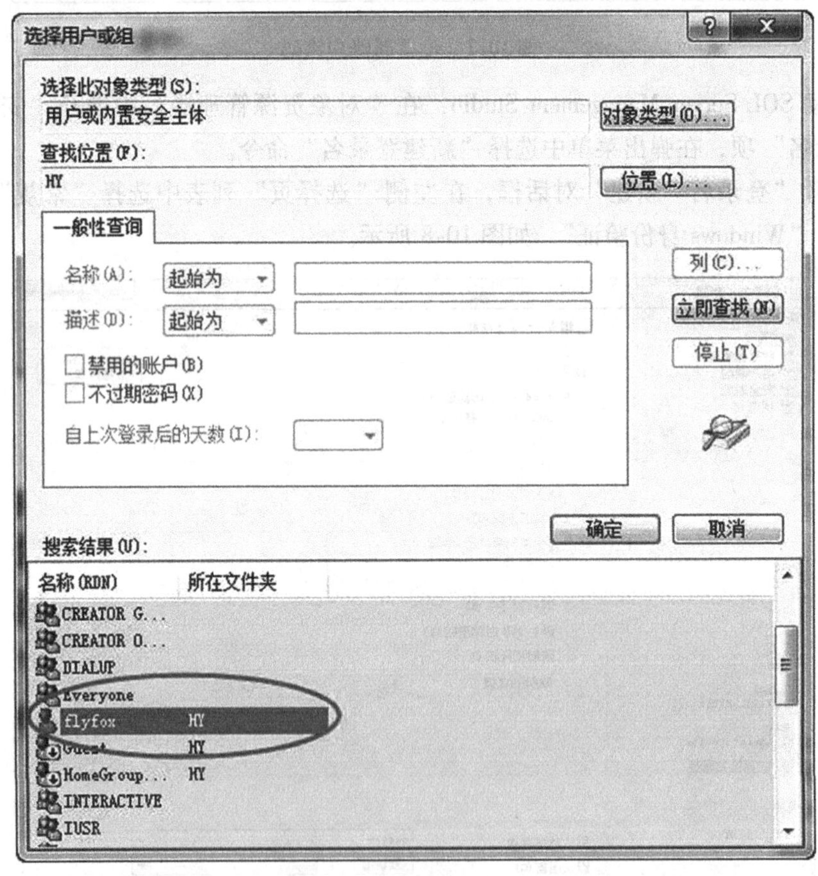

图 10-10 选择“flyfox”账户

【例 10-4】查看服务器上所有的登录名。

在“对象资源管理器”窗口中展开“安全性”→“登录名”项，可以看到所有的登录名，如图 10-11 所示。

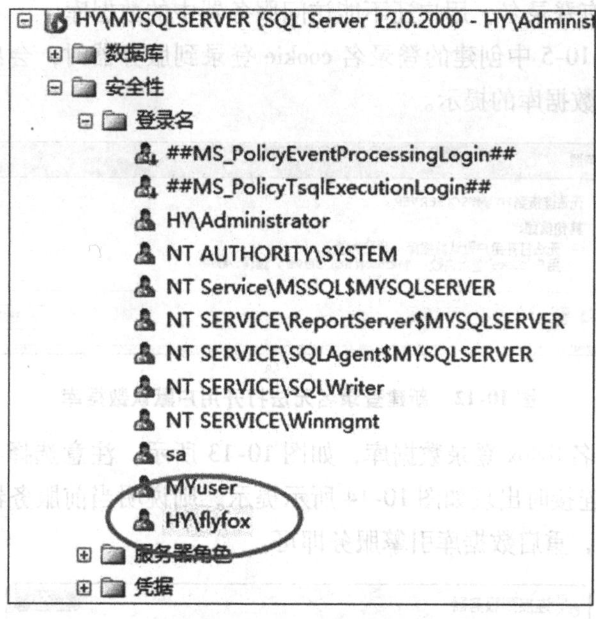

图 10-11　查看所有登录名

【例 10-5】 创建登录名 cookie，密码为 123456，默认数据库为 minhang。

在“查询编辑器”窗口中输入如下语句：

```
CREATE LOGIN cookie
WITH password = '123456',
DEFAULT_DATABASE = minhang
```

说明：创建登录名用 CREATE LOGIN 语句，更改登录名用 ALTER LOGIN 语句，删除登录名用 DROP LOGIN 语句。

【例 10-6】 删除例 10-5 所创建的 Windows 登录名 cookie。

分析：删除登录名既可以使用 SQL Server Management Studio，也可以用 T-SQL 语句。

（1）使用 SQL Server Management Studio 删除登录名

在“对象资源管理器”窗口中展开“安全性”→“登录名”项，右击“cookie”项，在弹出的快捷菜单中选择“删除”命令。打开“删除对象”对话框，单击“确定”按钮，删除登录名 cookie。

（2）使用 T-SQL 语句删除登录名

在“查询编辑器”窗口中输入如下语句：

```
DROP LOGIN [HY\cookie]
```

10.3　数据库用户管理

授课视频 10－3

在 SQL Server 服务器中，用户提出访问数据库的请求时，必须通过

SQL Server 两个阶段的安全审核，即验证与授权。验证阶段是使用登录名来标识用户，而且只验证输入的登录名能否连接至 SQL Server 服务器。如果验证成功，登录名就会连接至 SQL Server 服务器。但仅有登录名，用户还不能访问服务器中的数据库。

例如，利用在例 10-5 中创建的登录名 cookie 登录到服务器时，会出现如图 10-12 所示的无法打开用户默认数据库的提示。

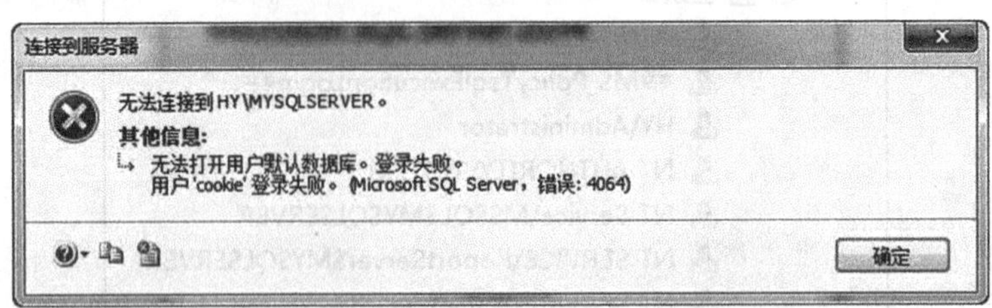

图 10-12　新建登录名无法打开用户默认数据库

说明：使用登录名 flyfox 登录数据库，如图 10-13 所示，注意选择身份验证模式为 SQL Server 身份验证。若连接时出现如图 10-14 所示提示，则说明当前服务器身份验证模式设置不对，或者没有生效，重启数据库引擎服务即可。

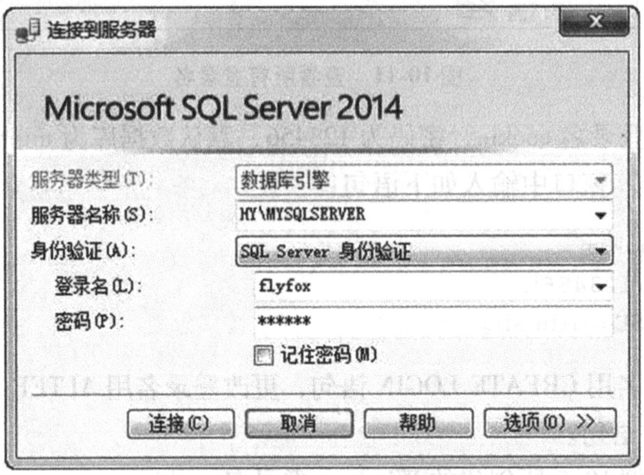

连接到服务器
Microsoft SQL Server 2014
服务器类型(T):　数据库引擎
服务器名称(S):　HY\MYSQLSERVER
身份验证(A):　SQL Server 身份验证
登录名(L):　flyfox
密码(P):　******
记住密码(M)
连接(C)　取消　帮助　选项(O) >>

图 10-13　新登录名登录服务器

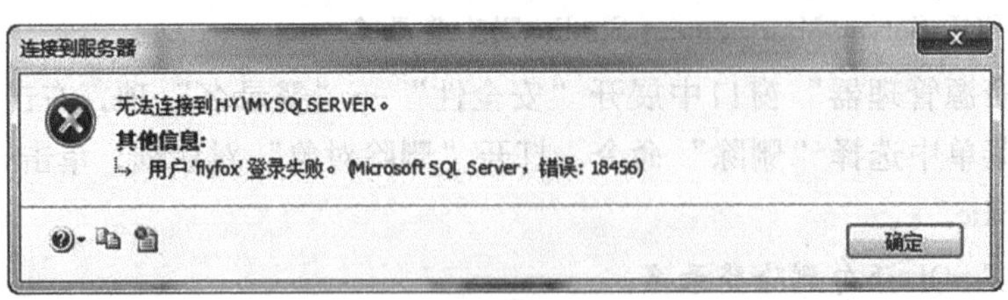

图 10-14　连接服务器时的错误提示

用户登录成功后，服务器会针对这一登录名请求的数据库寻找相对应的数据库用户，如果登录名不是要访问的数据库用户，则依然无法访问数据库（出现无法打开默认数据库的提示）。

10.3.1 默认用户

在 SQL Server 中，每个数据库一般都有两个默认的用户 dbo 和 guest。

（1）dbo

dbo 是特殊的数据库用户，它是数据库所有者（DATABASE Owner）。dbo 是具有隐式权限的用户，可在数据库中执行所有的操作。

（2）guest

guest 也是一个特殊用户，它与 dbo 一样，创建数据库之后会自动生成。guest 用户为登录人员提供了获得默认访问权限的一种方法。

当 guest 用户被激活时，可以为登录用户获得没有直接给他们提供的访问权限；外面的用户可以使用 guest 用户登录得到访问权限。由于 guest 无法删除，建议限制 guest 用户的权限。

【例 10-7】测试 guest 用户权限对登录名的影响。

1）在“对象资源管理器”窗口中展开“数据库”→“minhang”→“安全性”→“用户”项，右击“guest”项，在弹出的快捷菜单中选择“属性”命令，如图 10-15 所示。

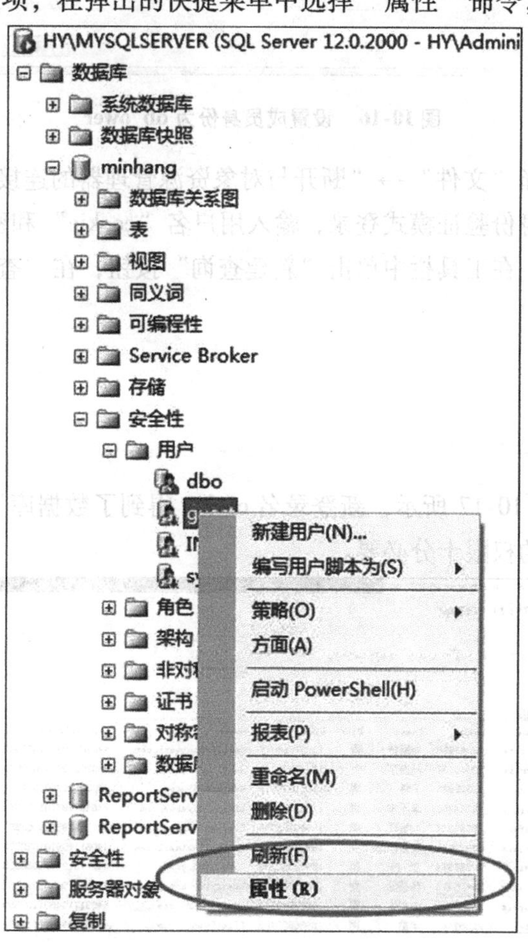

图 10-15 设置 guest 用户权限

2）打开“数据库用户”对话框，在左侧“选择页”列表中选择“成员身份”项，设置数据库角色成员身份为“db_ower”，单击“确定”按钮，如图 10-16 所示。

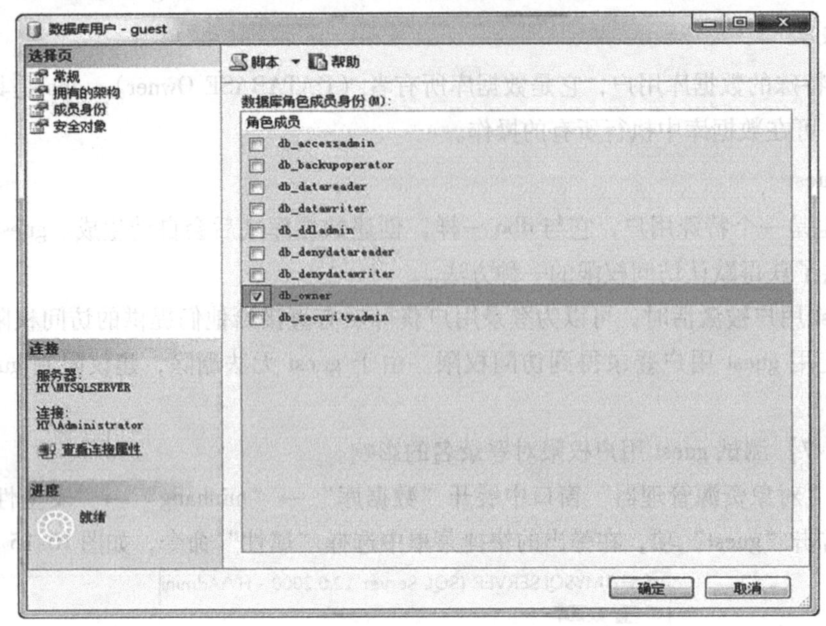

图 10-16　设置成员身份为 db_ower

3）在菜单栏中选择“文件”→“断开与对象资源管理器的连接”命令。

4）以 SQL Server 身份验证模式登录，输入用户名“cookie”和密码“123456”。

5）登入数据库后，在工具栏中单击“新建查询”按钮，在“查询编辑器”窗口中输入如下语句：

```
USE minhang
GO
SELECT * FROM Users
```

程序运行结果如图 10-17 所示，新登录名 cookie 得到了数据库用户 guest 的权限。由此可见，限制 guest 用户的权限十分必要。

SQLQuery6.sql - H...ministrator (60))*

```
Use minhang
Go
Select * from users
```

100 %

结果　消息

	Uno	Uname	Upass	Tname	Usex	Utel	Umail	Uidentity_id	Mileage	Grade
1	1	Cuisite	12345678	崔斯特	男	13907568077	Cuisite@hotmail.com	440101198201022543	32100	3
2	2	Marrisa	12345687	马丽莎	女	19545091912	Marrisa@hotmail.com	440203198801032545	31500	3
3	3	Wangrx	12378945	王轩	男	13871092635	Wangrx@163.com	440305199501042547	55400	5
4	4	Limingyu	12354788	李明宇	男	13923569877	Limingyu@yahoo.com	440407197101052549	44500	4
5	5	Liufum	59641384	刘夏明	男	15968792588	Liufum@163.com	440509198101062551	58400	5
6	6	Morexia	55922648	慕容筱筱	女	15988624952	Morexia@hotmail.com	440611199101072553	55400	5
7	7	ZxMao	12357954	李向东	男	16986362289	ZxMao@163.com	440713199001082555	55300	5
8	8	Zhangxy	98625478	张筱嫣	女	16895588826	Zhangxy@yahoo.com	440815198201092557	48000	4
9	9	Liuguis	65599522	刘贵生	男	18895269744	Liuguis@126.com	440917194801102559	42200	4
10	10	Lilei	2258746	李雷	男	18986526489	Lilei@yahoo.com	441019196301112561	1200	1

图 10-17　测试数据库用户 guest 对新登录名的影响

说明：本例执行完，应去除 guest 用户的 ower 角色。

10.3.2 添加数据库用户

【例 10-8】将例 10-5 创建的登录名 cookie 映射到 minhang 数据库的用户。

1）以超级用户身份（Windows 的管理员或者 SQL 的 Sa）连上数据库实例。

2）在“对象资源管理器”窗口中展开“数据库”→“minhang”→“安全性”项，右击“用户”项，在弹出的快捷菜单中选择“新建用户”命令，如图 10-18 所示。

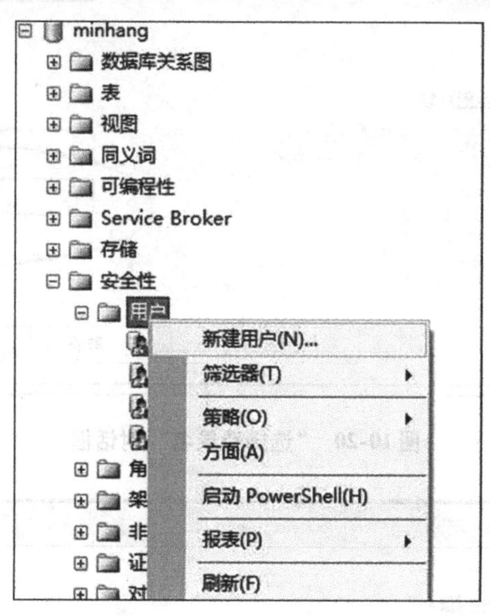

图 10-18 新建数据库用户

3）打开“数据库用户 - 新建”对话框，在“用户名”文本框中输入用户名“mycookie”，再单击“登录名”文本框右侧的按钮，如图 10-19 所示。

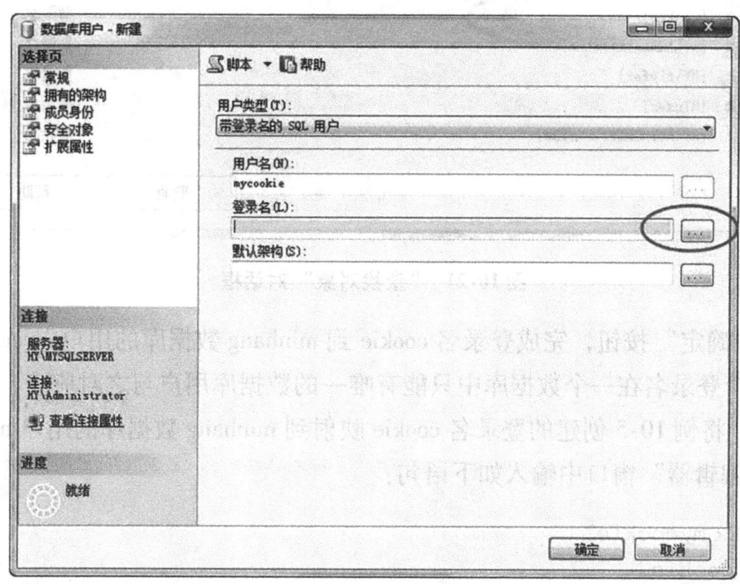

图 10-19 “数据库用户 - 新建”对话框

4）在弹出的“选择登录名”对话框中单击“浏览”按钮，如图 10-20 所示。打开“查找对象”对话框，浏览已有的登录名，选择“cookie”项，如图 10-21 所示。

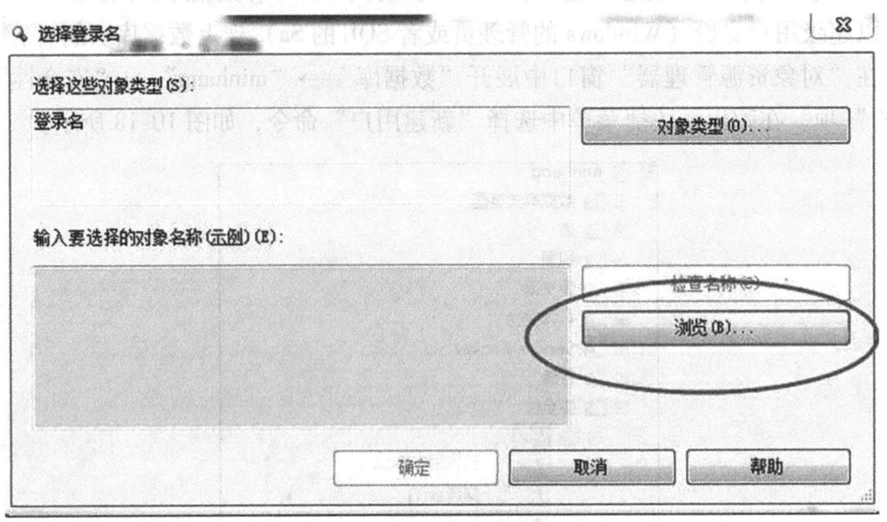

图 10-20　“选择登录名”对话框

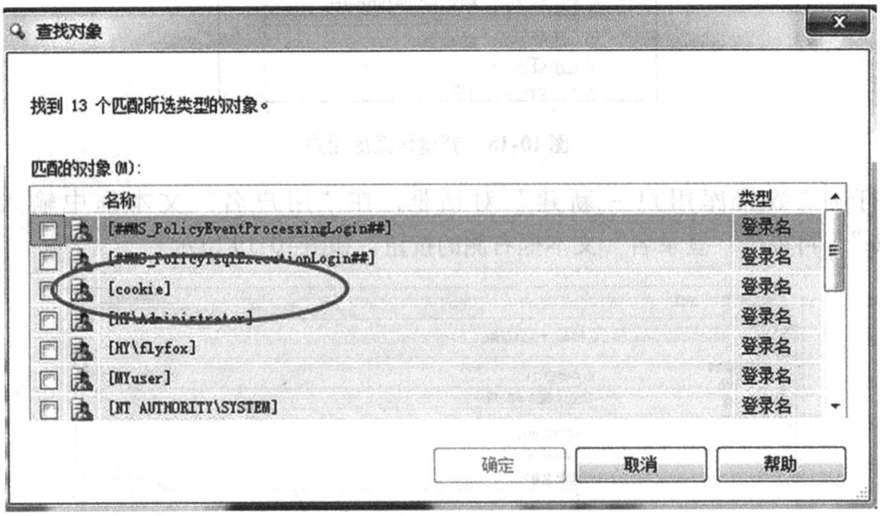

图 10-21　“查找对象”对话框

5）单击“确定”按钮，完成登录名 cookie 到 minhang 数据库的用户 mycookie 的映射。

说明：一个登录名在一个数据库中只能有唯一的数据库用户与之对应。

【例 10-9】将例 10-5 创建的登录名 cookie 映射到 minhang 数据库的用户 mycookie2。

在“查询编辑器”窗口中输入如下语句：

```
CREATE USER mycookie2
FOR LOGIN cookie
WITH default_schema = dbo
```

程序运行结果如图 10-22 所示。

图 10-22　一个登录名只能对应一个数据库用户

10.4　权限管理

授课视频 10－4

在 SQL Server 2014 中，不同的数据库用户具有不同的数据库访问权限。用户要对某数据库进行访问操作时，必须获得相应的操作权限，即得到数据库管理系统的操作权限授权。SQL Server 2014 中未被授权的用户将无法访问或存取数据库中的数据。

例如，利用已经设置默认数据库为 minhang 的登录名 cookie 登录到服务器后，在“查询编辑器”窗口中输入查询语句，但是结果报错，如图 10-23 所示，错误提示为“拒绝了对对象 'Users'（数据库 'minhang'，架构 'dbo'）的 SELECT 权限。”

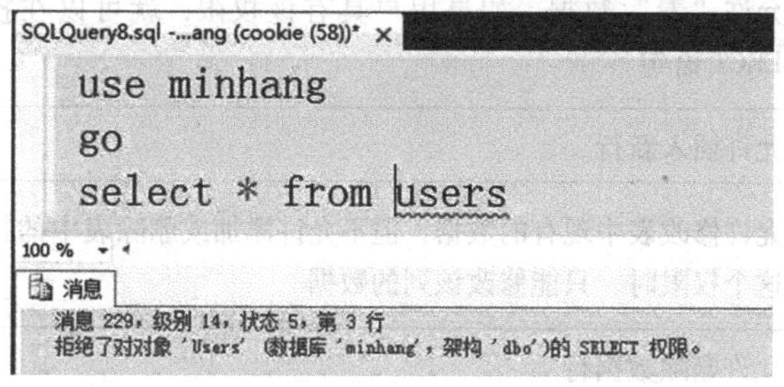

图 10-23　cookie 访问数据库出错

10.4.1　授权的安全对象

SQL Server 2014 Database Engine 管理着可以通过权限进行保护的实体的分层集合，这些实体称为“安全对象”。在安全对象中，最突出的是服务器和数据库，但可以在更细的级别上设置离散权限。SQL Server 通过验证主体是否已获得适当的权限来控制主体对安全对象执行的操作。

安全对象是 SQL Server Database Engine 授权系统控制用户对其进行访问的资源。通过创建可以为自己设置安全性“范围”的嵌套层次结构，可以将某些安全对象包含在其他安全对象中。安全对象范围有服务器、数据库、架构和对象类。

1）服务器包含的安全对象：端点、登录名、数据库。

2）数据库包含的安全对象：用户、角色、应用程序角色、程序集、消息类型、路由、约定和架构等。

3）架构包含的安全对象：类型、XML 架构集合和对象。

4）对象类的安全对象：聚合、约束、函数、过程、队列、统计信息、同义词、表和视图。

10.4.2 权限的类别

在 SQL Server 2014 中可设置的权限内容较为复杂，从服务器到对象共有 94 个权限可以授予安全对象。SQL Server 2014 中主要的权限类别见表 10-1。

表 10-1 SQL Server 2014 的主要权限类别

权　限	描　　述
CONTROL	授予类似所有权的能力给被授予者。被授权者实际上对安全对象具有所定义的所有权限
TAKE OWNERSHIP	允许被授权者获取所授予的安全对象的所有权
VIEW DEFINITION	允许定义视图。如果用户具有该权限，就利用表或函数定义视图
CREATE	允许创建对象
ALTER	允许创建（CREATE）、更改（ALTER）或删除（DELETE）受保护的对象及其下层所有的对象
SELECT	允许“看”数据。如果用户具有该权限，就可以在授权的表或视图上运行 SELECT 语句
INSERT	允许插入新行
UPDATE	允许修改表中现有的数据，但不允许添加或删除表中的行。当用户在某一列上获得这个权限时，只能修改该列的数据
DELETE	允许删除数据行
REFERENCE	允许插入行，这里被插入的表具有外键约束，参照了用户 SELECT 权限的另一张表
EXECUTE	允许执行一个特定存储过程

10.4.3 权限的管理

1. 指定服务器权限

【例 10-10】 指定登录名 cookie 具有创建数据库的权限。

1）在“对象资源管理器”窗口中右击“MYSQLSERVER”项，在弹出的快捷菜单中选择“属性”命令，如图 10-24 所示。

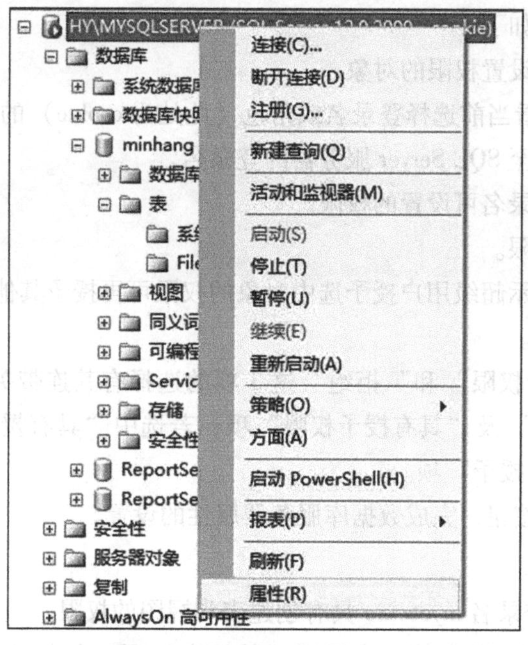

图 10-24 设置数据库服务器属性

2）打开“服务器属性”对话框，在左侧的“选择页”列表中选择“权限”项，在右侧“登录名或角色”列表框中选择要设置权限的对象“cookie”，在“cookie 的权限”列表框中勾选“授予”列的复选框，如图 10-25 所示。

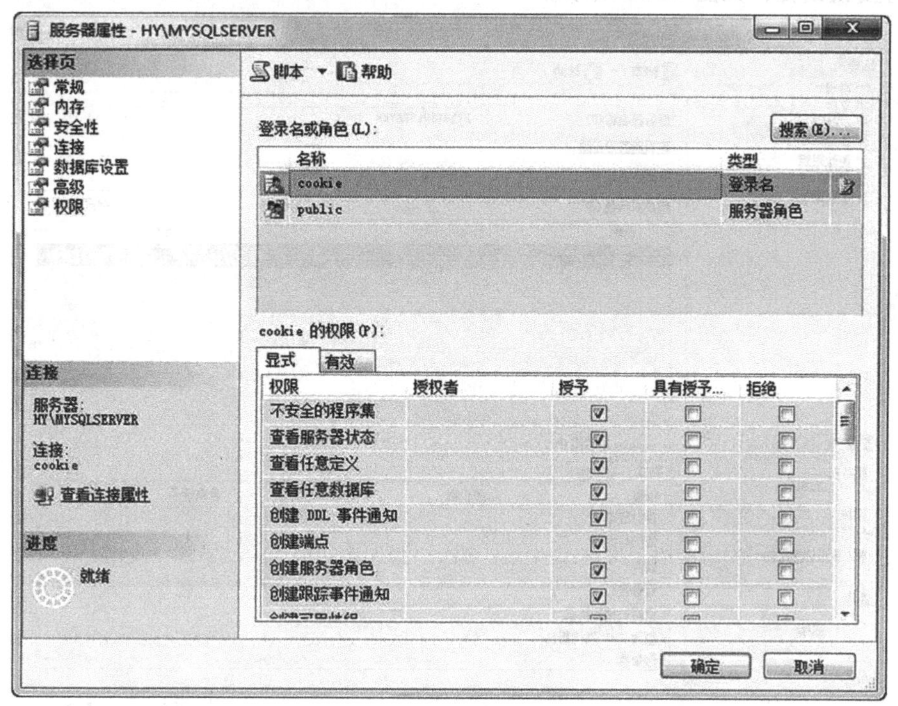

图 10-25 设置服务器权限

对话框中各项含义如下。

登录名或角色：被设置权限的对象。

cookie 的权限：查看当前选择登录名或角色（此处为 cookie）的权限。

授权者：当前登录至 SQL Server 服务器的登录名。

权限：所有当前登录名可设置的权限。

授予：表示授予权限。

具有授予权限：表示超级用户授予选中对象的权限可再授予其他登录名。

拒绝：即禁止使用。

“授予”“具有授予权限”和”拒绝”这 3 项的选择有其连带关系，选中“拒绝”项，就自动取消选中“授予”及“具有授予权限”项；若选中“具有授权权限”项，则取消选中“拒绝”项并选择“授予”项。

3）单击“确定”按钮，完成数据库服务器属性的设置。

2. 设置数据库权限

【例 10-11】指定登录名 mycookie 具有创建表和视图的权限。

1）在“对象资源管理器”窗口中展开“数据库”项，右击“minhang”项，在弹出的快捷菜单中选择“属性”命令。

2）打开“数据库属性”对话框，在左侧的“选择页”列表中选择“权限”项，在右侧的“用户或角色”列表中选择要设置权限的对象“mycookie”，在“mycookie 的权限”列表中进行授权设置，如图 10-26 所示。

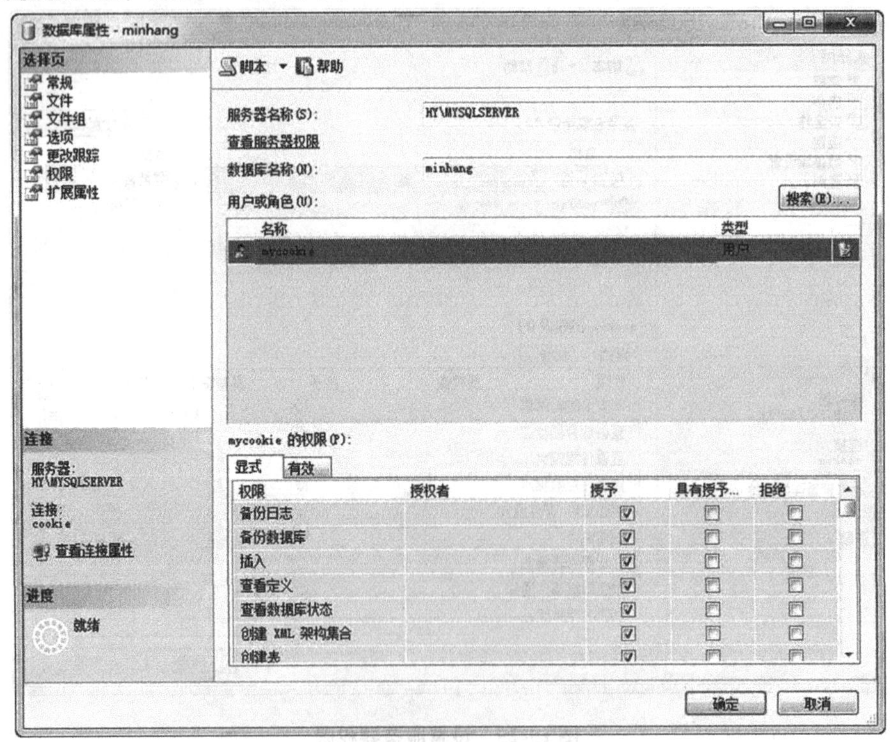

图 10-26　设置数据库用户权限

3. 设置数据库对象权限

【例 10-12】指定登录名 mycookie 在会员表 User 中具有所有权限。

1）在“对象资源管理器”窗口中展开“数据库”→“minhang”→“表”项，右击“User”项，在弹出的快捷菜单中选择“属性”命令。

2）打开“表属性”对话框，在左侧的“选择页”列表中选择“权限”项。单击“搜索”按钮，打开“选择用户或角色”对话框。单击“浏览”按钮，打开“查找对象”对话框，选中“mycookie”用户名，然后返回“表属性”对话框。

3）在“用户或角色”列表中选择要设置权限的对象“mycookie”，在“mycookie 的权限”列表中进行授权设置，如图 10-27 所示。

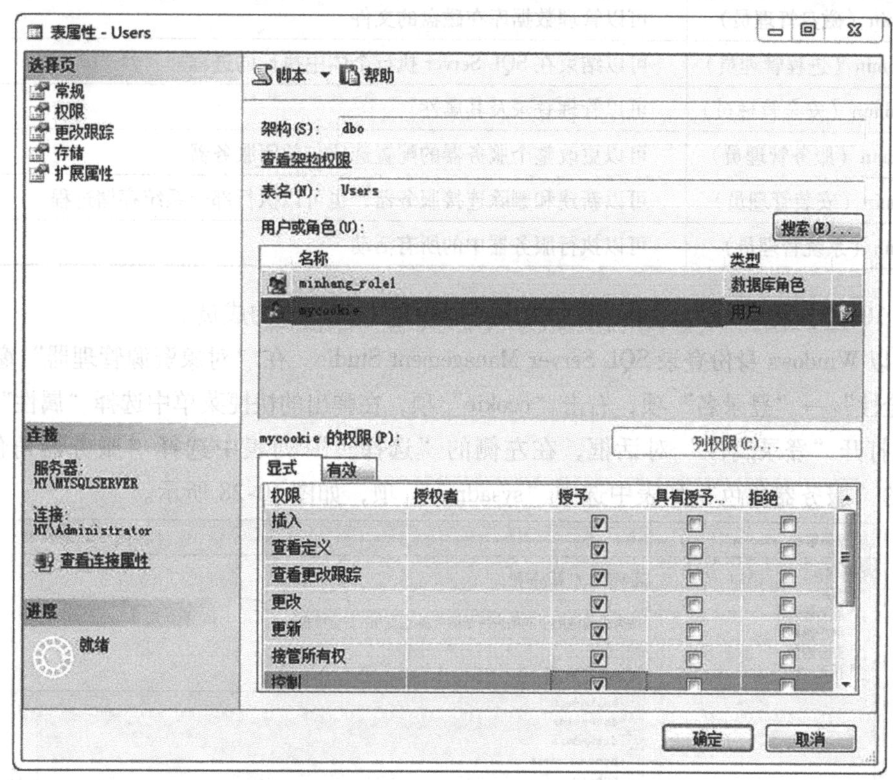

图 10-27　设置数据库用户对象权限

10.5　角色管理

授课视频 10－5

为了保证数据库的安全性，采用逐个设置用户权限的方法较为直观和方便，然而一旦数据库的用户数很多，设置权限的工作将会变得烦琐复杂。在 SQL Server 中通过为角色设置权限解决此类问题。

角色的概念类似于 Windows 操作系统中“组”的概念。在 SQL Server 2014 中，系统已经创建了多个角色，只要把用户直接设置为某个角色的成员，那么该用户就拥有这个角色的权限了。

在 SQL Server 2014 中角色分为三类：服务器角色、数据库角色和应用程序角色。

10.5.1　服务器角色

服务器角色是针对服务器已定义的不同权限，管理人员无法创建服务器角色，而只能选择合适的固定服务器角色。固定服务器角色共有 8 个，见表 10-2。

表 10-2　固定服务器角色

服务器角色	允许权限
bulkadmin（大容量插入操作管理者）	可以使用 BULK INSERT 语句，以用户指定的个数将数据文件加载到数据表或视图中
dbcreator（数据库创建者）	可以创建、更改、删除和还原任何数据库
diskadmin（磁盘管理员）	可以管理数据库在磁盘的文件
processadmin（进程管理员）	可以结束在 SQL Server 执行个体中执行的进程
Securityadmin（安全管理员）	可以管理登录及其属性
serveradmin（服务管理员）	可以更改整个服务器的配置选项与关闭服务器
setupadmin（安装管理员）	可以新建和删除连接服务器，也可以执行部分系统存储过程
sysadmin（系统管理员）	可以执行服务器中的所有活动

【例 10-13】将登录名 cookie 添加为服务器角色 sysadmin 的成员。

1）以 Windows 身份登录 SQL Server Management Studio。在“对象资源管理器”窗口中展开“安全性”→“登录名”项，右击“cookie”项，在弹出的快捷菜单中选择“属性”命令。

2）打开“登录属性”对话框，在左侧的“选择页”列表中选择“服务器角色”项，在右侧的“服务器角色”列表中选中“sysadmin”项，如图 10-28 所示。

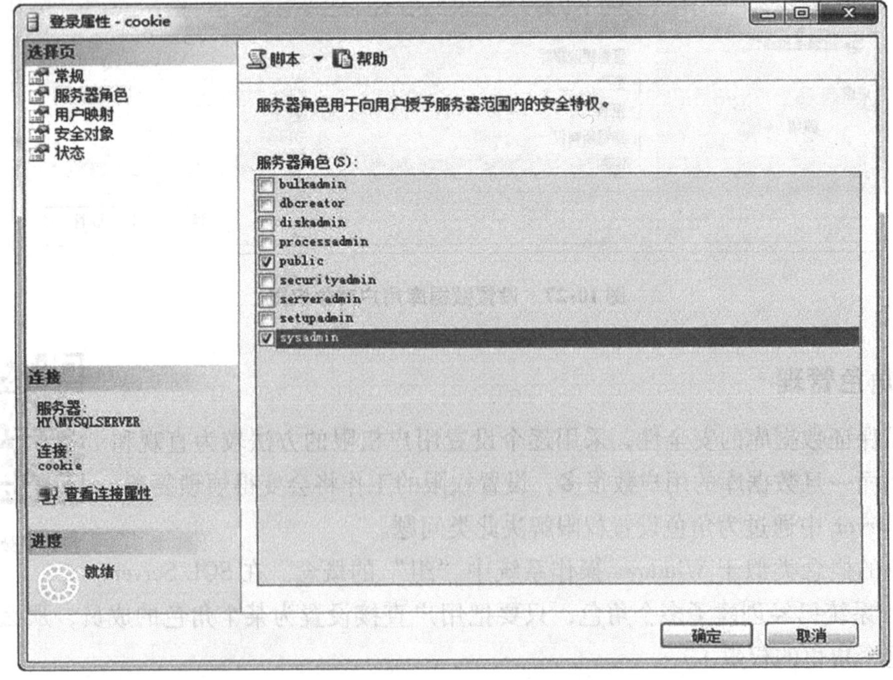

图 10-28　添加服务器角色成员

3）单击“确定”按钮，完成设置。

【例 10-14】查看服务器角色 sysadmin 的成员。

以超级用户登录 SQL Server Management Studio。在“对象资源管理器”窗口中展开“安全性”→“服务器角色”项，双击“sysadmin”项，打开“服务器角色属性”对话框，如图 10-29 所示。可见，在该角色中已经保存了上例添加的登录名 cookie。

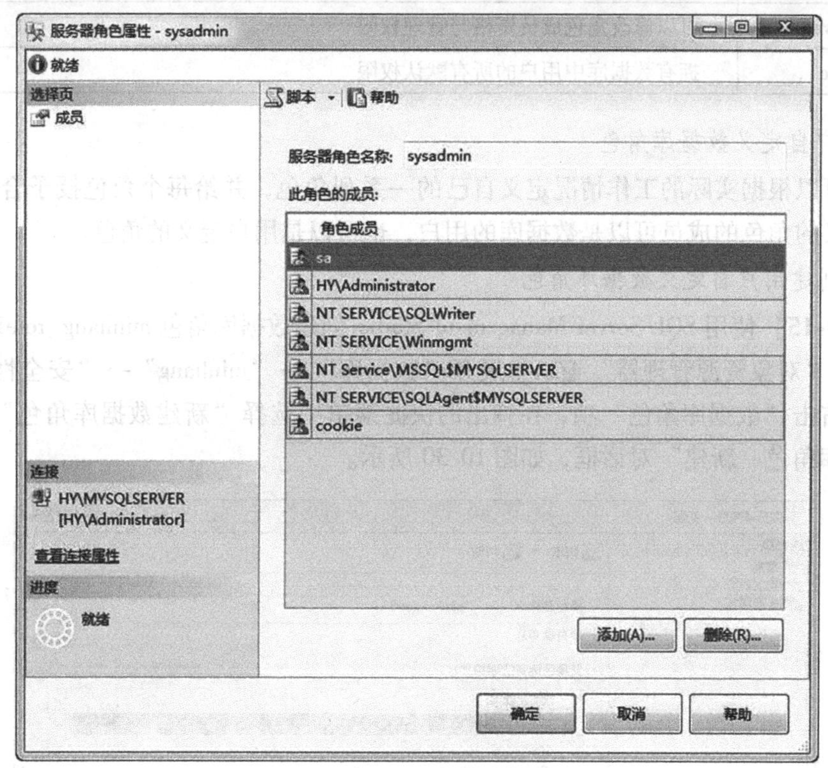

图 10-29　查看服务器角色成员

10.5.2　数据库角色

1. 系统内置角色

创建数据库之后，便会自动创建 10 个内置数据库角色，这 10 个角色的名称及权限见表 10-3。

表 10-3　数据库系统内置角色

数据库角色	允许权限
db_accessadmin	可以新建或删除 Windows 登录、Windows 组及 SQL Server 登录的访问权
db_backupoperator	可以备份数据库
db_datareader	可以读取所有用户数据表的所有数据
db_datawriter	可以添加、删除或修改所有用户数据表中的数据

（续）

数据库角色	允许权限
db_ddladmin	可在数据库中执行任何“数据定义语言”（DDL）的命令
db_denydatareader	不能读取数据库中任何用户数据表的数据
db_denydatawriter	不能添加、修改或删除数据库中任何用户数据表的数据
db_owner	可以在数据库上执行所有的配置和维护活动、删除数据库
db_securityadmin	可以修改角色成员资格与管理权限
public	拥有数据库中用户的所有默认权限

2. 用户自定义数据库角色

用户可以根据实际的工作情况定义自己的一系列角色，并给每个角色授予合适的权限。用户自定义的角色的成员可以是数据库的用户，也可以是用户定义的角色。

(1) 创建用户自定义数据库角色

【例 10-15】 使用 SQL Server Management Studio 创建数据库角色 minhang_role1。

1）在“对象资源管理器”窗口中展开“数据库”→“minhang”→“安全性”→“角色”项，右击“数据库角色”项，在弹出的快捷菜单中选择“新建数据库角色”命令，打开“数据库角色 - 新建”对话框，如图 10-30 所示。

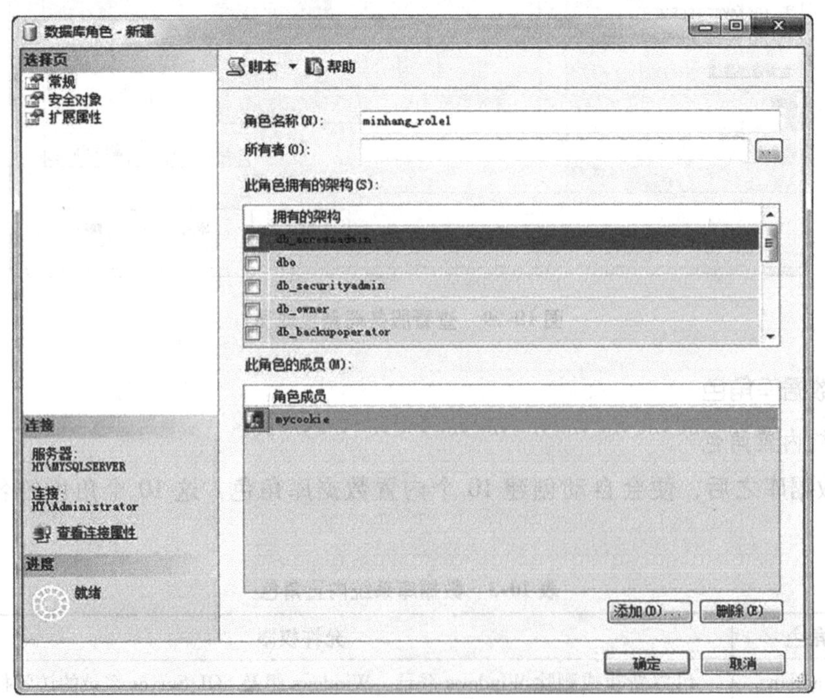

图 10-30　新建自定义数据库角色

2）输入新建数据库角色名称，单击“添加”按钮，选择该数据库角色的成员，最后单击“确定”按钮即可。

说明：没有选择所有者的数据库角色为创建者所有。

(2) 为用户自定义角色授权

可以使用SQL Server Management Studio和T-SQL语句两种方法为用户自定义角色授权。

【例10-16】使用 SQL Server Management Studio 为角色 minhang_role1 授予查询、更新 Users 表的权限。

1）在“对象资源管理器”中展开“数据库”→“minhang”→“安全性”→“角色”→“数据库角色”项，右击“minhang_role1”项，在弹出的快捷菜单中选择“属性”命令。

2）打开的“数据库角色属性”对话框，在左侧“选择页”列表中选择“安全对象”项，如图10-31所示。

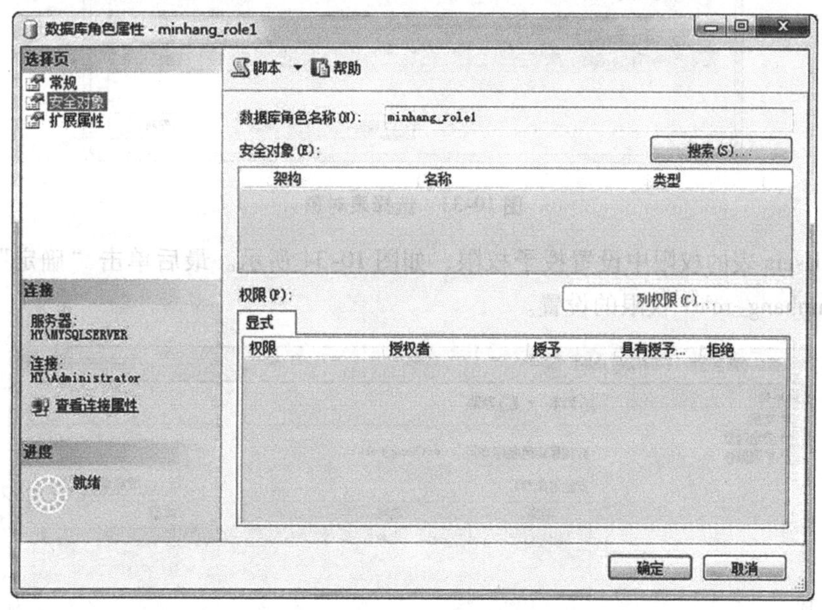

图10-31 “数据库角色属性”对话框

3）单击“搜索”按钮，在弹出的“添加对象”对话框中选择“特定对象”项，然后单击“确定”按钮，弹出如图10-32所示的“选择对象”对话框。

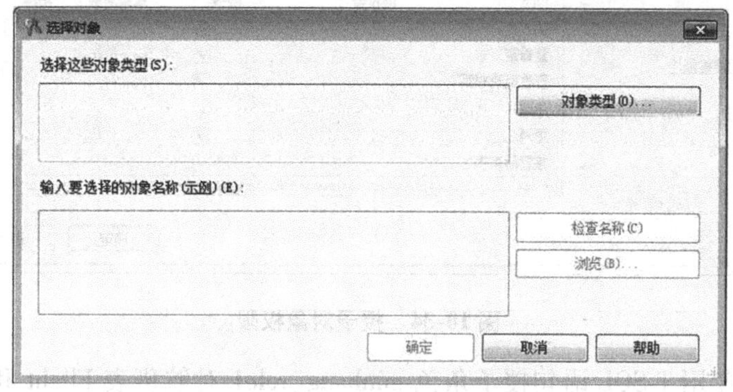

图10-32 “选择对象”对话框

4）单击“对象类型”按钮，在弹出的“对象类型”对话框中选择“表”项并单击“确定”按钮，返回“选择对象”对话框。

5）单击“浏览”按钮，弹出如图 10-33 所示的“查找对象”对话框，勾选表“Users”前的复选框，单击“确定”按钮返回“数据库角色属性”对话框。

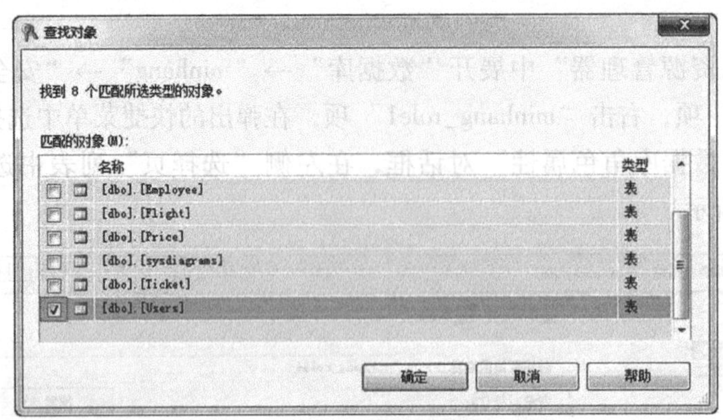

图 10-33　选择表对象

6）在 Users 表的权限中设置授予权限，如图 10-34 所示。最后单击“确定”按钮，完成对角色 minhang_role1 权限的设置。

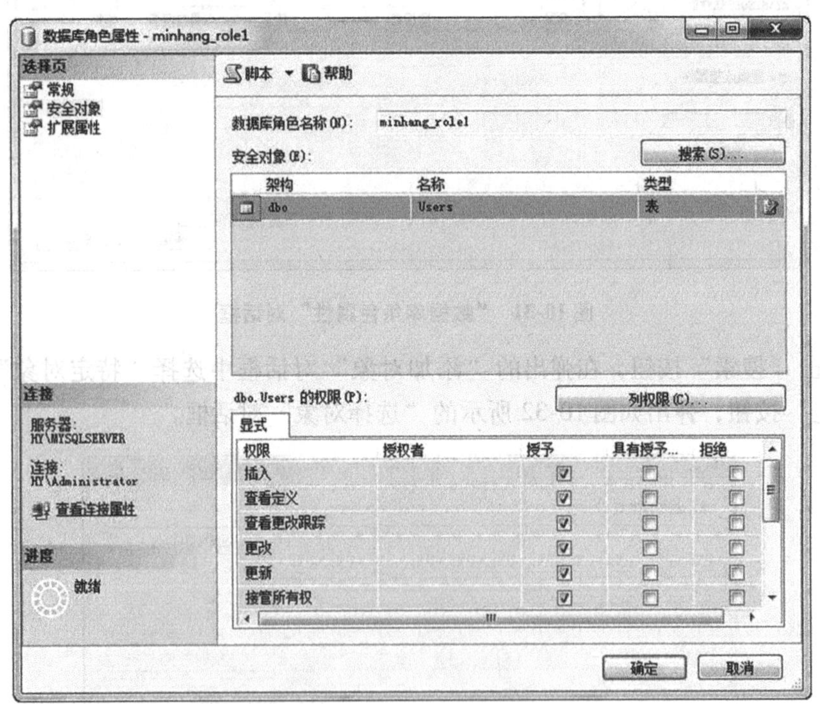

图 10-34　授予对象权限

【例 10-17】使用 T-SQL 语句授予角色 minhang_role1 对航班表 Flight 和机票表 Ticket 的查询权限。

在“查询编辑器”窗口中输入如下语句：

```
GRANT SELECT ON Flight TO minhang_role1
GRANT SELECT ON Ticket TO minhang_role1
```

(3) 管理数据库角色成员

【例10-18】将minhang数据库的用户设置为数据库角色minhang_role1的成员。

1）在"对象资源管理器"窗口中展开"数据库"→"minhang"→"安全性"→"角色"→"数据库角色"项，右击"minhang_role1"项，在弹出的快捷菜单中选择"属性"命令，打开"数据库角色属性"对话框，如图10-35所示。

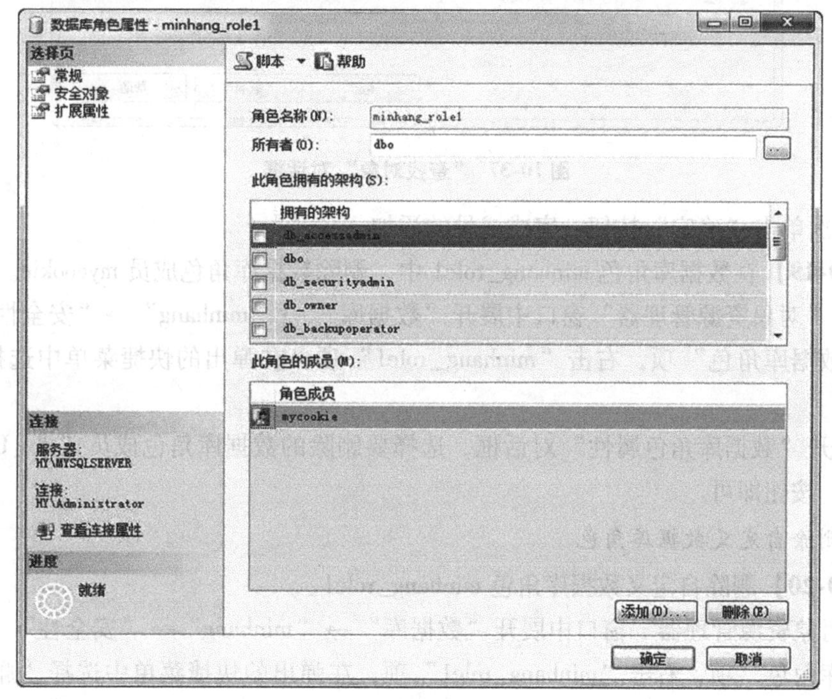

图10-35 "数据库角色属性"对话框

2）单击"添加"按钮，打开"选择数据库用户或角色"对话框，如图10-36所示。

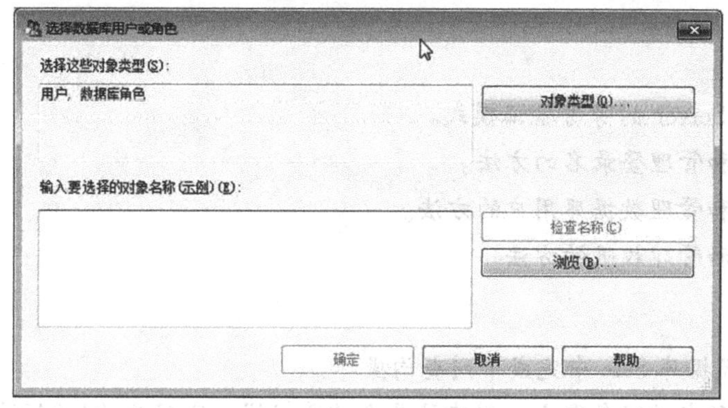

图10-36 "选择数据库用户或角色"对话框

3）单击“浏览”按钮，打开“查找对象”对话框，勾选用户“mycookie”前的复选框，如图 10-37 所示。

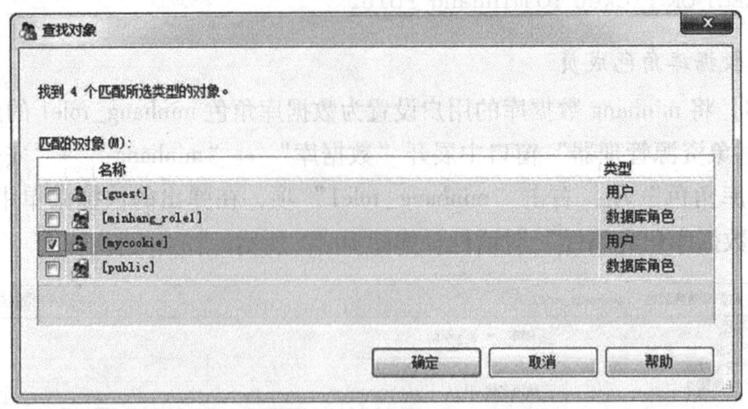

图 10-37 “查找对象”对话框

4）依次单击“确定”按钮，完成成员的添加。

【例 10-19】在数据库角色 minhang_role1 中，删除数据库角色成员 mycookie。

1）在“对象资源管理器”窗口中展开“数据库”→“minhang”→“安全性”→“角色”→“数据库角色”项，右击“minhang_role1”项，在弹出的快捷菜单中选择“属性”命令。

2）打开“数据库角色属性”对话框，选择要删除的数据库角色成员“db_User1”，单击“删除”按钮即可。

(4) 删除自定义数据库角色

【例 10-20】删除自定义数据库角色 minhang_role1。

在“对象资源管理器”窗口中展开“数据库”→“minhang”→“安全性”→“角色”→“数据库角色”项，右击“minhang_role1”项，在弹出的快捷菜单中选择“删除”命令即可。

实践训练

【实践目的】

1. 掌握 SQL Server 的身份验证模式。
2. 掌握创建和管理登录名的方法。
3. 掌握创建和管理数据库用户的方法。
4. 掌握创建和管理权限的方法。

【实践内容】

在销售管理数据库 Sale 中完成下列查询操作：

1. 在数据库所在的服务器上，创建登录名“David”，密码为“123456”，默认数据库为“Sale”。

2. 创建 Windows 用户 ddd，让其能够连接到数据库。（注意：最好先创建管理员用户，以防进不了系统）

3. 创建登录名 SQL_User2，映射到数据库的 ddd 用户。（用 T-SQL 语言）

4. 授予登录名 David 能查询雇员表 Employee、供应商表 Provider，并能够在雇员表中添加新的雇员。

5. 利用 SQL Server Management Studio 授予登录名 David 能创建数据表的权限。

6. 利用 SQL Server Management Studio 新建用户 ahua，让登录名 David 能把自己的对象权限转授给 ahua，请描述过程。

7. 利用 SQL Server Management Studio 收回登录名 David 的对象权限，这时测试 ahua 的对象权限。

8. 利用 SQL Server Management Studio 创建角色 role1，使得该角色能够访问所有表，并能够修改雇员表。创建用户 login1、login2，使之成为角色的用户，尝试 login1、login2 的权限。

9. 利用 SQL Server Management Studio 完成使用拒绝权限，让 login1 不能修改雇员表。

10. 利用 SQL Server Management Studio 完成删除角色 role1，重新尝试 login1 和 login2 的权限。

习题 10

一、判断题

1. 数据库的安全性（Security）是指保护数据库避免不合法的使用，以免数据的泄漏、更改或破坏。（　）

2. 在 Windows 身份验证模式下，SQL Server 依靠 Windows 身份验证来验证用户的身份。这种模式下用户可以指定 SQL Server 2014 登录用户名。（　）

3. 混合模式下，用户既可以使用 Windows 身份验证，也可以使用 SQL Server 身份验证。（　）

4. SQL Server 中有两种角色类型：固定角色和用户定义数据库角色。（　）

5. SQL Server 中的权限包括三种类型：对象权限、语句权限和删除权限。（　）

二、选择题

1. 当采用 Windows 验证方式登录时，只要用户通过 Windows 用户账户验证，就可（　　）到 SQL Server 数据库服务器。

A. 连接　B. 集成　C. 控制　D. 转换

2. SQL Server 中的视图提高了数据库系统的（　　）。

A. 完整性　B. 并发控制　C. 隔离性　D. 安全性

3. 在数据库的安全性控制中，授权的数据对象的（　　），授权子系统就越灵活。

A. 范围越小　B. 约束越细致　C. 范围越大　D. 约束范围大

三、多项选择题

1. 使用系统管理员登录账户 sa 时，以下操作正确的是（　　）。

   A. 虽然 sa 是内置的系统管理员登录账户，但在日常管理中最好不要使用 sa 进行登录

   B. 当其他系统管理员不可用或忘记了密码，无法登录到 SQL Server 时，可使用 sa 这个特殊的登录账户

   C. 最好总是使用 sa 账户登录

   D. 使系统管理员成为 sysadmin 固定服务器角色的成员，并使用各自的登录账户来登录

2. 在“连接”组中有两种连接认证方式，其中在（　　）方式下，不需要客户端应用程序连接时提供登录时需要的用户标识和密码。

   A. Windows 身份验证　　B. SQL Server 身份验证

   C. 以超级用户身份登录时　　D. 其他方式登录时

3. 身份验证的内容包括（　　）。

   A. 用户的账户是否有效　　B. 能否访问系统

   C. 能访问系统的哪些数据库　　D. 创建用户

四、填空题

1. SQL Server 的安全性管理是建立在________和________机制上的。
2. 权限管理的主要任务是________。
3. 角色中的所有成员________该角色所拥有的权限。

项目十一　订票管理的数据日常维护

知识目标

了解数据库的常见故障类型；掌握 SQL Server 2014 数据库的各种备份和恢复方法；掌握数据库各种格式文件的导入和导出操作。

技能目标

学会数据库备份和还原以及数据的导入和导出方法；学会根据系统的需求合理设置销售管理数据库的备份和恢复策略。

数据库的日常维护主要是对数据库进行备份操作。虽然 SQL Server 2014 提供了各种安全措施用于保证数据库的安全性和可靠性，但由于各种因素，如硬件故障、自然灾害、计算机病毒等，会对数据库造成严重破坏，轻则影响数据的正确性，重则引起灾难性的后果。

11.1　数据库的备份和还原

SQL Server 2014 针对不同用户的业务需求，提供了完整备份、差异备份、事务日志备份和文件组备份这 4 种方式供用户选择。

11.1.1　数据库的备份

授课视频 11－1

1. 创建备份设备

执行备份的第一步是创建将要包含备份内容的备份文件。为了执行备份操作，在使用之前所创建的备份文件称为永久性的备份文件，也称为备份设备。

【例 11-1】创建 minhang 数据库的备份设备。

1）在“对象资源管理器”窗口中展开“服务器对象”项，右击“备份设备”项，在弹出的快捷菜单中选择“新建备份设备”命令。

2）打开“备份设备”对话框，在“设备名称”文本框中输入“minhang_Bak”，在表示物理地址“文件”文本框中输入“L:\minhang_bak”，单击“确定”按钮，完成备份设备的创建，如图 11-1 所示。

图 11-1　创建备份设备

说明：创建备份设备之后，在相应的文件夹中并没有实际生成该文件。只有在执行了备份操作，在备份设备上存储了备份内容之后，该文件才会出现在指定的位置中。

2. 完整备份

完全数据库备份是备份数据库中的所有数据和结构。数据库的第一次备份应该是完全数据库备份，这种备份内容为其他备份方法提供了一个基线。

【例 11-2】创建 minhang 数据库的完整备份。

1）在“对象资源管理器”窗口中展开“数据库”项，右击“minhang”项，在弹出的快捷菜单中选择“任务”→“备份”命令，打开“备份数据库”对话框，如图 11-2 所示。

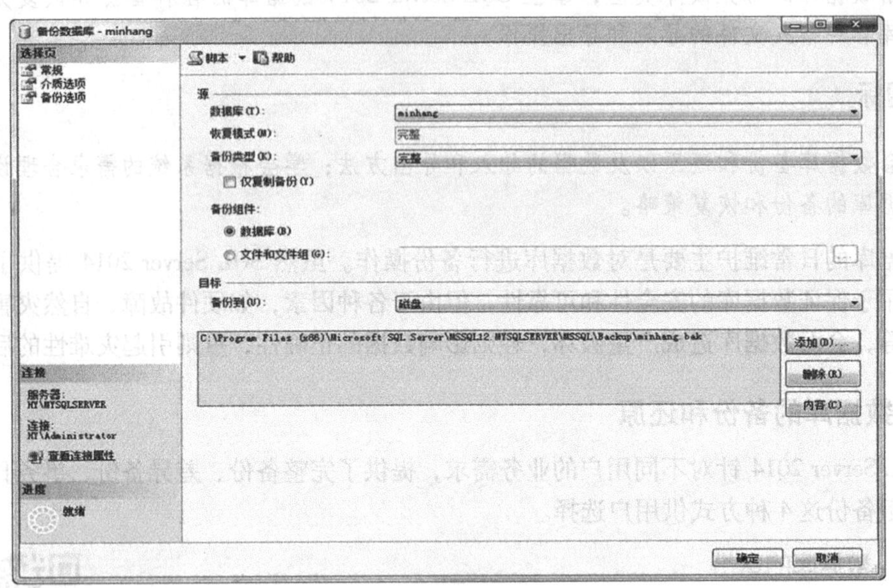

图 11-2　“备份数据库”对话框

2）在“数据库”下拉列表中选择“minhang”项，在“备份类型”下拉列表中选择“完整”项，在“备份组件”区域选择“数据库”单选按钮，在“目标”项目栏中单击“添加”按钮，打开“选择备份目标”对话框，如图 11-3 所示。选择“备份设备”单选按钮，在其对应的下列表框中选择“minhang_Bak”项，单击“确定”按钮，返回到“备份数据库”对话框，删除其他的选项。

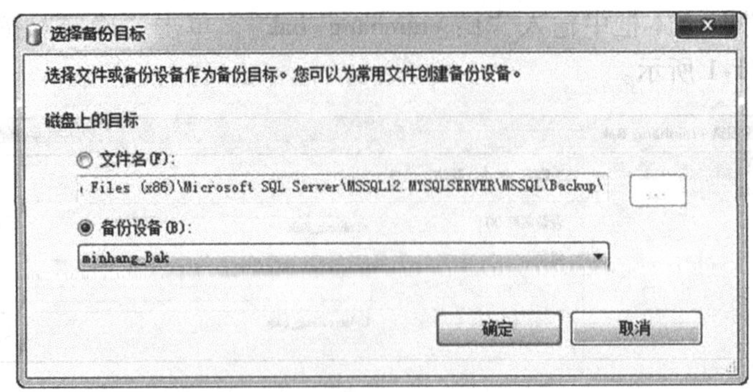

图 11-3　“选择备份目标”对话框

3）在左侧“选择页”列表中选择“介质选项”项，选择“覆盖所有现有备份集”单选按钮，这样系统在创建备份时将初始化备份设备并覆盖原有备份内容。勾选“完成后验证备份”复选框，可以在备份完成后与当前数据库进行对比，以确保它们是一致的，如图 11-4 所示。单击“确定”按钮，系统开始进行备份。

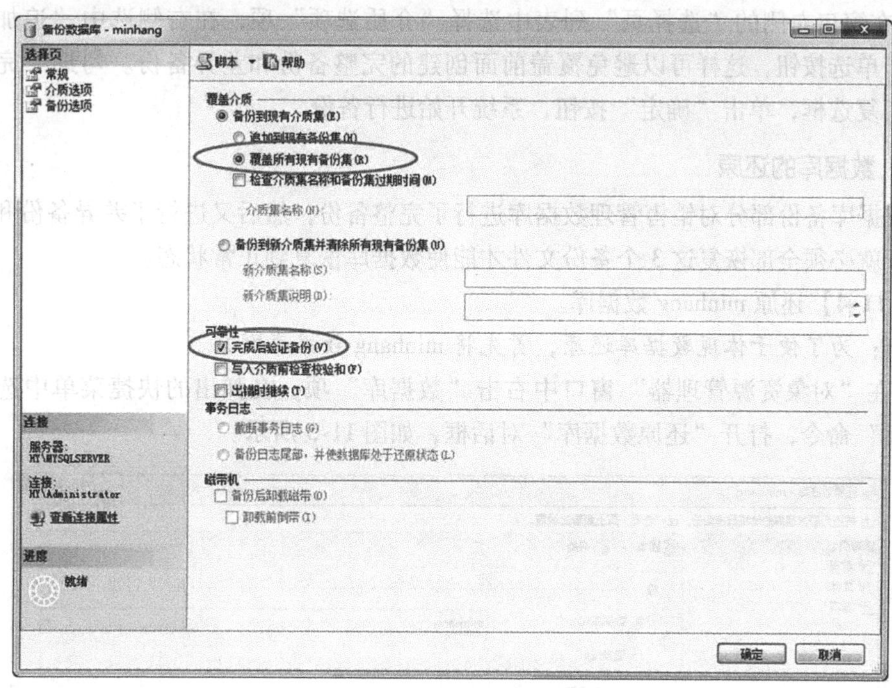

图 11-4　设置备份选项

3. 差异备份

完整差异备份仅记录自上次完整备份后更改过的数据。完整差异备份比完整备份更小、更快，可以简化频繁的备份操作，减少数据丢失的风险。

创建差异备份的操作步骤如下：

1）在“对象资源管理器”窗口中展开“数据库”项，右击“minhang”项，在弹出的快捷菜单中选择“任务”→“备份”命令，打开“备份数据库”对话框。

2）在“数据库”下拉列表中选择“minhang”项，在“备份类型”下拉列表中选择“差异”项，在“备份组件”区域选中“数据库”单选按钮，在“目标”项目栏中，指定备份到磁盘文件 minhang_bak。最后单击“确定”按钮，完成备份数据库的操作。

说明：差异备份文件比完整备份文件小，因为它仅备份自上次完整备份后更改过的数据。

4. 事务日志备份

事务日志备份是备份数据库事务日志的变化过程。当执行完整数据库备份之后，可以执行事务日志备份。

【例 11-3】创建 minhang 数据库的事务日志备份。

1）在“对象资源管理器”窗口中展开“数据库”项，右击“minhang”项，在弹出的快捷菜单中选择“任务”→“备份”命令，打开“备份数据库”对话框。

2）在“数据库”下拉列表中选择“minhang”项，在“备份类型”下拉列表中选择“事务日志”项，在“备份组件”区域选中“数据库”单选按钮，在“目标”项目栏中，系统已经自动选中前面创建的备份设备，其他参数保持不变。

3）在窗口左侧的“选择页”列表中选择“介质选项”项，在右侧选中“追加到现有备份集”单选按钮，这样可以避免覆盖前面创建的完整备份和差异备份。勾选“完成后验证备份”复选框，单击“确定”按钮，系统开始进行备份。

11.1.2　数据库的还原

在数据库备份部分对销售管理数据库进行了完整备份，然后又进行了差异备份和事务日志备份，就必须全部恢复这3个备份文件才能使数据库恢复到正常状态。

【例 11-4】 还原 minhang 数据库。

分析： 为了便于体现数据库还原，首先将 minhang 数据库删除。

1）在“对象资源管理器”窗口中右击“数据库”项，在弹出的快捷菜单中选择“还原数据库”命令，打开“还原数据库”对话框，如图 11-5 所示。

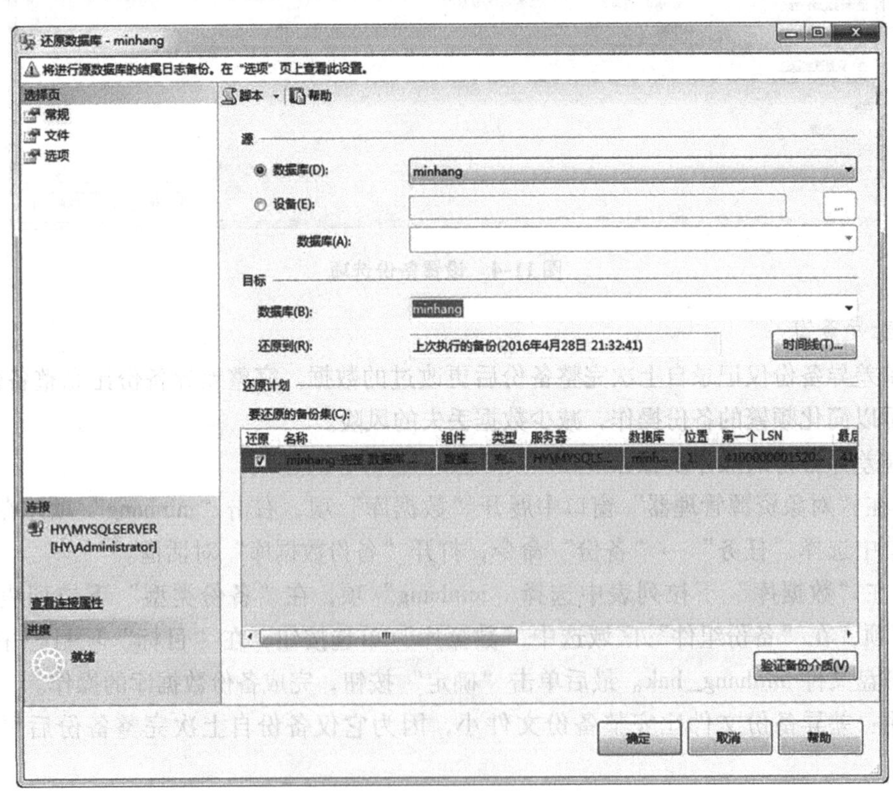

图 11-5　“还原数据库”对话框

2）在“目标”项目栏的“数据库”文本框中输入数据库名称“minhang”，单击“确定”按钮，系统开始恢复数据库。

11.2 数据的导出和导入

数据转换服务是一个功能非常强大的组件，导入和导出向导提供了把数据从一个数据源转换到另一个数据目的地的方法，该工具可以在异构数据环境中复制数据、复制整个表或者查询结果，并且可以交互式地定义数据转换方式。

授课视频 11-2

11.2.1 数据的导出

【例 11-5】将 minhang 数据库的 3 张表导出为 Excel 文件。

1）在“对象资源管理器”窗口中展开“数据库”项，右击“minhang”项，在弹出的快捷菜单中选择“任务”→“导出数据”命令，如图 11-6 所示。

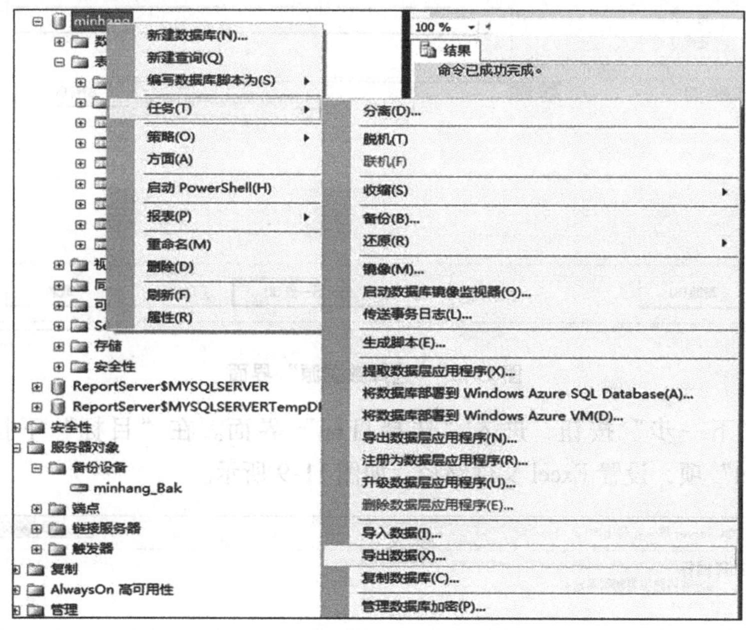

图 11-6 选择“任务”“导出数据”命令

2）打开 SQL Server 导入和导出向导，如图 11-7 所示。

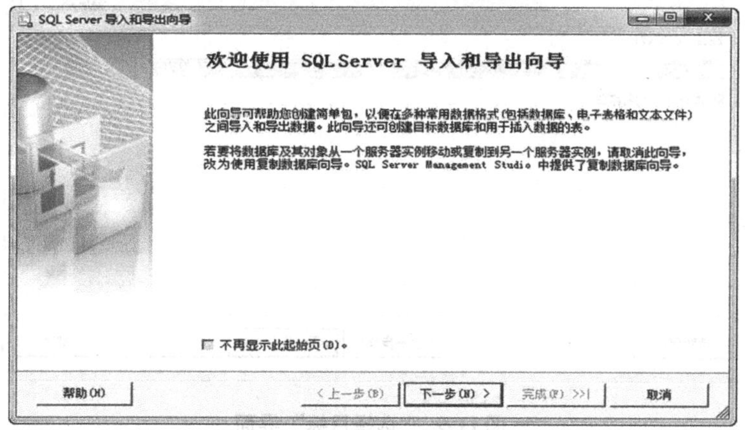

图 11-7 SQL Server 导入和导出向导

3）单击“下一步”按钮，进入“选择数据源”界面。在“数据源”下拉列表中选择“SQL Server Native Client 11.0”项，然后选择“身份验证”方式为“使用 Windows 身份验证”，在“数据库”文本框中输入“minhang”，如图 11-8 所示。

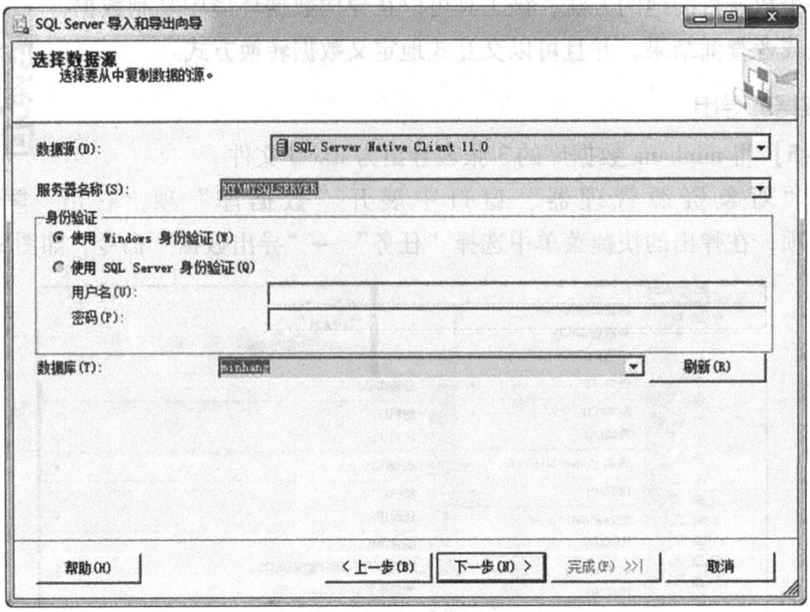

图 11-8　“选择数据源”界面

4）单击“下一步”按钮，进入“选择目标”界面。在“目标”下拉列表中选择“Microsoft Excel”项，设置 Excel 文件路径，如图 11-9 所示。

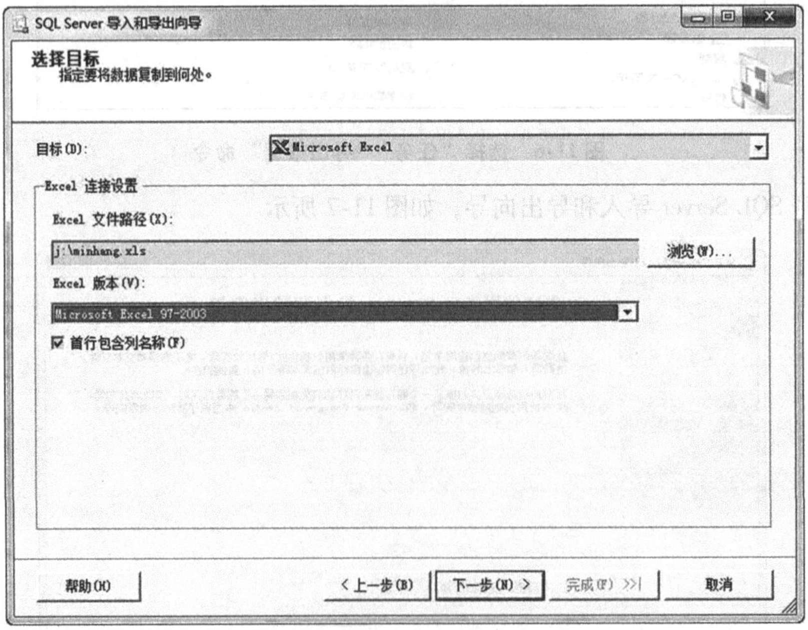

图 11-9　“选择目标”界面

5）单击“下一步”按钮，进入“指定表复制或查询”界面。选中“复制一个或多个表或视图的数据”单选按钮，如图 11-10 所示。

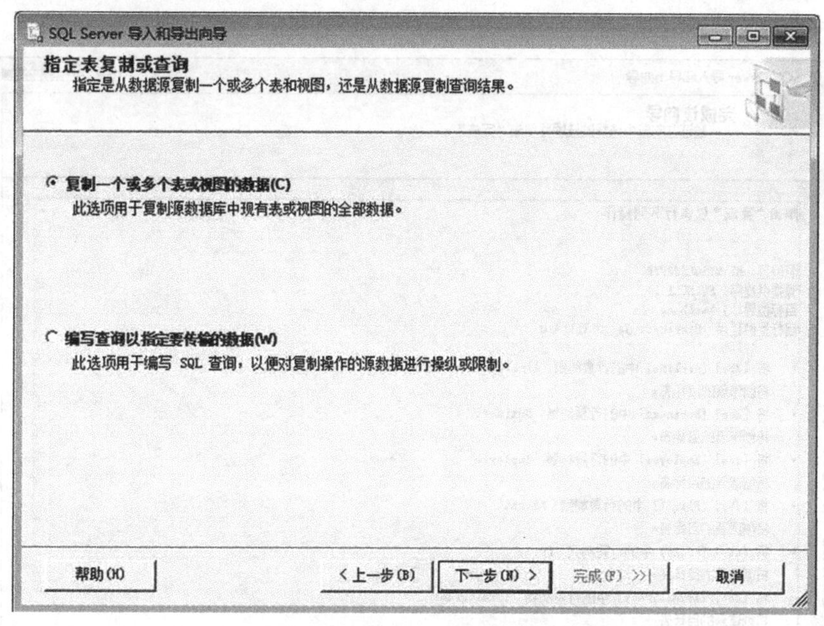

图 11-10　“指定表复制或查询”界面

6）单击“下一步”按钮，进入“选择源表和源视图”界面。勾选表格名称左边的复选框，表示要复制该表格或视图，如图 11-11 所示。

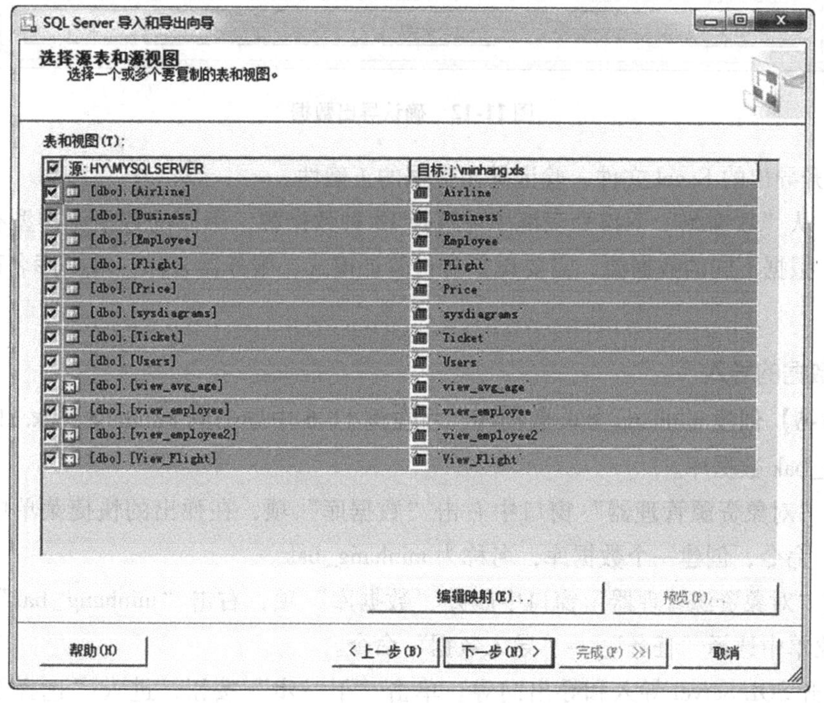

图 11-11　“选择源表和源视图”界面

7）单击“完成”按钮，进入“完成该向导”界面。确认导出数据，导出成功，如图11-12所示。

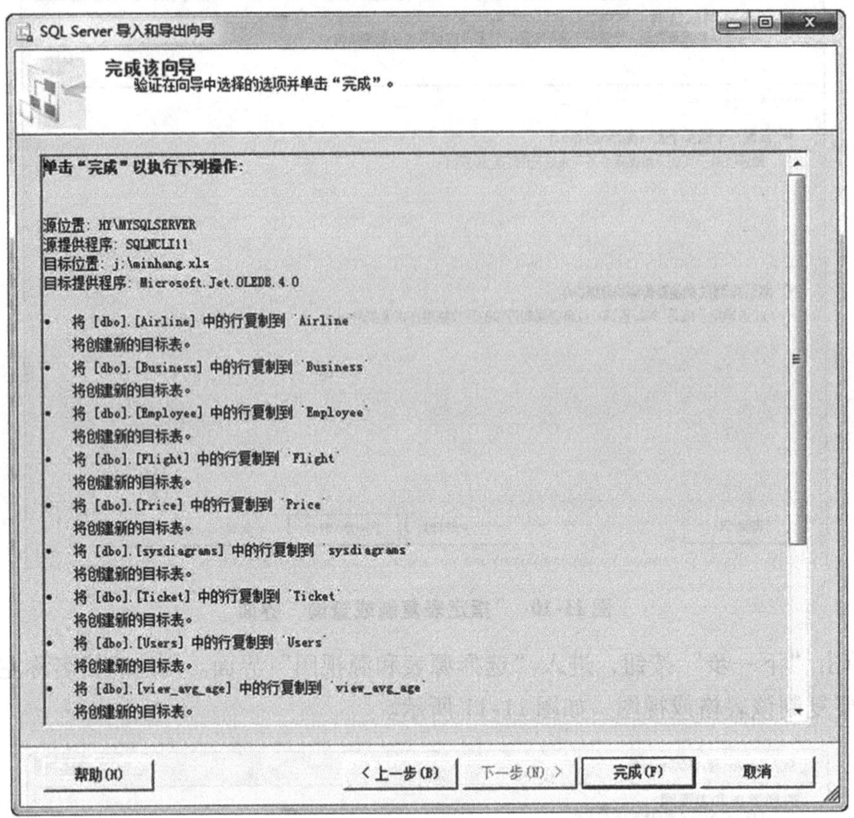

图 11-12 确认导出数据

8）打开导出的 Excel 文件，验证导出数据的正确性。

说明：从“数据源”下拉列表框中可选择18种数据源，不同的数据源类型有不同的对话框内容。根据不同的数据源，需要设置身份验证模式、服务器名称、数据库名称和文件的格式。

11.2.2 数据的导入

【例 11-6】创建 minhang_bak 数据库，将在例 11-6 中导出的 minhang_bak. xls 文件导入到 minhang_bak 数据库。

1）在“对象资源管理器”窗口中右击“数据库”项，在弹出的快捷菜单中选择“新建数据库”命令，创建一个数据库，名称为 minhang_bak。

2）在“对象资源管理器”窗口中展开“数据库”项，右击“minhang_bak”项，在弹出的快捷菜单中选择“任务”→“导入数据”命令。

3）打开 SQL Server 导入和导出向导。单击“下一步”按钮，进入“选择数据源”界面。在“数据源”下拉列表中选择“Microsoft Excel”项，然后单击“浏览”按钮，选择

Excel 文件路径，如图 11-13 所示。

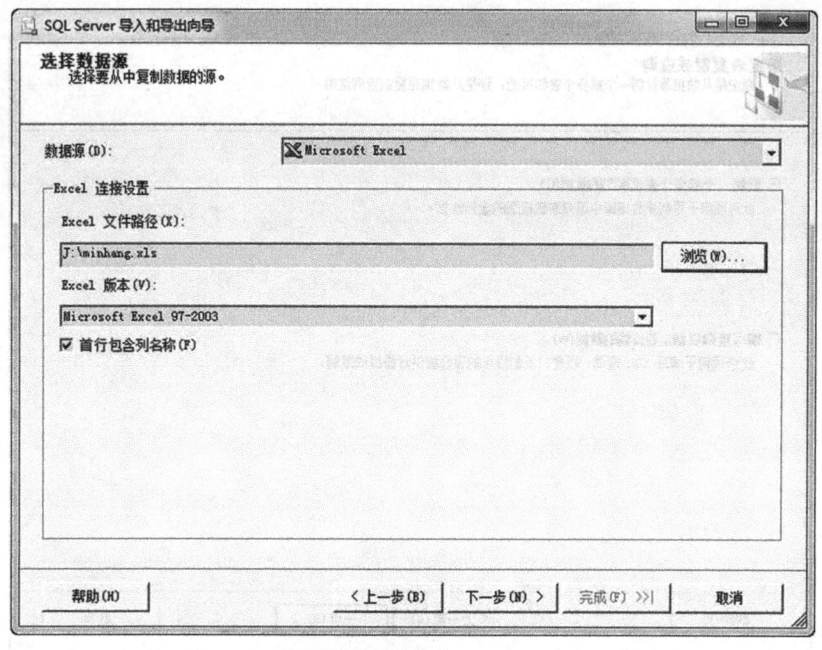

图 11-13　“选择数据源”界面

4）单击“下一步”按钮，进入“选择目标”界面。在“数据库”下拉列表中选择“minhang_bak”项，如图 11-14 所示。

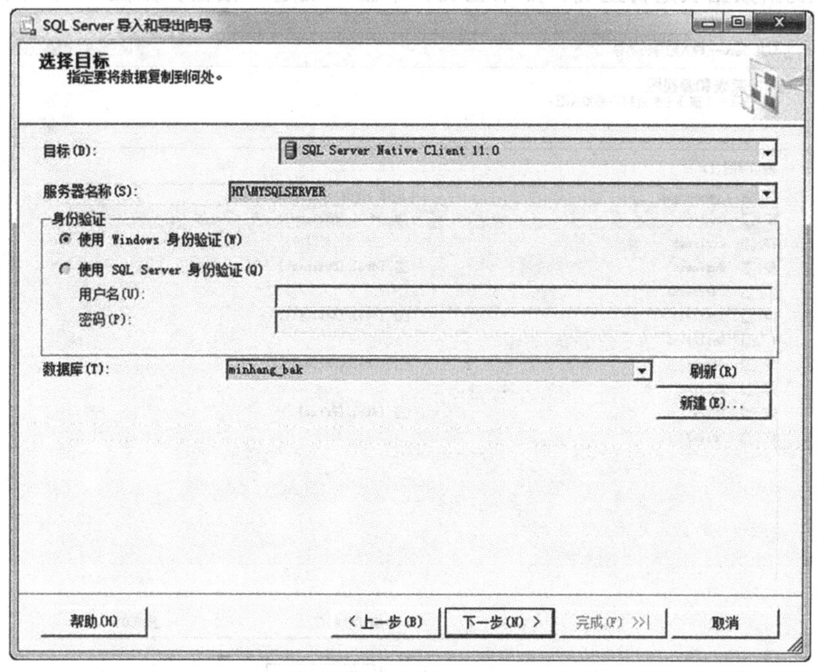

图 11-14　“选择目标”界面

5）单击“下一步”按钮，进入“指定表复制或查询”界面。选中“复制一个或多个表或视图的数据”单选按钮，如图 11-15 所示。

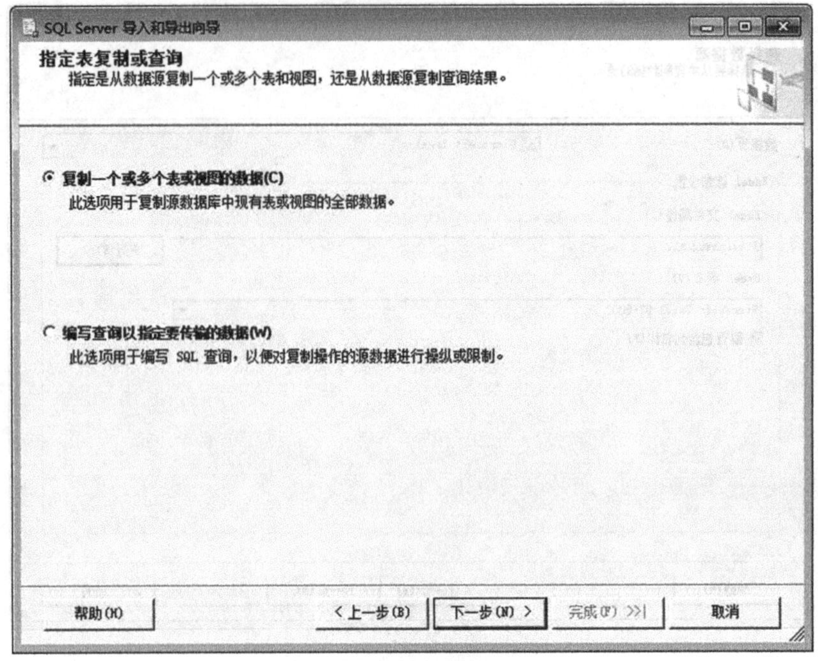

图 11-15 “指定表复制或查询”界面

6）单击“下一步”按钮，进入“选择源表和源视图”界面。选择数据表，单击“预览”按钮，观察数据表是否正确，如果正确，单击“确定”按钮，如图 11-16 所示。

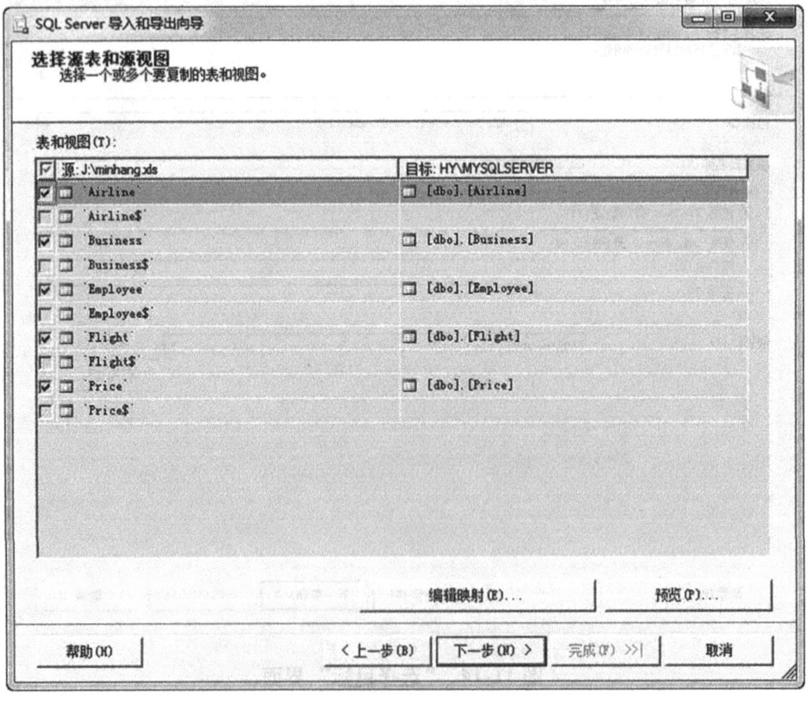

图 11-16 “选择源表和源视图”界面

7）单击“下一步”按钮，进入“保存并执行包”界面，勾选“立即执行”复选框，如图 11-17 所示。

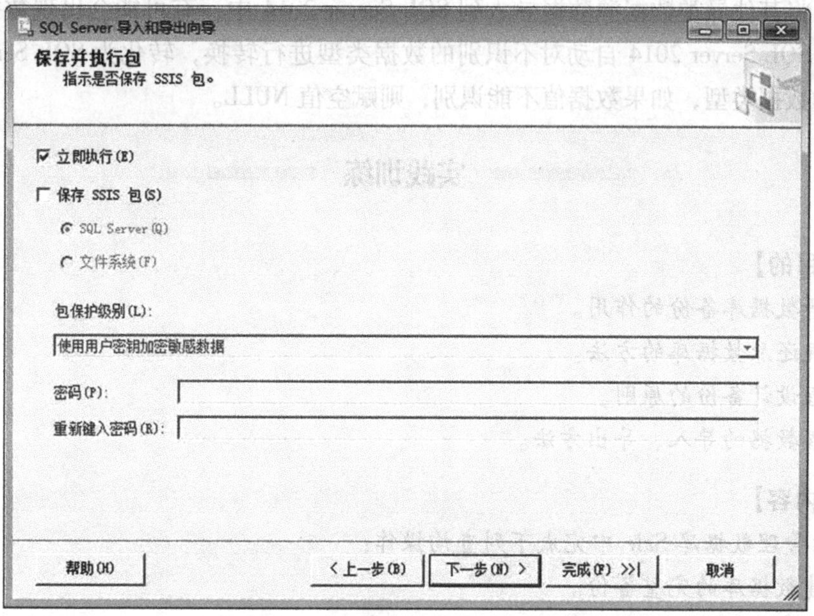

图 11-17 “保存并执行包”界面

8）单击“下一步”按钮，进入“完成该向导”界面，验证数据表，如图 11-18 所示。

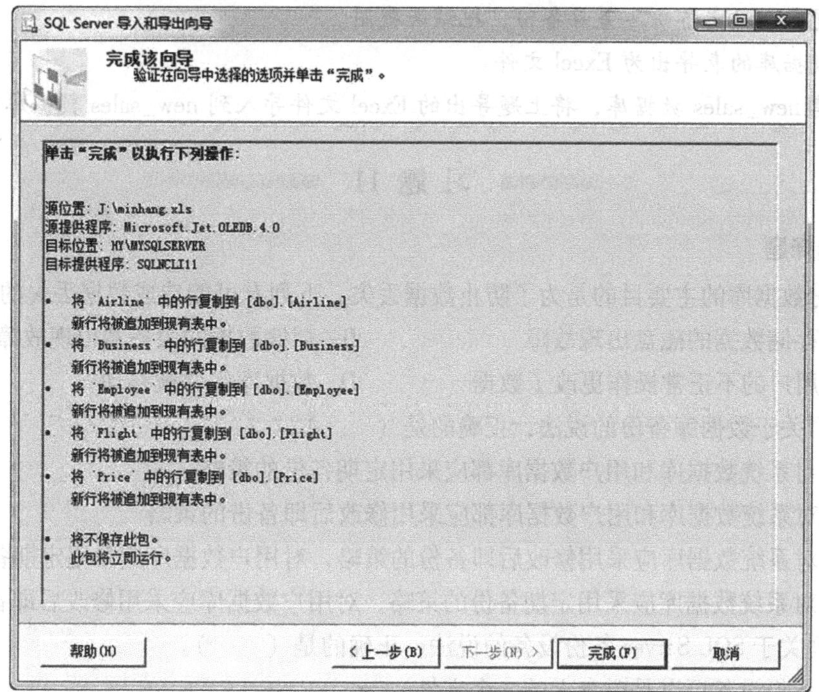

图 11-18 “完成该向导”界面

9）单击“完成”按钮，执行此包，完成数据导入，导入成功。

10）打开 minhang_bak 数据库，验证数据的正确性。

说明：将其他异类数据源数据导入到 SQL Server 2014 中，有可能会出现数据类型不兼容的情况。SQL Server 2014 自动对不识别的数据类型进行转换，转化为 SQL Server 2014 中比较相近的数据类型，如果数据值不能识别，则赋空值 NULL。

实践训练

【实践目的】

1. 了解数据库备份的作用。
2. 掌握还原数据库的方法。
3. 掌握设计备份的原则。
4. 掌握数据的导入、导出方法。

【实践内容】

在销售管理数据库 Sale 中完成下列查询操作：

1. 创建数据库的完整备份。
2. 插入一个新员工（如自己的名字），然后进行一次差异备份。
3. 删除刚添加的新员工信息，再进行一次日志备份。
4. 恢复所有备份文件一次，把结果截图。
5. 恢复完全日志备份 + 差异备份，把结果截图。
6. 将数据库的表导出为 Excel 文件。
7. 创建 new_sales 数据库，将上题导出的 Excel 文件导入到 new_sales 数据库中。

习 题 11

一、选择题

1. 备份数据库的主要目的是为了防止数据丢失，下列有可能造成数据丢失的是(　　)。

   A. 存储数据的磁盘出现故障　　B. 存储数据的服务器出现故障

   C. 用户的不正常操作更改了数据　　D. 数据库文件被移动

2. 下列关于数据库备份的说法，正确的是（　　）。

   A. 对系统数据库和用户数据库都应采用定期备份的策略

   B. 对系统数据库和用户数据库都应采用修改后即备份的策略

   C. 对系统数据库应采用修改后即备份的策略，对用户数据库应采用定期备份的策略

   D. 对系统数据库应采用定期备份的策略，对用户数据库应采用修改后即备份的策略

3. 下列关于 SQL Server 备份设备的说法，正确的是（　　）。

   A. 备份设备可以是磁盘上的一个文件

   B. 备份设备是一个逻辑设备，它只能建立在磁盘上

C. 备份设备是一台物理存在的有特定要求的设备

D. 一个备份设备只能用于一个数据库的一次备份

4. 在简单恢复模式下，可以进行的备份是（　　）。

A. 仅完整备份　　B. 仅事务日志备份

C. 仅完整备份和差异备份　　D. 完整备份、差异备份和日志备份

5. 下列关于差异备份的说法，正确的是（　　）。

A. 差异备份所备份的是从上次备份到当前时间数据库变化的内容

B. 差异备份所备份的是从上次完整备份到当前时间数据库变化的内容

C. 差异备份仅备份数据，不备份日志

D. 两次完整备份之间进行的各差异备份的备份时间都是一样的

6. 下列关于日志备份的说法，错误的是（　　）。

A. 日志备份仅备份日志，不备份数据

B. 日志备份的执行效率通常比差异备份和完整备份高

C. 日志备份的时间间隔通常比差异备份短

D. 第一次对数据库进行的备份可以是日志备份

7. 下列关于恢复数据库的说法，正确的是（　　）。

A. 在恢复数据库时不允许有用户访问数据库

B. 恢复数据库时必须按照备份的顺序还原全部的备份

C. 恢复数据库时，对是否有用户在使用数据库没有要求

D. 首先进行恢复的备份可以是差异备份和日志备份

二、填空题

1. SQL Server 2014 支持的三种恢复模式是________、________和________。

2. 对于数据库备份，SQL Server 2014 支持的三种备份方式是________、________和________。

3. 第一次对数据库进行的备份必须是________。

4. 在 SQL Server 2014 中，创建备份设备的系统存储过程是________。

5. 在 SQL Server 2014 中，当恢复模式为简单模式时，不能进行________备份。

6. 在 SQL Server 2014 中，还原数据库的 SQL 语句是________。

7. 通常情况下，完整备份、差异备份和日志备份中，备份时间最长的是________。

8. 在 SQL Server 2014 中，在进行数据库备份时（允许/不允许）________用户操作数据库。

三、简答题

1. 数据库运行中可能产生的故障有哪几类？简述各类故障应如何恢复？

2. 简述 SQL Server 日志的功能。

3. 在执行数据库备份前应该做哪些准备工作？

4. 在执行差异备份和日志备份的数据“基线”是什么？

5. 在执行数据库还原前应该有哪些准备工作？

6. 还原差异备份的顺序是什么？

7. 还原日志备份的顺序是什么？

四、操作题

1. 编写 T-SQL 语句，创建备份设备 teacher_Full，对应物理文件为 E:\teacher_Full. Bak，执行对 teacher 数据库的完全数据库备份，要求新的备份总是覆盖上一次备份。

2. 编写 T-SQL 语句，使创建备份设备 teacher_Diff，对应物理文件为 E:\teacher_Diff. Bak，执行对 teacher 数据库的差异数据库备份，要求新的备份总是覆盖上一次备份。

3. 编写 T-SQL 语句，使创建备份设备 teacher_Log，对应物理文件为 E:\teacher_Log. Bak，备份 teacher 数据库的日志，要求新的备份总是覆盖上一次备份。

4. 编写 T-SQL 语句，从 teacher_Full 设备中还原 teacher 数据库备份。

5. 编写 T-SQL 语句，从 teacher_Full、teacher_Diff 设备中还原 teacher 数据库备份。

6. 编写 T-SQL 语句，从 teacher_Full、teacher_Log 设备中还原 teacher 数据库备份。

7. 编写 T-SQL 语句，将日志备份还原到某个时间点。

附录　SQL Server 2014 中不推荐使用的数据库引擎功能

本附录介绍 SQL Server 数据库引擎中仍然可用但不推荐使用的 SQL Server 2014 功能。按照计划，SQL Server 未来版本将不再具有这些功能。在新的应用程序中不应使用这些不推荐使用的功能。可以使用 SQL Server Deprecated Features Object 性能计数器监视不推荐使用的功能的使用情况并跟踪事件。

下一版 SQL Server 数据库引擎将不再支持以下 SQL Server 功能。注意不要在新的开发工作中使用这些功能，并尽快修改当前还在使用这些功能的应用程序。“功能名称”在跟踪事件中显示为 ObjectName，而在性能计数器和 sys. dm_os_performance_counters 中显示为实例名称。“功能 ID”在跟踪事件中显示为 ObjectId。

类别	不推荐使用的功能	替代功能	功能名称	功能 ID
备份和还原	RESTORE { DATABASE | LOG } WITH [MEDIA] PASSWORD 继续不推荐使用		BACKUP DATABASE 或 LOG WITH PASSWORD	104
	BACKUP { DATABASE | LOG } WITH PASSWORD AND BACKUP { DATABASE | LOG } WITH MEDIAPASSWORD 已不再使用	无	BACKUP DATABASE 或 LOG WITH MEDIAPASSWORD	103
兼容级别	从版本 90（SQL Server 2005 数据库引擎）升级	只有最后两个版本的兼容级别可用。有关兼容级别的详细信息，请参阅 ALTER DATABASE 兼容性级别（T-SQL） 在 SQL Server 2014 中，可以升级 SQL Server 2005 数据库，但在升级操作过程中兼容级别将从 90 更新为 100	数据库兼容级别 90	107
数据库对象	从触发器返回结果集的功能	无	从触发器返回结果	12

（续）

类别	不推荐使用的功能	替代功能	功能名称	功能 ID
加密	不推荐使用通过 RC4 或 RC4_128 进行加密，并计划在下一个版本中删除这种加密方法。不推荐使用 RC4 和 RC4_128 解密	请使用其他加密算法，例如 AES	不推荐使用的加密算法	253
远程服务器	sp_addremotelogin sp_addserver sp_dropremotelogin sp_helpremotelogin sp_remoteoption	用链接服务器替代远程服务器。sp_addserver 仅可与本地选项一起使用	sp_addremotelogin sp_addserver sp_dropremotelogin sp_helpremotelogin sp_remoteoption	70 69 71 72 73
远程服务器	@@remserver	用链接服务器替代远程服务器	无	无
远程服务器	SET REMOTE_PROC_TRANSACTIONS	用链接服务器替代远程服务器	SETREMOTE_PROC_TRANSACTIONS	110
SET 选项	适用于 SET ROWCOUNT、INSERT 和 UPDATE 语句的 DELETE	TOP 关键字	SET ROWCOUNT	109
表提示	不带括号的 HOLDLOCK 表提示	使用 HOLDLOCK 以及括号	不带括号的 HOLDLOCK 表提示	167
工具	sqlmaint 实用工具	使用 SQL Server 维护计划功能	无	无
兼容级别	sp_dbcmptlevel	更改数据库……SET COMPATIBILITY_LEVEL。有关详细信息，请参阅 ALTER DATABASE 兼容性级别（T-SQL）	sp_dbcmptlevel	80
兼容级别	数据库兼容性级别 100	计划为未来版本升级数据库和应用程序	数据库兼容性级别 100	108
XML	内联 XDR 架构生成	不推荐使用 FOR XML 选项的 XMLDATA 指令。如果是 RAW 和 AUTO 模式，请使用 XSD 生成。在 EXPLICT 模式下，没有可以代替 XMLDATA 指令的项	XMLDATA	181

备份和还原	BACKUP { DATABASE | LOG } TO TAPE BACKUP { DATABASE | LOG } TO device_that_is_a_tape	BACKUP { DATABASE | LOG } TO DISK BACKUP { DATABASE | LOG } TO device_that_is_a_disk	BACKUP DATABASE 或 LOG TO TAPE	235
备份和还原	sp_addumpdevice 'tape'	sp_addumpdevice 'disk'	ADDING TAPE DEVICE	236
备份和还原	sp_helpdevice	sys. backup_devices	sp_helpdevice	100
排序规则	Korean_Wansung_Unicode Lithuanian_Classic SQL_AltDiction_CP1253_CS_AS	无。SQL Server 2005 中存在这些排序规则，但 fn_helpcollations 并不将它们显示出来	Korean_Wansung_Unicode Lithuanian_Classic SQL_AltDiction_CP1253_CS_AS	191 192 194
排序规则	Hindi Macedonian	SQL Server 2005 及更高版本中存在这些排序规则，但 fn_helpcollations 并不将它们显示出来。请改用 Macedonian_FYROM_90 和 Indic_General_90	Hindi Macedonian	190 193
排序规则	Azeri_Latin_90 Azeri_Cyrilllic_90	Azeri_Latin_100 Azeri_Cyrilllic_100	Azeri_Latin_90 Azeri_Cyrilllic_90	232 233
配置	SET ANSI_NULLS OFF 和 ANSI_NULLS OFF 数据库选项 SET ANSI_PADDING OFF 和 ANSI_PADDING OFF 数据库选项 SET CONCAT_NULL_YIELDS_NULL OFF 和 CONCAT_NULL_YIELDS_NULL OFF 数据库选项 SET OFFSETS	无。ANSI_NULLS、ANSI_PADDING 和 CONCAT_NULLS_YIELDS_NULL 这三个选项在任何情况下始终设置为 ON。SET OFFSETS 将不可用	SET ANSI_NULLS OFF SET ANSI_PADDING OFF SET CONCAT_NULL_YIELDS_NULL OFF SET OFFSETS ALTER DATABASE SET ANSI_NULLS OFF ALTER DATABASE SET ANSI_PADDING OFF ALTER DATABASE SET CONCAT_NULL_YIELDS_NULL OFF	111 113 112 36 111 113 112

（续）

类别	不推荐使用的功能	替代功能	功能名称	功能 ID
数据类型	sp_addtype sp_droptype	CREATE TYPE DROP TYPE	sp_addtype sp_droptype	62 63
数据类型	timestamp 数据类型的 rowversion 语法	rowversion 数据类型语法	TIMESTAMP	158
数据类型	在 timestamp 列中插入 null 值的功能	请改用 DEFAULT	将 NULL 插入 TIMESTAMP 列	179
数据类型	'text IN row' 表选项	请使用 varchar(max)、nvarchar(max) 和 varbinary(max) 数据类型。有关详细信息，请参阅 sp_tableoption（T-SQL）	text IN row 表选项	9
数据类型	数据类型：text、ntext 或 image	请使用 varchar(max)、nvarchar(max) 和 varbinary(max) 数据类型	数据类型：text、ntext 或 image	4
数据库管理	sp_attach_db sp_attach_single_file_db	使用 FOR ATTACH 选项的 CREATE DATABASE 语句。若要在一个或多个日志文件有新位置的情况下重新生成这些日志文件，请使用 FOR ATTACH_REBUILD_LOG 选项	sp_attach_db sp_attach_single_file_db	81 82
数据库对象	CREATE DEFAULT DROP DEFAULT sp_bindefault sp_bindefault	CREATE TABLE 和 ALTER TABLE 中的 DEFAULT 关键字	CREATE_DROP_DEFAULT sp_unbindefault sp_unbindefault	162 64 65
数据库对象	CREATE RULE DROP RULE sp_bindrule sp_unbindrule	CREATE TABLE 和 ALTER TABLE 中的 CHECK 关键字	CREATE_DROP_RULE sp_bindrule sp_unbindrule	161 66 67
数据库对象	sp_change_Users_login	使用 ALTER USER	sp_change_Users_login	231

数据库对象	sp_depends	sys. dm_sql_referencing_entities 和 sys. dm_sql_referenced_entities	sp_depends	19
数据库对象	sp_renamedb	ALTER DATABASE 中的 MODIFY NAME	sp_renamedb	79
数据库对象	sp_getbindtoken	使用 MARS 或分布式事务	sp_getbindtoken	98
数据库选项	sp_bindsession	使用 MARS 或分布式事务	sp_bindsession	97
数据库选项	sp_resetstatus	ALTER DATABASE SET { ONLINE | EMERGENCY }	sp_resetstatus	83
数据库选项	ALTER DATABASE 的 TORN _ PAGE _ DETECTION 选项	ALTER DATABASE 的 PAGE_VERIFY TORN _PAGE_DETECTION 选项	ALTER DATABASE WITH TORN _PAGE_DETECTION	102
DBCC	DBCC DBREINDEX	ALTER INDEX 的 REBUILD 选项	DBCC DBREINDEX	11
DBCC	DBCC INDEXDEFRAG	ALTER INDEX 的 REORGANIZE 选项	DBCC INDEXDEFRAG	18
DBCC	DBCC SHOWCONTIG	sys. dm_db_index_physical_stats	DBCC SHOWCONTIG	10
DBCC	DBCC PINTABLE DBCC UNPINTABLE	无效	DBCC [UN] PINTABLE	189
扩展属性	用 Level0type = 'type' 和 Level0type = 'USER' 向 1 级或 2 级类型对象添加扩展属性	用 Level0type = 'USER' 只可直接向用户或角色添加扩展属性 用 Level0type = 'SCHEMA' 向 1 级类型（如 TABLE 或 VIEW）或 2 级类型（如 COLUMN 或 TRIGGER）添加扩展属性。有关详细信息，请参阅 sp_addextendedproperty（T-SQL）	EXTPROP_LEVEL0TYPE EXTPROP_LEVEL0USER	13 14
扩展存储过程编程	srv_alloc srv_convert srv_describe srv_getbindtoken	请改用 CLR 集成	XP_API	20

（续）

类别	不推荐使用的功能	替代功能	功能名称	功能 ID
扩展存储过程编程	srv_got_attention srv_message_handler srv_paramdata srv_paraminfo srv_paramlen srv_parammaxlen srv_paramname srv_paramnumber srv_paramset srv_paramsetoutput srv_paramstatus srv_paramtype srv_pfield srv_pfieldex srv_rpcdb srv_rpcname srv_rpcnumber srv_rpcoptions srv_rpcowner srv_rpcparams srv_senddone srv_sendmsg srv_sendrow srv_setcoldata srv_setcollen srv_setutype srv_willconvert srv_wsendmsg	请改用 CLR 集成	XP_API	20

扩展存储过程编程	sp_addextendedproc sp_dropextendedproc sp_helpextendedproc	请改用 CLR 集成	sp_addextendedproc sp_dropextendedproc sp_helpextendedproc	94 95 96
扩展存储过程	xp_grantlogin xp_revokelogin xp_loginconfig	使用 CREATE LOGIN 使用 SERVERPROPERTY 的 DROP LOGIN IsIntegratedSecurityonly 参数	xp_grantlogin xp_revokelogin xp_loginconfig	44 45 59
函数	fn_get_sql	sys. dm_exec_sql_text	fn_get_sql	151
高可用性	数据库镜像	Alwayson 可用性组 如果 SQL Server 版本不支持 Alwayson 可用性组，请使用日志传送	DATABASE_MIRRORING	267
索引选项	sp_indexoption	ALTER INDEX	sp_indexoption	78
索引选项	选项两侧没有括号的 CREATE TABLE、ALTER TABLE 或 CREATE INDEX 语法	请重写语句以使用当前语法	INDEX_OPTION	33
实例选项	sp_configure 选项 'allow updates'	系统表不再可更新，其设置不起作用	sp_configure 'allow updates'	173
实例选项	sp_configure 选项：'locks'、'open objects' 或 'set working set size'	这些选项目前为自动配置，其设置不起作用	sp_configure 'locks' sp_configure 'open objects' sp_configure 'set working set size'	174 175 176
实例选项	sp_configure 选项 priority boost'	系统表不再可更新，其设置不起作用。请改用 Windows start /high … program. exe 选项	sp_configure 'priority boost'	199
实例选项	sp_configure 选项 'remote proc trans'	系统表不再可更新，其设置不起作用	sp_configure 'remote proc trans'	37
链接服务器	对于链接服务器，指定 SQLOLEDB 访问接口	SQL Server Native Client（SQLNCLI）	对于链接服务器使用 SQLOLEDDB	19
锁定	sp_lock	sys. dm_tran_locks	sp_lock	99

（续）

类别	不推荐使用的功能	替代功能	功能名称	功能 ID
元数据	FILE_ID INDEXKEY_PROPERTY	FILE_IDEX sys. index_columns	FILE_ID VINDEXKEY_PROPERTY	15 17
本机 XML Web 服务	带有 FOR SOAP 选项的 CREATE ENDPOINT 或 ALTER ENDPOINT 语句 sys. endpoint_webmethods sys. soap_endpoints	请改用 Windows Communications Foundation（WCF）或 ASP. NET	CREATE/ALTER ENDPOINT sys. endpoint_webmethods EXT_soap_endpoints sys. soap_endpoints	21 22 23
可删除的数据库	sp_certify_removable sp_CREATE_removable	sp_detach_db	sp_certify_removable sp_CREATE_removable	74 75
可删除的数据库	sp_dbremove	DROP DATABASE	sp_dbremove	76
安全性	ALTER LOGIN WITH SET CREDENTIAL 语法	由新的 ALTER LOGIN ADD 和 DROP CREDENTIAL 语法取代	ALTER LOGIN WITH SET CREDENTIAL	230
安全性	sp_addapprole sp_dropapprole	CREATE APPLICATION ROLE DROP APPLICATION ROLE	sp_addapprole sp_dropapprole	53 54
安全性	sp_addlogin sp_droplogin	CREATE LOGIN DROP LOGIN	sp_addlogin sp_droplogin	39 40
安全性	sp_adduser sp_dropuser	CREATE USER DROP USER	sp_adduser sp_dropuser	49 50
安全性	sp_grantdbaccess sp_revokedbaccess	CREATE USER DROP USER	sp_grantdbaccess sp_revokedbaccess	51 52
安全性	sp_addrole sp_droprole	CREATE ROLE DROP ROLE	sp_addrole sp_droprole	56 57

安全性	sp_approlepassword sp_password	ALTER APPLICATION ROLE ALTER LOGIN	sp_approlepassword sp_password	55 46
安全性	sp_changeobjectowner	ALTER SCHEMA 或 ALTER AUTHORIZATION	sp_changeobjectowner	58
安全性	sp_control_dbmasterkey_password	主密钥必须存在，并且密码必须是正确的	sp_control_dbmasterkey_password	274
安全性	sp_defaultdb sp_defaultlanguage	ALTER LOGIN	sp_defaultdb sp_defaultlanguage	47 48
安全性	sp_denylogin sp_grantlogin sp_revokelogin	ALTER LOGIN DISABLE CREATE LOGIN DROP LOGIN	sp_denylogin sp_grantlogin sp_revokelogin	42 41 43
安全性	USER_ID	DATABASE_PRINCIPAL_ID	USER_ID	16
安全性	sp_srvrolepermission sp_dbfixedrolepermission	这些存储过程返回在 SQL Server 2000 中是正确的信息。该输出不反映在 SQL Server 2008 中实现的权限层次结构的更改。有关详细信息，请参阅固定服务器角色的权限	sp_srvrolepermission sp_dbfixedrolepermission	61 60
安全性	GRANT ALL DENY ALL REVOKE ALL	GRANT、DENY 和 REVOKE 特定权限	ALL 权限	35
安全性	PERMISSIONS 内部函数	请改为查询 sys. fn_my_permissions	PERMISSIONS	170
安全性	SETUSER	EXECUTE AS	SETUSER	165
安全性	RC4 和 DESX 加密算法	请使用其他算法，如 AES	DESX 算法	238
SET 选项	SET FMTONLY	sys. dm_exec_describe_first_result_set（T-SQL）、sys. dm_exec_describe_first_result_set	SET FMTONLY	250

（续）

类别	不推荐使用的功能	替代功能	功能名称	功能 ID
SET 选项	SET FMTONLY	_FOR_object（T-SQL）、sp_describe_first_result_set（T-SQL）和 sp_describe_unDECLAREd_parameters（T-SQL）	SET FMTONLY	250
服务器配置选项	c2 审核选项	common criteria compliance enabled 服务器配置选项	sp_configure 'c2 audit mode'	252
	default trace enabled 选项	扩展事件	sp_configure 'default trace enabled'	253
SMO 类	Microsoft. SQLServer. Management. Smo. Information 类 Microsoft. SQLServer. Management. Smo. Settings 类 Microsoft. SQLServer. Management. Smo. DatabaseOption 类 Microsoft. SqlServer. Management. Smo. DatabaseDdlTRIGGER. NotForReplicatio 属性	Microsoft. SqlServer. Management. Smo. Server 类 Microsoft. SqlServer. Management. Smo. Server 类 Microsoft. SqlServer. Management. Smo. Database 类 无	无	无
SQL Server 代理	net send 通知 寻呼通知 ActiveX 子系统	电子邮件通知 电子邮件通知 命令或 PowerShell 脚本	无	无
SQL Server Management Studio	解决方案资源管理器集成到 SQL Server Management Studio 源代码管理集成到 SQL Server Management Studio		无	无
系统存储过程	sp_db_increased_partitions	无。默认情况下，SQL Server 2014 提供了对增加的分区的支持	sp_db_increased_partitions	253

系统表	sysaltfiles	兼容性视图。有关详细信息，请参阅兼容性视图（T-SQL） 注意：兼容性视图不显示 SQL Server 中的元数据。建议将应用程序升级为使用目录视图。有关详细信息，请参阅目录视图（T-SQL）	sysaltfiles	141
	syscacheobjects		syscacheobjects	无
	syscolumns		syscolumns	133
	syscomments		syscomments	126
	sysconfigures		sysconfigures	146
	sysconstraints		sysconstraints	131
	syscurconfigs		syscurconfigs	147
	sysdatabases		sysdatabases	142
	sysdepends		sysdepends	123
	sysdevices		sysdevices	144
	sysfilegroups		sysfilegroups	128
	sysfiles		sysfiles	127
	sysforeignkeys		sysforeignkeys	130
	sysfulltextcatalogs		sysfulltextcatalogs	122
	sysindexes		sysindexes	132
	sysindexkeys		sysindexkeys	134
	syslockinfo		syslockinfo	143
	syslogins		syslogins	140
	sysmembers		sysmembers	119
	sysmessages		sysmessages	137
	sysobjects		sysobjects	125
	sysoledbUsers		sysoledbUsers	139
	sysopentapes		sysopentapes	145
	sysperfinfo		sysperfinfo	157
	syspermissions		syspermissions	121
	sysprocesses		sysprocesses	153
	sysprotects		sysprotects	120
	sysreferences		sysreferences	129
	sysremotelogins		sysremotelogins	138
	sysservers		sysservers	136
	systypes		systypes	135
	sysUsers		sysUsers	124

（续）

类别	不推荐使用的功能	替代功能	功能名称	功能 ID
系统表	sys. numbered_procedures sys. numbered_procedure_parameters	无	numbered_procedures numbered_procedure_parameters	148 149
系统函数	fn_virtualservernodes fn_servershareddrives	sys. dm_os_cluster_nodes sys. dm_io_cluster_shared_drives	fn_virtualservernodes fn_servershareddrives	155 156
系统视图	sys. sql_dependencies	sys. sql_EXPRESSION_dependencies	sys. sql_dependencies	198
表压缩	vardecimal 存储格式的使用	不推荐使用 vardecimal 存储格式。SQL Server 2014 提供的数据压缩功能可以压缩十进制值和其他数据类型的值。建议使用数据压缩，而不使用 vardecimal 存储格式	vardecimal 存储格式	200
表压缩	使用 sp_db_vardecimal_storage_format 过程	不推荐使用 vardecimal 存储格式。SQL Server 2014 提供的数据压缩功能可以压缩十进制值和其他数据类型的值。建议使用数据压缩，而不使用 vardecimal 存储格式	sp_db_vardecimal_storage_format	201
表压缩	使用 sp_estimated_rowsize_reduction_FOR_vardecimal 过程	改用数据压缩和 sp_estimate_data_compression_savings 过程	sp_estimated_rowsize_reduction_FOR_vardecimal	202
表提示	在 UPDATE 或 DELETE 语句的 FROM 子句中指定 NOLOCK 或 READUNCOMMITTED	请从 FROM 子句中删除 NOLOCK 或 READUNCOMMITTED 表提示	UPDATE 或 DELETE 中的 NOLOCK 或 READUNCOMMITTED	1
表提示	不借助 WITH 关键字指定表提示	使用 WITH	不带 WITH 的表提示	8
表提示	INSERT_HINTS		INSERT_HINTS	34
Textpointers	WRITETEXT UPDATETEXT READTEXT	无	UPDATETEXT 或 WRITETEXT READTEXT	115 114
Textpointers	TEXTPTR( ) TEXTVALID( )	无	TEXTPTR TEXTVALID	5 6

T-SQL	:: 函数调用序列	替换为 SELECT column_list FROM sys. <function_name>( ) 例如，将 SELECT * FROM :: fn_virtualfilestats(2,1) 替换为 SELECT * FROM sys. fn_virtualfilestats (2,1)	"::" 函数调用语法	166
T-SQL	由三部分和四部分组成的列引用	由两部分组成的名称是符合标准的行为	两个以上的部分构成的列名称	3
T-SQL	用引号引起来的字符串用作 SELECT 列表中表达式的列别名： 'string_alias' = EXPRESSIon	EXPRESSION [AS] column_alias EXPRESSION [AS] [column_alias] EXPRESSION [AS] " column_alias" EXPRESSION [AS] 'column_alias' column_alias = EXPRESSION	字符串文字作为列别名	184
T-SQL	编号过程	无。请勿使用	ProcNums	160
T-SQL	在 DROP INDEX 中使用 table_name. index_name 语法	在 DROP INDEX 中使用 index_name on TABLE_name 语法	DROP INDEX 具有两部分构成的名称	163
T-SQL	不使用分号结束 T-SQL 语句	使用分号结束 T-SQL 语句	无	无
T-SQL	GROUP BY ALL	将自定义逐案例解决方案 UNION 或派生表配合使用	GROUP BY ALL	169
T-SQL	ROWGUIDCOL 在 DML 语句中用作列名	请使用 $ rowguid	ROWGUIDCOL	182
T-SQL	IDENTITYCOL 在 DML 语句中用作列名	请使用 $ identity	IDENTITYCOL	183
T-SQL	将#、##用作临时表和临时存储过程名称	请至少使用一个其他字符	#和##作为临时表和存储过程的名称	185
T-SQL	将@、@@或以@@开头的名称用作 T-SQL 标识符	请勿使用@或@@或以@@开头的名称作为标识符	@和以@@开头的名称作为 T-SQL 标识符	186

（续）

类别	不推荐使用的功能	替代功能	功能名称	功能 ID
T-SQL	将 DEFAULT 关键字用作默认值	不要将单词 DEFAULT 用作默认值	DEFAULT 关键字作为默认值	187
T-SQL	将空格用作表提示之间的分隔符	使用逗号分隔各个表提示	没有逗号的多个表提示	168
T-SQL	聚集索引视图的选择列表在 90 兼容模式下必须包含 COUNT_BIG(*)	请使用 COUNT_BIG(*)	不包含 COUNT_BIG(*) 的索引视图选择列表	2
T-SQL	表提示通过视图间接应用于多语句表值函数（TVF）的调用	无	间接 TVF 提示	7
T-SQL	ALTER DATABASE 语法： MODIFY FILEGROUP READONLY MODIFY FILEGROUP READWRITE	MODIFY FILEGROUP READ_ONLY MODIFY FILEGROUP READ_WRITE	MODIFY FILEGROUP READONLY MODIFY FILEGROUP READWRITE	195 196
其他	DB-Library 用于 C 语言的嵌入式 SQL	尽管数据库引擎仍然支持来自使用 DB-Library 和嵌入式 SQL API 的现有应用程序的连接，但它不包括在使用这些 API 的应用程序上进行编程工作所需的文件或文档。SQL Server 数据库引擎的未来版本将不再支持来自 DB-Library 或嵌入式 SQL 应用程序的连接。请不要使用 DB-Library 或嵌入式 SQL 来开发新的应用程序。修改现有应用程序时，请删除 DB-Library 或嵌入式 SQL 的任何依赖项。请使用 SQL Client 命名空间或 API（如 ODBC），而不使用这些 API。SQL Server 2014 不包含运行这些应用程序所需的 DB-Library DLL。若要运行 DB-Library 或嵌入式 SQL 应用程序，必须有 SQL Server 6.5、SQL Server 7.0 或 SQL Server 2000 提供的 DB-Library DLL	无	无

无	工具	SQL Server Profiler FOR Trace Capture	使用 SQL Server Management Studio 中嵌入的扩展事件探查器 注意：继续将 SQL Server Profiler FOR Trace Capture 用于 Analysis Services 工作负荷	SQL Server 事件探查器
工具	SQL Server Profiler FOR Trace Replay	SQL Server 分布式重播 注意：继续将 SQL Server Profiler FOR Trace Replay 用于 Analysis Services 工作负荷	SQL Server 事件探查器	无
跟踪管理对象	Microsoft. SqlServer. Management. Trace 命名空间（包含用于 SQL Server 跟踪和重播对象的 API）	跟踪配置：N:Microsoft. SqlServer. Management. XEvent 跟踪读取：N:Microsoft. SqlServer. XEvent. Linq 重播跟踪：无		
SQL 跟踪存储过程、函数和目录视图	sp_trace_CREATE sp_trace_setevent sp_trace_setfilter sp_trace_setstatus fn_trace_geteventinfo fn_trace_getfilterinfo fn_trace_getinfo fn_trace_gettable sys. traces sys. trace_events sys. trace_event_bindings sys. trace_categories sys. trace_columns sys. trace_subclass_values	扩展事件	sp_trace_CREATE sp_trace_setevent sp_trace_setfilter sp_trace_setstatus fn_trace_geteventinfo fn_trace_getfilterinfo fn_trace_getinfo fn_trace_gettable sys. traces sys. trace_events sys. trace_event_bindings sys. trace_categories sys. trace_columns sys. trace_subclass_values	258 260 261 259 256 257

注意：OUTPUT 的 cookie sp_setapprole 参数当前记载为 varbinary(8000)，这是正确的最大长度。但是，当前实现返回 varbinary(50)。如果开发人员已分配 varbinary(50)，当 cookie 在将来的版本中返回大小增量时，应用程序可能需要更改。尽管这不是不推荐使用的问题，但本主题中提到了，因为应用程序调整都是类似的。有关详细信息，请参阅 sp_setapprole（T-SQL）。

参考文献

[1] 徐人凤，曾建华. SQL Server 2008 数据库及应用［M］. 4 版. 北京：高等教育出版社，2014.
[2] 余芳，肖蓉，刘蔚琴. 中文 SQL Server 2005 数据库管理与开发［M］. 北京：冶金工业出版社，2006.
[3] 王珊，萨师煊. 数据库系统概论［M］. 5 版. 北京：高等教育出版社，2014.
[4] 曹新谱，李强，曹蕾. 数据库原理与应用（SQL Server）［M］. 北京：冶金工业出版社，2009.
[5] 廖望，何俊，谢春旺，等. SQL Server 2000 案例教程［M］. 北京：冶金工业出版社，2004.
[6] 李晓黎，张巍. ASP + SQL Server 网络应用系统开发与实例［M］. 北京：人民邮电出版社，2004.